花之魔藥學

S・特蕾莎・迪茲
S. Theresa Dietz

U0080119

目錄

———·———

簡介

這本書是一本能夠讓人享受閱讀樂趣，並傳遞豐富資訊的參考書，書中各種多元（有時甚至有些矛盾）的內容，是作者花了二十多年為這個主題收集而來的資訊。這些資訊希望能夠讓作者以外的其他人，對各種樹木、植栽與花卉的種子、莖、根等相關結構，有更多不同的瞭解。

過去，選擇特定的花卉來傳遞某種特定訊息，曾經是相當時尚的做法。在維多利亞時期的人們對花語相當投入。使用花語書來傳遞訊息、解譯訊息曾是一種非常浪漫的舉動。很可惜的，這種方式並不是每次都管用。花卉所隱含的訊息，太容易被搞混。有些人甚至因此而感到心碎。很多時候，如果送錯了花，表達了完全相反的意思，恐怕會引來出乎意料的反應。反之，能夠細心地把你的心意，透過一束鮮花來傳達，你會更受人喜愛。

在任何時代，送人一束玫瑰都是示愛方式。這也就是為什麼玫瑰（尤其是紅玫瑰）是最多人在情人節使用的花。同樣的，故意送人一束喪禮上用的花，

則傳遞了完全不同的訊息，表達了截然不同的情緒。在這兩種狀況下，花卉所隱含的言外之意，可是相當直接。

早在維多利亞時期人們就喜歡藉由送花來表達挑逗與強烈的愛意。世界上每一個主要的宗教都至少會有一種神聖的植物。舉例來說，猶太教、伊斯蘭教、基督教與佛教第一個被莊嚴地敬拜的植物，都是一種樹。至今沒有人知道伊甸園中的那棵善惡樹是什麼品種的樹。但我們都知道，蘋果 (Orchard Apple) 取得了明確的象徵性意義，使它成為非官方／半官方的「禁果」，這種深入人心的印象，也使它成為魔法中重要且強大的元素。

我們知道佛陀在成佛的過程中，曾經花了很長一段時間，在一種特殊的榕樹（菩提樹）下冥想，藉此獲得了啟示和啟蒙。根據傳說，雖然原本那棵特定的樹已經不在了，但從這棵樹上切下來的分枝，卻永遠長存。這兩棵樹所具有的能量，至今（也永遠會）觸動著我們的心靈：雖然看不見摸不著，但所象徵的意義不言而喻。

無論如何，當你在思考要如何設計一座花園，並將正能量導進家裡、保護家庭，使家庭更為豐盛的時候，思考各種植物本身的力量是很重要的。這也同時能有效地阻隔某些負能量，或是將負能量從家裡向外排出。

無論你有沒有自己的花園可以種植花草，選擇相關且對個人有意義的花卉，對於心想事成和凝聚正能量是相當重要的。當你在像是婚禮或是成年禮這類需要花的特殊節日時，這點就更為重要。

最後一點提醒：在許多民俗的魔法儀式中，為什麼選擇某一種特定的植物，而不選擇其他植物的理由，往往是因為希望能夠強化植物的內在力量。選擇特定的植物，是因為其他的植物可能不一定具有用在特定護身符、避邪物或是咒語的效力。之所以選擇這些植物或植物的特定部位，是經過長時間的實踐，才驗證它們有魔法的元素。例如：像是蒲公英這樣普遍的小型植物，已經成功地幫助許多老老少少達成他們的願望，在可見的未來裡，我實在找不到不繼續使用它的理由。

如何
使用
本書

書中的植物名稱，將按學名的字母順序列出。這些名稱以編號 001 開頭，下方是該植物的俗名。如果你知道某種植物的主要學名，很容易就能在書的內文中查到它。有時一個植物會被重新分類並被賦予一個新名稱，舊的名稱就會被列為俗名之一。

如果你不知道植物的學名，只知道它的常用名稱之一，則可以從第 247 頁開始的常見花草名稱索引中找到該名稱。在那裡你會找到相應的編號，然後就能在書的內文中找到該植物。還包括從第 256 頁開始的常見花草含義的索引，其中包含最受歡迎的花及其最常見的含義和關聯。

本書並沒有具體說明植物的哪些部位是有毒的，也沒有標示它們在哪個階段會具有毒性，或它們的毒性是否會隨著成熟而消失。**請注意，有些植物的毒性非常嚴重，即便只是觸摸它們或是直接燃燒後吸入煙霧，都可能是致命的。**在這本書的任何地方，都不建議食用、吸入這些植物或直接將植物放在皮膚上。在你想要如此嘗試前，請先花點時間，對你將要觸摸的植物做出進一步的研究。例如搜尋網路上就有許多相當詳盡的資訊。

瞭解得越深入對自己越好，請隨時保護自己的安全，自在地瞭解樹木、植栽和花卉天生的能量，始終讓收到你送的花的人知道，他在你心中的感受與重要資訊……最後，無論你做些什麼，也無論你何時做了這些事情：請不要招惹林間的小精靈！

No. 000：這是該植物在所有參考資料中的編號，通用於書中的所有索引。

主要學名以斜體標示

☠ 毒物標記：（如果該花草有毒的話）

│其他已知的學名│別名│

◉ **象徵意義**：我愛你；到我身邊；我很害羞；我為你感到心痛等。

🎨 **花色的意義**：當特定花色有其意義時會標注。

🌿 **花、種子、分枝等等的意義**：我愛你；到我身邊；我很害羞；我為你感到心痛等。

🏺 **魔法效果**：愛意；療癒；保護等等。

📕 **軼聞**：關於該植物的真實資訊或是有趣的傳說。

No. 001
冷杉 *Abies*
| 冷杉 Fir | 杉樹 Fir Tree |

🌹 象徵意義
提升；友誼；高度；誠實；長壽；坦白；洞察力；進步；銘記；堅毅；時間。

📖 軼聞
杉樹和其他松科的植物，可以藉由較平坦的針葉和新枝連接在幹上的樣子，來相互區分。年輕冷杉的針葉更加鋒利。

No. 002
錦葵 *Abutilon*
| 錦葵 Abortopetalum | Abu Tilon | 中國鐘花 Chinese Bell Flower | 中國金鈴花 Chinese Lantern Mallow | 開花楓樹 Flowering Maple | 印度錦葵 Indian Mallow | 室內錦葵 Parlor Maple | 室內楓樹 Room Maple | 天鵝絨葉 Velvet Leaf |

🌹 象徵意義
啟蒙；冥想。

📖 軼聞
錦葵通常是橘色或黃色；雖然有時是粉紅色或紅色。

No. 003
金合歡 *Acacia*
| 含羞草 Mimosa | 荊棘樹 Thorn Tree | Thorntree | 雨傘金合歡 Umbrella Acacia | 荊棘 Wattlel Whistling Thorn

🌹 象徵意義
追求愛情；暗戀；優雅；堅毅的靈魂；友誼；不朽；柏拉圖式的愛情；純潔；復活；祕密的愛；感性。

⚗️ 魔法效果
豐裕；進展；放逐；意志；占

卜；能量；驅魔；友誼；成長；療癒；喜悅；領導力；生命；光；愛意；金錢；自然力量；預知夢；保護；淨化；驅魔；驅鬼；成功。

📖 軼聞
傳說金合歡可能就是摩西在聖經出埃及記 3:2 中遇到的「燃燒的灌木」。

No. 004
塞內加爾金合歡 *Acacia senegal*
| 阿拉伯膠樹 Arabic Gum | 開普灣膠樹 Cape Gum | 埃及金合歡 Egyptian Thorn | 金合歡膠樹 Gum Acacia | 阿拉伯膠樹 Gum Arabic Tree | 塞內加爾膠樹 Gum Senegal Tree | Hashab Gum | Kikwata | Mgunga | Mkwatia | Mokala | Rfaudraksh |

🌹 象徵意義
柏拉圖式的愛情。

⚗️ 魔法效果
金錢；柏拉圖式的愛情；保護；通靈能力；淨化；驅魔；驅除負能量；靈性；避邪。

📖 軼聞
在床上或帽子上插一株塞內加爾金合歡有驅魔作用。塞內加爾金合歡有淨化一個區域、驅除負能量的作用。

No. 005
葉薊
Acanthus mollis
| Bear's Breach | Bear's Breeches | 牡蠣草 Oyster Plant |

🌹 象徵意義
藝術；欺騙；精緻藝術；痛苦；藝術品。

📖 軼聞
葉薊一植以來被認為是藝術家的靈感，在古希臘羅馬建築物中的科林斯柱頂常常可以看到葉薊的蹤跡。

No. 006
楓 *Acer*

| Maple | 楓樹 Maple Tree |

◎ 象徵意義

保守。

魔法效果

長壽；愛意；金錢。

軼聞

楓樹的種子相當特別，它們總是成對出現，從樹上掉下來時會旋轉地落下。楓樹種子被稱為「薩馬拉斯」、「楓木鑰匙」、「直升機」、「旋風鳥」或「塑膠鼻」。在早春採摘楓樹以收集汁液，將其煮沸成楓糖漿，然後進一步製成楓糖。美國陸軍根據楓樹種子的形狀，開發了一種有效的運載工具，可以安全地裝載從飛機上掉下來，將近65磅（29公斤）的補給品。

No. 007
蓍草 *Achillea filipendulina*

| 蓍草 Achillea eupatorium | Achillea filicifolia | 黃金衣 Cloth of Gold | 黃金蓍草 Cloth of Gold Yarrow | 蕨葉蓍草 Fernleaf Yarrow | Fern-leaf Yarrow | 蓍草 Tanacetum angulatum |

◎ 象徵意義

健康。

魔法效果

與動物溝通。

軼聞

在荷馬神話中的英雄阿基里斯，據說在他的領導下會使用蓍草讓士兵療傷。

No. 008
千葉菖蒲 *Achillea millefolium* ☠

| 千葉蓍草 Achi Uea | 阿基里斯 Achillea | 葛根 Arrowroot | 惡人玩物 Bad Man's Plaything | 木匠草 Carpenter's Weed | 蓍草 Common Yarrow | 死亡花 Death Flower | 魔鬼蕁麻 Devil's Nettle | Eerie | Field Hops | Gearwe | Gordaldo | 百葉草 Hundred-leaved Grass | 騎士蓍草 Knight's Milfoil | Knight's Milefoil | Knyghten | Milefolium | Milfoil | 軍人草 Militaris | Military Herb | Millefoil | Millefolium | 神聖蓍草 Noble Yarrow | 鼻血草 Nosebleed | Nosebleed Plant | 老人芥末 Old Man's Mustard | 老人胡椒 Old Man's Pepper | Plumajillo | 七年之愛 Seven Year's Love | 蛇草 Snake's Grass | Soldier | 軍傷草 Soldier's Woundwort | 止血草 Stanch Griss | Stanch Weed | Staunch Weed | 艾菊 Tansy | 千葉草 Thousand Leaf | Thousand Seal | 傷草 Wound Wort | Woundwort | 蓍草 Yarrow | Yarroway | Yerw |

◎ 象徵意義

勇氣；療癒；心痛；愛意；通靈能力；戰爭。

魔法效果

吸引力；美麗；勇氣；治療心痛；驅魔；友誼；餽贈；和諧；療癒；健康；喜悅；愛意；喜樂；保護；通靈能力；肉慾；藝術品。

軼聞

在易經中，拋撒乾燥的蓍草莖，可以預知未來的樣貌。也有人認為，如果將千葉蓍草用於婚禮裝飾，將其懸掛在新婚床上，則可以確保七年的真愛。佩戴千葉蓍草將獲得勇氣和保護。攜帶千葉蓍草能夠吸引朋友。千葉蓍草可用於驅除任何地方、任何事物和任何人的邪惡。

No. 009
長筒花 *Achimenes*

| 長筒花 Achimenes cupreata | 邱比特的弓 Cupid's Bower | 熱水草 Hot Water Plant | 魔法花 Magic Flowers | 寡婦的眼淚 Widow's Tears |

象徵意義

罕有的價值。

軼聞

之所以會有「熱水草」的綽號是因為有園丁相信，用熱水灌溉會讓長筒花早日開花。

No. 010

歐洲烏頭
Aconitum napellus ☠

| 歐洲烏頭 Aconite | 熊掌 Bear's Foot | Common Monkshood | 邱比特的車 Cupid's Car | 英國僧侶草 English Monkshood | 修士帽 Friar's Cap | 附子 Fuzi | Hecates | 頭盔花 Helmet Flower | 花豹毒 Leopard's Bane | 僧侶草 Monkshood | 僧侶之血 Monk's Blood | 藥用附子 Officinal Aconite | 軍人帽 Soldier's Cap | 風暴帽 Storm Hat | 索爾帽 Thor's Hat | 女巫花 Witch Flower | 狼毒 Wolfsbane | Wolf's Bane | 狼帽 Wolf's Hat |

象徵意義

死敵將近；有仇人在身邊要小心；騎士精神；危險將近；欺騙；兄弟情；英勇；騎士；遊俠；厭世；有毒的話語；節制；背信忘義。

魔法效果

平衡；狼人的解藥；隱形；中和；保護你遠離吸血鬼；保護你遠離狼人。

軼聞

在歐洲歷史的古羅馬末期，禁止使用歐洲烏頭。任何被發現種植它的人都可能被依法判處死刑。在中世紀，歐洲烏頭與女巫有關。將烏頭種子像珠子一樣串起來，戴在脖子或手腕上，有治癒的力量。將烏頭種子放入乾燥的蜥蜴皮中，就能隨時隱藏氣息。

No. 011

菖蒲 *Acorus calamus* ☠

| Bajai | Bhutanashini | Calamus | Gladdon | Gora-bac | Haimavati | Jatil | Lubigan | Myrtle Flag | Myrtle Grass | Myrtle Sedge | 甜草（根）Sweet Cane | Sweet Flag |

Sweet Grass | 甜根 Sweet Root | Sweet Rush | Sweet Sedge | Vacha | Vadaja | Vasa | Vasa Bach | Vashambu | Vayambu | Vekhand |

象徵意義

情感；激動不已；催情劑；幻覺；健美；悲嘆；愛意；情慾。

魔法效果

情感；生育力；世代；療癒；靈感；直覺；愛意；運氣；情慾；金錢；保護；通靈能力；海洋；潛意識；浪潮；隨波飄搖。

軼聞

菖蒲是梭羅最喜歡的植物。華特·惠特曼 (Walt Whitman) 寫了一段以菖蒲為靈感的詩歌，這些詩歌致力於表達感情、愛情和慾望，收錄在《草葉集》第三版的增編本中，標題為「菖蒲」。菖蒲的種子可以串成珠子，佩戴在身上可以達到療癒的目的。在廚房的每個角落放一小片菖蒲，用來防止貧困和飢餓。

No. 012

黑升麻
Actaea racemosa ☠

| 黑升麻 Actaea | Black Bugbane | Black Cohosh | 黑蛇根 Black Snakeroot | 升麻 Bugbane | Cimicifuga racemosa | 仙女燭 Fairy Candle | 妻子根 Squaw Root |

象徵意義

堅強。

魔法效果

勇氣；愛意；情慾；金錢；壯陽；保護。

軼聞

在你的房屋周圍或門檻上撒一些黑升麻可以保護你的房屋免受邪惡。如果沒有效用，可以將一袋黑升麻隨身攜帶。效果不夠強的話，也可以隨身攜帶一袋黑升麻，以增強力量。

No. 013

富貴花 *Adenium obesum* ☠

| 天寶花 Adenium | 沙漠玫瑰 Desert-Rose | 沙漠杜鵑 Impala Lily | Kudu | Mock Azalea | 沙漠之星 Sabi Star |

象徵意義

死亡；幻覺；虛假的；幻象。

軼聞

沙漠玫瑰可以長成一棵特別且美麗的小型花叢，樹枝會從非常粗的樹幹頂部長出來。

No. 014

鐵線蕨 *Adiantum*

| 少女髮蕨 Maidenhair Fern |

象徵意義

謹慎；隱密；愛的祕密連結。

魔法效果

美麗；愛意。

軼聞

德魯伊教信徒相信鐵線蕨可以讓人隱形。

No. 015

側金盞花 *Adonis*

| 側金盞花 Adonis flos | 血滴草 Blooddrops | Blood Drops | 側金盞花 Flos Adonis | Pheasant's-eye | Pheasant's Eye |

象徵意義

痛苦的回憶；人生之樂的回憶；悲傷的回憶。

軼聞

傳說維納斯女神為阿多尼斯哭泣，阿多尼斯在外

出打獵時突然被野豬殺死，她非常傷心。故事說她流下眼淚與他的血混合的地方，據說都會出現側金盞花，作為她對他的愛和脆弱短暫生命的悲傷回憶的象徵。

No. 016

五福花 *Adoxa moschatellina*

| 五福花 Adoxa | 五面主教 Five-Faced Bishop | 空心根 Hollowroot | Moschatel | Muskroot | 市鎮鐘 Townhall Clock | Tuberous Crowfoot |

象徵意義

虛弱。

軼聞

五福花因為花序有五朵花，而獲得了「五面主教」的稱號，其中一朵朝上，另外四朵直接朝外。

No. 017

七葉樹 *Aesculus* ☠

| 鹿眼樹 Buckeye Tree | 康克戲 Conkers | 紅栗子 Red Chestnut | 白栗子 White Chestnut |

象徵意義

幸運。

魔法效果

占卜；運氣；金錢；繁榮；財富。

軼聞

一種古老的英國兒童遊戲稱為「康克戲」，將七葉樹的種子分別穿在兩條不同的繩子上，兩名玩家輪流打擊對方的種子，直到七葉樹斷裂。

No. 018

歐洲七葉樹 *Aesculus hippocastanum* ☠

| 鹿眼樹 Buckeye | 馬栗樹 Common Horse Chestnut | 康克樹 Conker Tree |

象徵意義

奢華。

魔法效果

療癒；金錢。

軼聞

傳說認為在家具裡塞進歐洲七葉樹（或康克樹）的種子，可以防止飛蛾和蜘蛛。

No. 019

犬毒芹 *Aethusa cynapium* ☠

| 狗巴西里 Dog's Parsley | 狗毒 Dog Poison | 假巴西里 False Parsley | 愚人巴西里 Fool's Cicely | Fool's Parsley | 毒巴西里 Poison Parsley |

象徵意義

愚蠢；容易受騙；糊塗；燃燒。

軼聞

無毒性的花園種「甜巴西里」（Myrrhis odorata）與劇毒的毒巴西里非常相似，讓我必須要嚴正地再次指出，那些看起來特別漂亮的，往往是可怕又危險的騙子。

No. 020

天堂椒 *Aframomum melegueta*

| 非洲胡椒 African Pepper | 鱷胡椒 Alligator Pepper | 天堂穀物 Grains of Paradise | 幾內亞穀物 Guinea Grains | 幾內亞胡椒 Guinea Pepper | 非洲豆蔻 Hepper Pepper | 孟邦戈香料 Mbongo Spice | 梅萊蓋塔胡椒 Melegueta Pepper |

象徵意義

公正。

魔法效果

定罪；占卜；愛意；運氣；情慾；金錢；祈望。

軼聞

許願時，請將天堂椒用雙手捧起後訴說你的願望。許完願後，從北方開始，依照北東南西的順序，將天堂椒向四個方向撒去。

No. 021

百子蓮 *Agapanthus* ☠

| 非洲百合 African Lily | 藍色非洲百合 Blue African Lily | 尼羅河百合 Lily of the Nile |

象徵意義

愛意；情書。

魔法效果

愛意。

軼聞

科薩部落的婦女會用百子蓮乾燥的根製作項鍊，戴在身上視為一種生產的護身符，保護她們能順利產下強壯、健康的孩子。百子蓮被認為能夠對抗對風雨和雷聲的恐懼。

No. 022

布枯 *Agathosma*

| 布枯 Boegoe | Bookoo | Buchu | Bucoo | Buku | Diosma | Pinkaou | Sab |

象徵意義

香味。

魔法效果

預知夢；通靈能力。

軼聞

布枯以散發草本的香味聞名。

No. 023
龍舌蘭 *Agave* ☠

| 蘆薈 Aloe | 美洲龍舌蘭
American Agave | 美國蘆
薈 American Aloe | 美國世
紀 American Century | 世紀
植株 Century Plant | 偽蘆
薈 False Aloe | 開花蘆薈 Flowering Aloe | Maguey | 墨西
哥生命與富足之樹 Mexican Tree of Life and Abundance
| 自然奇蹟 Miracle of Nature | 響尾蛇大師 Rattlesnake-
Master | 刺蘆薈 Spiked Aloe | 西印比首木 West Indian
Daggerlog |

🌹 象徵意義
安全。

⚗ 魔法效果
豐裕;療癒;情慾。

📖 軼聞
龍舌蘭長得非常緩慢,因此被稱為「世紀植株」。
當龍舌蘭準備開花時,它會從冠部發出一個非常高
的「桅杆」,發芽後,向著頂部大量開花。

No. 024
藿香薊 *Ageratum* ☠

| 絨毛花 Flossflower | Floss
Flower |
白草 Whiteweed |

🌹 象徵意義
延遲。

📖 軼聞
藿香薊的花呈現蓬鬆的絨毛狀。

No. 025
龍芽草 *Agrimonia eupatoria*

| Agrimonia | 教堂尖塔 Church Steeples | 蒼耳
Cocklebur | Common Agrimony | Garclive | Ntola
|Odermenning | Philanthropos | Sticklewort |
Stickwort | Umakhuthula |

🌹 象徵意義
感激;感恩。

⚗ 魔法效果
放逐;驅逐負能量;擋住負能量;
阻擋咒語;提升精神的療癒;保
護;保護遠離邪惡;保護遠離邪
魔;保護遠離毒藥;保護遠離精
神攻擊;逆轉咒語;將
咒語反彈給施咒者;
睡眠;破解巫術。

📖 軼聞
據說將龍芽草放在枕頭
下,必須要將龍芽草移
除,此人才能完全醒來。人
們相信龍芽草種子四處撒,可以對抗巫術,尤其
是用在家裡附近、放在口袋裡或頸部或腰部的小
袋子時。龍芽草被認為可以用來確認女巫是否在
現場或是附近。龍芽草據說能夠提供保護、抵抗
邪惡的毒藥和邪魔,以及用來驅逐負能量和負面
的神魔。

No. 026
麥仙翁 *Agrostemma githago* ☠

| Common Corn Cockle | Common Corncockle | Corn
Cockle | Corncockle | Old-Maid's-Pink |

🌹 象徵意義
文雅。

📖 軼聞
有毒的麥仙翁一
度是中世紀的糧田
中,造成死亡的原因。麥仙翁一
度是農田間相當常見的致死原因。中世紀時,有
人寫道「這東西混進穀物裡會造成傷害,破壞麵
包的色澤、口感甚至使人生病。這種植物的特性
眾所皆知,自然沒人想要。」隨著農業技術的進
步,如今已能將麥仙翁的種子從穀物的種子中分
離出來。即便如此,巡視田間是否出現麥仙翁,
仍然是穀物農人的重要責任。

No. 027
匍筋骨草 *Ajuga*

| Abiga | 號角 Bugle | 號角草 Bugleweed | Bugula | 地

毯號角 Carpet Bugle｜Carpet Weed｜Chamaepitys｜地伏松 Ground Pine｜

🌹 象徵意義

發自內心的慶賀；可愛的。

📖 軼聞

匍筋骨草是一種顏色很深、皺巴巴、表面光滑的草。

No. 028

薔薇 *Alcea rosea*

｜蜀葵 Common Hollyhock｜Hollyhock｜

🌹 象徵意義

志氣；學者的志氣；繁殖力；豐產；自由主義。

📖 軼聞

薔薇是一種美麗、高大且細瘦的植物，同一根莖上可能會有許多朵花，是花園植物，一般會種在較低矮的植物後頭。

No. 029

羽衣草 *Alchemilla*

｜羽衣草 Alchimilla｜熊掌 Bear's Foot｜露水杯 Dewcup｜Dew-cup｜Lachemilla｜女士斗篷 Lady's Mantle｜火絨草 Leontopodium｜獅掌 Lion's Foot｜九鉤 Nine Hooks｜繁星草 Stellaria｜Zygalchemilla｜

🌹 象徵意義

柔軟。

🏺 魔法效果

相互吸引的愛；女性特質；愛意。

📖 軼聞

在中世紀的時候，人們會收集羽衣草葉上的露水，認為這些露水相當神聖。人們會將這些露水用來製作神奇藥水，因此將羽衣草又稱為「露水杯」。羽衣草被認為能夠吸引小精靈。在枕頭下或枕頭裡放一些羽衣草，理論上會有助於安眠。中世紀的人們相信，羽衣草能夠恢復女孩的貞潔。

No. 030

粉條兒菜 *Aletris farinosa* ☠

｜瘧疾草 Ague Grass｜Ague Weed｜粉條兒菜 Aletris｜Aletris alba｜Aletris lucida｜蘆薈根 Aloeroot｜背痛根 Backache Root｜貝蒂草 Bettie Grass｜苦草 Bitter Grass｜黑根 Black Root｜炙熱之星 Blazing Star｜絞痛根 Colic Root｜Colicroot｜Colicweed｜烏鴉玉米 Crow-corn｜Crow Corn｜魔鬼草 Devil's Bit｜粉星草 Mealy Starwort｜風濕根 Rheumatism Root｜星根 Star Root｜星草 Stargrass｜Starwort｜真獨角獸根 True Unicorn Root｜獨角獸草 Unicorn Plant｜獨角獸根 Unicorn Root｜白星草 White Stargrass｜

🌹 象徵意義

完整；力量。

🏺 魔法效果

破除詛咒；從神靈獲得保護；遠離邪惡；保護；逆轉詛咒；將邪惡轉向。

📖 軼聞

用粉條兒菜的根相互交叉編成的圖案放在家裡的每個入口外面，能夠防止邪惡進入家裡。對於抵禦邪惡相當有效。粉條兒菜在不同的文化體系中都被認為能有效破除詛咒。

No. 031

石栗 *Aleurites moluccana* ☠

｜鐵桐 Aleurites javanicus｜五葉油桐 Aleurites pentaphyllus｜油桐 Aleurites remyi｜三葉油桐 Aleurites trilobus｜Buah Keras｜蠟燭莓 Candleberry｜燭果樹 Candlenut｜印度胡桃 Indian Walnut｜燭果樹 Jatropha moluccana｜Kemiri｜堅果樹 Kuki｜Kukui Nut Tree｜Nuez del la India｜清漆樹 Varnish Tree｜

🌹 象徵意義

啟發。

🏺 魔法效果

啟發。

📖 軼聞

古夏威夷人會打開石栗，將充滿油脂的果子（比核桃小）串起來烤。這些原始的「蠟燭」，能夠

燒上將近 45 分鐘。居住在夏威夷的原始部落會將石栗油，倒進石頭中燃燒作為照明用。石栗樹的所有部分，對於玻里尼西亞世代代的人來說都相當重要。打磨過的石栗（可能會上一點顏色），會被用來做成夏威夷花環，作為相當高級的獎賞。

No. 032
黃蟬 *Allamanda* ☠

| 黃油杯花 Buttercup Flower | 黃蟬 Golden Allamanda | 黃金杯 Golden Cup | 金色喇叭 Golden Trumpet | Lani Ali'i | 黃蟬 Yellow Allamanda | 黃鐘 Yellow Bell | 黃色喇叭藤 Yellow Trumpet Vine |

🌹 象徵意義
天王。

📖 軼聞
黃蟬藤生長的廣度和高度幾乎毫無限制。

No. 033
蔥 *Allium*

| 開花洋蔥 Flowering Onion | Onion Flower | Ornamental Onion |

🌹 象徵意義
力量；你很優雅；你很完美；你很優雅且完美。

📖 軼聞
細瘦的蔥長出來的花為杯狀，且莖長得相當高，即便是在最擁擠的花園裡也可以塞進幾株。一年之中，蔥只能在秋天種植。

No. 034
韭蔥 *Allium ampeloprasum*

| 象大蒜 Ail à Grosse Tête Alho Porro | 野韭菜 Alho Bravo | 闊葉野韭菜 Alho Inglês | Allium porrum | 闊葉 Broadleaf | Cebolla Puerro | 象大蒜 Elephant Garlic | 大頭蒜 Great-headed Garlic | Iraakuuccittam | Kurrat | 韭蔥 Leek | 珍珠洋蔥 Pearl Onion | Perpétuel | Petit Poireau Antillais Poireau | Poireau | 野韭菜 Wild Leek |

🌹 象徵意義
纏綿。

🏺 魔法效果
驅魔；愛意；保護。

📖 軼聞
一般認為，韭蔥在很久以前，就被史前人類帶到英格蘭的西南方與威爾斯地區。

No. 035
洋蔥 *Allium cepa*

| 蔥頭 Bulb Onion | Common Onion | Oingnum | 洋蔥 Onion | Onyoun | Unyoun | Yn-Leac |

🌹 象徵意義
釋放情感；多層保護。

🏺 魔法效果
驅魔；治療；情慾；金錢；預知夢；保護；淨化；潔淨性靈；靈性。

📖 軼聞
古埃及人相當崇拜洋蔥，因為洋蔥的形狀為圓形，好幾層同心生長的鱗狀結構，切片後象徵著永生，大量地被用在墓葬中。在中世紀，洋蔥非常有價值，人們將洋蔥作為禮物來贈送，甚至可以用它們支付租金。洋蔥通常用作對抗精神攻擊或感知精神攻擊的植物，也能用來去除房屋中的負能量。你可以將一顆洋蔥切成四分之一後，將碎片放置在似乎明顯具有負能量的地方，多半會是在睡覺的地方。十二小時後，將所有洋蔥碎片從家裡拿出來扔掉。每晚使用新鮮的洋蔥碎片。早期的美國拓荒者會在門上掛上一串洋蔥，以保護家裡的居民免受感染。當你需要做決定的時候，可以用洋蔥來做個有趣的占卜。你可以用不同的洋蔥代表不同的選項，把它們都放在一個黑暗的地方，每天檢查一次。第一個發芽的洋蔥就是正確的選項。

No. 036
紅蔥 *Allium oschaninii*

| 紅蔥 Allium ascalonicum | Eschalot | 法國灰皮紅蔥頭 French Gray Shallot | Griselle | Shallot | True Shallot |

🌹 **象徵意義**
阿斯托拉特之地；單戀。

🏺 **魔法效果**
淨化。

📖 **軼聞**
「阿斯托拉特之地」是亞瑟王故事中很重要的一部分，這裡是伊萊恩的城堡所在地。伊萊恩後來因為單戀蘭斯洛爵士，心碎而死。

No. 037
蒜 *Allium sativum*

| Ajo | 洋薊蒜 Artichoke Garlic | 克里奧爾蒜 Creole Garlic | Crow Garlic | 蒜頭 Field Garlic | Garlic | 硬頸蒜 Hard Necked Garlic | 野生大蒜 Meadow Garlic | Ophioscorodon | Porcelain Garlic | 紫條蒜 Purple Stripe Garlic | 胡蒜 Rocambole Garlic | Sativum | 銀皮蒜 Silverskin Garlic | 軟頸蒜 Soft Necked Garlic | 野蒜頭 Wild Garlic | 野蔥頭 Wild Onion |

🌹 **象徵意義**
勇氣；恢復元氣；力量。

🏺 **魔法效果**
防盜；催情劑；驅魔；療癒；情慾；保護；保護你遠離邪魔；保護你遠離吸血鬼；保護你遠離狼人；單戀；遠離邪惡；遠離疾病；遠離邪眼；遠離吸血鬼；遠離狼人。

📖 **軼聞**
最早描述蒜頭的文學作品是用梵文寫成，也同時出現在詩經之中。孔子也在論語中提過蒜頭。迷信的驅魔者在進行大戰前，會用繩子將一串大蒜掛在脖子上。夢到大蒜是幸運的代表，夢到給人大蒜是厄運的象徵。在大門上掛上一串大蒜，能夠驅散女巫與吸血鬼。在脖子上掛上一串大蒜，能夠保護遠行的旅人。蒜頭只會在月光微弱的時刻生長。水手們登船的時候會帶著大蒜，避免船難。

No. 038
蝦夷蔥 *Allium schoenoprasum*

| 香蔥 Chives | 麝貓 Civet | 細香蔥 Rush Leek | Sweth |

🌹 **象徵意義**
能力；你為何哭泣呢？

🏺 **魔法效果**
療癒；增強通靈能力；保護你遠離邪惡；保護你遠離負能量。

📖 **軼聞**
曾幾何時，人們會將一束束的蝦夷蔥掛在家中以驅除惡靈。早期的美國荷裔移民會故意在放牧牛的田地裡種蝦夷蔥，這樣他們就可以享用具有獨特風味的天然牛奶。

No. 039
韭菜
Allium tuberosum

| 中國香蔥 Chinese Chives | 中國韭蔥 Chinese Leek | 蒜蔥 Garlic Chives | 韭菜 Jeongguji | Jiu Cai | 韭菜（台語）Ku Chai | Nira | 東方蒜蔥 Oriental Garlic Chives | Sol |

🌹 **象徵意義**
勇氣；力量。

🏺 **魔法效果**
預知夢；保護；通靈能力。

📖 **軼聞**
雖然韭菜的葉子切碎或壓碎後聞起來像洋蔥，但韭菜花的香味與紫羅蘭很像。

No. 040
橙木 *Alnus* ☠

| 赤楊 Alder |

☻ 象徵意義

給予；供養。

📖 軼聞

因為橙木的顏色相當明亮，從 1950 年代開始，就成為 Fender Stratocaster 和 Telecaster 等名牌電吉他的材料。

No. 041
蘆薈 *Aloe vera*

| Aloe | Aloe barbadensis | Barbados | 巴貝多蘆薈 Barbados Aloe | 燒傷草 Burn Plant | 鱷魚尾 Crocodile's Tail | 鱷魚舌 Crocodile's Tongue | 庫拉索蘆薈 Curaçao Aloe | 急救草 First-aid Plant | Gheekvar | Ghiu Kumari | Ghrtakumari | Guar Patha | Gwar Patha | 永生草 Immortality Plant | Katraazhai | Kattar vazha | Korphad | Kumari | Lidah Buaya | 沙漠百合 Lily of the Desert | 蘆薈（中文）Lu Hui | 藥用蘆薈 Medicinal Aloe | 醫用草 Medicine Plant | 神奇植物 Miracle Plant | 永生草 Plant of Immortality | Quargandal | 奎寧葉 Quinine Leaf | Sabila | Saqal | Savia | Savila | 唯一聖經 Single Bible | 真正蘆薈 True Aloe | Zabila |

☻ 象徵意義

苦痛；沮喪；悲傷；整合；運氣；特效藥；宗教迷信；寒暄；悲傷；迷信；智慧。

🧴 魔法效果

帶來幸運；避免邪惡的影響；療癒；運氣；避免孤獨感；避免家裡的災難；保護；驅邪；安全；避免傷害的避難處；巨大成功。

📖 軼聞

蘆薈被種在墳墓上，以幫助轉世前的平靜。在埃及法老墓的牆壁上發現過蘆薈的壁畫。目前有些研究正在瞭解蘆薈的各種好處。在室內種植蘆薈，將能防止家庭事故和邪惡。掛在門窗上的蘆薈既可以避邪，又可以帶來幸運。

No. 042
狐尾草
Alopecurus pratensis

| Alopecurus | Field Meadow Foxtail | Foxtail Grass | 草地狐尾 Meadow Foxtail |

☻ 象徵意義

有趣；狡猾；炫耀；有活力的。

📖 軼聞

狐尾草的花長得像是刷子，像極了狐狸的尾巴。

No. 043
檸檬馬鞭草 *Aloysia citrodora*

| 檸檬馬鞭草 Aloysia citriodora | Cedron | Hierba Luisa | 檸檬蜂刷 Lemon Beebrush | Lemon Verbena | Lippia citriodora Louisa | Louiza | Verbena citriodora | Yerba Luisa |

☻ 象徵意義

吸引力；吸引異性；愛意；性吸引力。

🧴 魔法效果

藝術；吸引力；美麗；友誼；餽贈；和諧；喜悅；愛意；喜樂；保護；淨化；肉慾。

📖 軼聞

可以將檸檬馬鞭草加到洗澡水中，以淨化自己的負能量。

No. 044
豔山薑 *Alpinia*

| 薑 Ginger | 月桃 Shell Ginger | 大溪地薑 Tahitian Ginger |

☻ 象徵意義

安撫；多元；令人愉快的；安全；力量；無限的財富；溫暖；財富。

🧴 魔法效果

豐裕；事故；進展；侵略；憤怒；性慾；衝突；渴

軼聞

攜帶或佩戴高良薑以培養你的通靈能力。攜帶或佩戴高良薑會為你帶來幸運。將高良薑放入裝有銀幣的皮袋中以帶來金錢。為了增加情慾，可以在家裡撒些高良薑。

望；充滿能量；友誼；成長；治療；快樂；領導力；生命；光；愛；情慾；機械化；錢財；自然力量；力量；搖滾樂；力量；掙扎；成功；戰爭。

軼聞

豔山薑的花與葉子像極了熱帶植物，讓它們看起來有某種熱帶風情。

No. 046

百合水仙 *Alstroemeria* ☠

| 印加百合 Inca Lily | Lily of the Incas | 鸚鵡百合 Parrot Lily | 祕魯百合 Peruvian Lily | 祕魯公主 Peruvian Princess | 嬌小百合水仙 Petite Alstroemeria | 阿爾斯特瑪麗 Ulster Mary |

象徵意義

強力的連結。

魔法效果

財富；長壽；和他人有強力的連結；繁榮；財富。

軼聞

百合水仙的花並沒有香味。

No. 045

大高良薑 *Alpiniagalanga*

| 藍薑 Blue Ginger | 咀嚼約翰 Chewing John | 中國根 China Root | Chittarattai | 絞痛根 Colic Root | 訴訟根 Court Case Root | East India Catarrh Root | 高良 Galanga | 高良薑 Galanga Root | 大高良薑 Galangal | Galingal | Galingale | Gargaut | 印度根 India Root | 山奈 Kaempferia Galanga | Kha | Laos | Langkwas | Languas galanga | 小約翰咀嚼 Little John to Chew | 征服者矮子約翰 Low John the Conqueror | Maranta galanga | Rhizoma Galangae | 泰國薑 Thai Galangal | Thai Ginger |

象徵意義

香氣。

No. 047

藥蜀葵 *Althaea officinalis*

| Althaea | Althea | 棉花糖 Common Marshmallow | Heemst | Marshmallow | Marsh Mallow | Marshmellow | Mortification Root | Slaz | 甜草 Sweet Weed | Wymote |

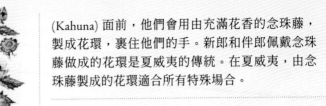

🜂 象徵意義

渴望愛情；未婚。

⚗ 魔法效果

應用知識；異星界；吸引善靈；善行；控制底層的原則；找到失物；對抗邪惡；說服；保護；通靈能力；再生；不再憂鬱；肉慾；揭開祕密；勝利。

📖 軼聞

攜帶藥蜀葵可刺激精神力量。藥蜀葵被認為能帶來好心情。在櫥窗裡放一瓶藥蜀葵可以把迷途的情人帶回來。

No. 048

庭薺 *Alyssum*

| 愛麗森 Alison | 金庭薺 Aurinia saxatilis | 香雪球 Lobularia maritima | 甜庭薺 Sweet Alyssum |

🜂 象徵意義

比美貌更重要的事物。

⚗ 魔法效果

平息憤怒；舒緩憤怒；保護。

📖 軼聞

將庭薺當成護身符帶著，能夠斬斷爛桃花。將庭薺放在人的手上或身上，能夠平息他的憤怒。把庭薺掛在家裡，能夠保護家人遠離魔法所導致的幻覺與妄想。

No. 049

念珠藤 *Alyxia oliviformis*

| Maile | Maile Vine |

🜂 象徵意義

愛的芬芳。

⚗ 魔法效果

連結；慶祝；療癒；愛意；保護。

📖 軼聞

在古夏威夷，唯一存在的婚姻傳統（並在許多新的傳統中延續下來）是新娘和新郎被帶到神官 (Kahuna) 面前，他們會用由充滿花香的念珠藤，製成花環，裹住他們的手。新郎和伴郎佩戴念珠藤做成的花環是夏威夷的傳統。在夏威夷，由念珠藤製成的花環適合所有特殊場合。

No. 050

莧 *Amaranthus*

| Amarant | Amaranth | 溫柔花 Flower Gentle | 絲絨花 Flower Velour | 莧菜花 Huautli | Kiwicha | 流血女士 Lady Bleeding | Pilewort | 王子的羽毛 Prince's Feather | Prince's Feathers | 紅雞冠 Red Cock's Comb | Spleen Amaranth | 絲絨花 Velour Flower | 天鵝絨花 Velvet Flower |

🜂 象徵意義

永恆的愛；忠實；不朽；不朽之花。

⚗ 魔法效果

保護你對抗邪惡；療癒；不朽；隱形；保護；保護你避免烹飪時受傷；保護你的居家安全。

📖 軼聞

如果有人戴上這種植物的花環或花圈，佩戴者會更容易隱形。古希臘人堅信莧菜是不朽的強烈象徵，因此他們會將莧菜花撒在墳墓上。攜帶乾燥的莧菜花能治癒受傷的心。

No. 051

尾穗莧 *Amaranthus caudatus*

| 狐尾莧 Foxtail Amaranth | 愛情、謊言、流血 Love Lies A'bleeding | Love Lies Bleeding | Love-lies-bleeding | Love-lies-a'bleeding | 吊墜莧 Pendant Amaranth | Quilete | 流蘇花 Tassel Flower | 天鵝絨花 Velvet Flower |

象徵意義

遺棄；沒有希望；心碎了；毫無希望。

魔法效果

魔法攻擊；魔法保護。

軼聞

尾穗莧最常種在花園邊緣，類似於彎曲的雪尼爾牌的細管刷。

No. 052
千穗穀 *Amaranthus hypochondriacus*

| 莧米 Blero | 籽粒莧 Floramon | 不朽花 Flower of immortality | Huauhtli | 愛、謊言、流血 Love-Lies Bleeding | 威爾斯王子的羽毛 Prince-of-Wales-Feather | 王子的羽毛 Prince's Feather | Princess Feather | 紅根莧菜 Quelite | Quintonil | 紅雞冠 Red Cockscomb | 天鵝絨花 Velvet Flower |

象徵意義

等待；愛意。

魔法效果

療癒；隱形；保護。

軼聞

千穗穀曾被西班牙殖民者在墨西哥加以取締，只因為它被用於阿茲特克人的儀式。戴在頭頂的莧菜花環被認為可以加速癒合。千穗穀被認為可以治癒受傷的心臟。佩戴千穗穀的花環據說會給佩戴者帶來隱形的力量。

No. 053
孤挺花 *Amaryllis* ☠

| Amarillo | Amaryllis belladona | 美女百合 Belladonna Lily | 荷蘭孤挺花 Dutch Amaryllis | 裸女 Naked Lady | 牛血百合 Oxblood Lily | 南非孤挺花 South African Amaryllis |

象徵意義

藝術行為；美麗但嚇人；馬夫之

星；清白；田園詩歌；驕傲；光芒四射的美女；學術成就；害羞；閃亮；成功；掙扎之後獲勝；膽怯；真美女；寫作。

魔法效果

冒險；熱情；激情。

軼聞

孤挺花在冬天室內從一顆大球莖到開花只需要六周，但從種子長到可以開花，則需要六年的。在野外，孤挺花將在春季或夏季開花。

No. 054
豚草 *Ambrosia artemisiifolia*

| 苦草 Bitterweed | 血草 Bloodweed | 豬草 Ragweed |

象徵意義

勇氣；不朽；互惠的愛；愛的回報；愛著彼此；你的愛會得到回應；你的愛會有所互惠。

魔法效果

對抗負能量；勇氣。

軼聞

豚草的花粉是導致全球花草熱的主要原因。

No. 055
紫穗槐 *Amorpha* ☠

| 北美靛藍 Baptisia | 藍花野靛 Blue False Indigo | 野靛藍 Blue Wild Indigo | 沙漠假靛藍 Desert False Indigo | 假靛藍 False Indigo | 馬蠅草 Horse Fly Weed | 靛藍草 Indigo Weed | 鉛草 Leadplant | Lead Plant | Rattlebush | Rattle Bush | Rattleweed |

象徵意義

畸形；無形；沉浸；無形體。

魔法效果

保護。

軼聞

在家周邊種植紫穗槐，得以保護家裡。紫穗槐是
很好的符咒與護身符，能夠幫忙保護家裡。

No. 056
巨花魔芋 *Amorphophallus titanum*

| Bunga Bangkai | 屍花 Cadavar Plant | Corpse Flower
| Corpse Plant | 泰坦魔芋 Titan Arum |

象徵意義

腐敗。

軼聞

「巨花魔芋」從希臘文來的大致翻
譯是「巨大畸形陰莖」。
魔芋花是世界上最大
的不分枝花，每年只
開花一天。魔芋花的
球莖重約 112 磅（51 公
斤）。魔芋花開花時的味
道，聞起來像哺乳動物腐爛
的肉。

No. 057
粉紅蘭花
Anacamptis
papilionacea

| 蝴蝶蘭 Butterfly
Orchid | 粉紅蝴蝶
蘭 Pink Butterfly
Orchid |

象徵意義

家裡的寧靜；歡樂。

軼聞

粉紅蘭花是一種長在地面上
的蘭花，常常會在牧草堆中
發現它們的蹤影。

No. 058
腰果 *Anacardium occidentale*

| 腰果 Acajú | Anacardium curatellifolium | Bibo Tree |
Caju | 腰果樹 Cashew Apple Tree | Cashew Nut Tree |
Cashew Tree | Jambu Monyet | Kasui | Marañón Tree |
Mbiba | Mente Tree | Mkanju |

象徵意義

獎賞。

魔法效果

金錢；繁榮。

軼聞

在巴西，「maranon」也就是
「腰果」，比堅果更受歡迎，
雖然它不是真正的果子，但它膨大的莖部是腰果
的種子附著的位置。

No. 059
琉璃繁縷 *Anagallis arvensis*

| Anagallis phoenicea | 窮人的氣壓計 Poorman's
Barometer | 窮人的天氣瓶 Poor Man's Weather
Glass | Red Chickweed | 紅繁縷 Red Pimpernel |
Scarlet Pimpernel | 牧羊人的時鐘 Shepherd's Clock
| 牧羊人的天氣瓶 Shepherd's Weather Glass |

象徵意義

約會；分配；改變；信念；
會合。

魔法效果

健康；保護。

軼聞

琉璃繁縷只在陽光明媚的時候才
會開花。

No. 060
鳳梨 *Ananas comosus*

| Abacaxi | Alanaasi | Anaasa | Ananá | Ananas |
Anarosh | Annachi Pazham | Kaitha Chakka | Nanas
| Nanasi | Nenas | Piña | Pineapple | Pine Apple |
Sapuri-PaNasa |

象徵意義
貞潔；喜悅；完美；你很完美。

魔法效果
運氣；金錢。

軼聞
鳳梨需要兩年時間才能長出一顆像松果一樣的果實。

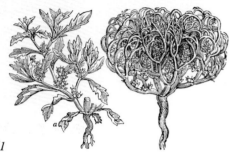

No. 061
含生草 *Anastatica hierochuntica*

| Anastatica | 恐龍草 Dinosaur Plant | 瑪莉亞花 Flower of Mariyam | Flower of Saint Mary | 耶律哥玫瑰 Jericho Rose | 瑪莉花 Mary's Flower | 瑪莉的手 Mary's Hand | 巴勒斯坦風滾草 Palestinian Tumbleweed | 復活草 Resurrection Plant | Rose of Jericho | 聖瑪莉之花 Saint Mary's Flower | St. Mary's Flower | 真耶律哥玫瑰 True Rose of Jericho | 輪子 Wheel | 白芥子花 White Mustard Flower |

象徵意義
復活。

魔法效果
豐裕；和平；權力。

軼聞
含生草既是風滾草又是復活草。捲曲和解開捲曲的過程是完全可逆的，可以重複好幾次。

No. 062
藥用牛舌草
Anchusa officinalis

| 紫朱草 Alkanet | Common Bugloss |

象徵意義
謊言。

魔法效果
吸引昌盛；療癒；繁榮；保護；淨化；驅除負面能量。

軼聞
藥用牛舌草會吸引各種昌盛。

No. 063
秋牡丹 *Anemone* ☠

| 花園秋牡丹 Garden Anemone | 迎風花 Wind Flower |

象徵意義
背棄；常存的愛；期待；遺棄；疏遠；每個園丁的驕傲；期待；逝去的青春；療癒；健康；疾病；愛意；拒絕；真誠；堅定的愛；痛苦與死亡；乾枯的希望。

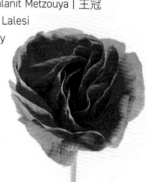

魔法效果
療癒；愛意；保護；免於疾病。

軼聞
有一些傳說聲稱，將秋牡丹的花瓣吹開的風，也會將其他死去的花瓣吹落。

No. 064
歐洲銀蓮花 *Anemone coronaria* ☠

| 銀蓮花 Anemone | Calanit | Calanit Metzouya | 王冠銀蓮花 Crown Anemone | Dag Lalesi | Kalanit | 罌粟銀蓮花 Poppy Anemone | Shaqa'iq An-Nu'man | 西班牙金盞花 Spanish Marigold |

象徵意義
拋棄；不朽的愛；疾病；乾枯的希望。

魔法效果
療癒；健康；保護。

No. 065
櫟林銀蓮花 *Anemone nemorosa* ☠

| Smell Fox | 銀蓮 Thimbleweed | 迎風花 Windflower | 木銀蓮 Wood Anemone |

◎ 象徵意義
背棄；遺棄；拋棄；愛意；疾病；真誠。

⚗ 魔法效果
療癒；健康；保護。

📖 軼聞
關於櫟林銀蓮花的迷信，有著悠久的歷史。在古代，櫟林銀蓮花被認為是所有瘟疫的根源，因為它帶來的疾病如此致命，以至於人們會在櫟林銀蓮花盛開的田野中，屏住呼吸奔跑，因為他們相信即使是周圍的空氣也會帶來死亡。中國人稱銀蓮花為「死亡之花」。早期的埃及人認為銀蓮花是疾病的象徵。很久以前，英國人曾認為第一次看到銀蓮花時，應該採下一朵，用一塊乾淨的白色絲綢包起來，可以作為抗瘟疫的護身符，帶在身邊。

No. 066
蒔蘿 *Anethum graveolens*

| Anethum | Aneton | Buzzalchippet | Chathakuppa | Chebbit | Dill | Dill Weed | Dilly | Endro | 花園蒔蘿 Garden Dill | Hariz | Hulwa | Keper | 寮國香菜 Lao Cilantro | Laotian Coriander | Mirodjija | Phak Chee Lao | Phak See | Sada Kuppi | Sapsige Soppu | Sathakuppa | Savaa | Shevid | Soa | Sowa | Soya | Soya-kura |

◎ 象徵意義
慶祝；運氣。

⚗ 魔法效果
愛意；情慾；金錢；保護；安撫；生存；遠離邪惡。

📖 軼聞
在中世紀，蒔蘿經常用於魔法咒語和巫術。將蒔蘿掛在門上可以防止受到傷害，並且可以將嫉妒你或不愉快的事物拒之門外。在搖籃塞進一株蒔蘿，據說可以保護搖籃裡面的孩子。

No. 067
歐白芷根 *Angelica archangelica*

| Amara Aromatica | 天使草 Angel Plant | 白芷 Angelica | Angelica officinalis | Archangel | Archangelica | Arznei engelwurz | 肚痛根 Bellyache Root | Boska | Dead Nettle | 歐洲野白芷 European Wild Angelica | Fádnu | 花園白芷 Garden Angelica | 風濕草 Goutweed | Grote Engelwortel | 天使藥草 Herb of the Angels | 聖靈藥草 Herb of the Holy Ghost | 高白芷 High Angelica | 聖靈 Holy Ghost | 聖靈根 Holy Ghost Root | 聖藥草 Holy Herb | Hvonn | Hvönn | Kuanneq | Kvan | Kvanne | Masterwort | 挪威白芷 Norwegian Angelica | 紫白芷 Purple Angelica | 紫莖白芷 Purplestem Angelica | Rássi | Sonbol-e Khatayi | Väinönputki | 野當歸 Wild Angelica | 野芹菜 Wild Celery |

◎ 象徵意義
靈感；啟發我；好魔法的象徵；詩意靈感的象徵。

⚗ 魔法效果
勇氣；驅魔；消除中毒的影響；療癒；魔法；去除詛咒；移除附魔；刪除詛咒；去除慾望；使巫術和邪眼無害；保護；力量；願景；抵禦各種災害；避邪；防止雷擊。

📖 軼聞
據說白芷在瘟疫期間保護了整個村莊。據說天使的香氣與白芷的香氣完全相同。將白芷種或撒在房子的四個角落，能抵禦各種形式的邪惡和瘟疫。洗澡時，白芷據說會消除對洗澡者施放的任何類型的咒語、詛咒或負面情緒。眾所周知，賭徒會將白芷放在口袋裡，以防止損失金錢和贏得一些運氣。

No. 068
天使花 *Angelonia angustifolia*

| 夏季金魚草 Summer Snapdragon |

⚫ 象徵意義
誤會。

📖 軼聞
天使花能夠召喚天使保護使用者，免於因為誤會造成的欺騙。

No. 069
大彗星風蘭 *Angraecum sesquipedale* ☠

| Angcm | 彗星蘭花 Angraecum | Angrek | 聖誕蘭花 Christmas Orchid | 彗星蘭花 Comet Orchid | 達爾文蘭花 Darwin's Orchid | 彗星蘭花之王 King of the Angraecums | 伯利恆之星 Star of Bethlehem | 伯利恆之星蘭 Star of Bethlehem Orchid |

⚫ 象徵意義
贖罪；指引；希望；懶惰；純潔；和解；高貴。

📖 軼聞
大彗星風蘭的星形花上，異常長的突起（11-17英寸）〔28-43公分〕啟發了達爾文（在1862年他對這種花的研究論文中）預測野生的大彗星風蘭，必須透過當時尚未發現的飛蛾才得以授粉，這種飛蛾將具有前所未有的超長鼻器，才能勾到長突起末端的濃縮花蜜。達爾文因他的預言而受到嘲笑。直到1903年達爾文去世21年後，才在馬達加斯加發現了如此大小的飛蛾時得到證實。牠被命名為 Xanthopan morganii praedicta，更常被稱為「摩根的獅身人面像蛾」。

No. 070
鼠爪花 *Anigozanthos*

| 鼠爪花 Catspaw | 綠色袋鼠爪花 Green Kangaroo Paw | 袋鼠爪花 Kangaroo Paw | Mangles' Kangaroo Paw | 猴爪 Monkey Paw | Nol-la-mara |

⚫ 象徵意義
不尋常的。

📖 軼聞
鼠爪花顏色鮮豔、天鵝絨般的花朵，是西澳官方的代表花，在那裡你可以找到野生的鼠爪花。

No. 071
果香菊 *Anthemis nobilis*

| 洋甘菊 Camomile | Camomyle | 果香菊 Chamaemelum nobile | Chamaimelon | Chamomile | 英國甘菊 English Chamomile | 花園甘菊 Garden Camomile | 伏地蘋果 Ground Apple | Heermannchen | 草地甘菊 Lawn Chamomile | 低位甘菊 Low Chamomile | 西班牙洋甘菊 Manzanilla | 馬修 Maythen | 果香菊 Perennial Chamomile | 羅馬洋甘菊 Roman Camomile | 輝格草 Whig Plant | 野洋甘菊 Wild Chamomile |

⚫ 象徵意義
人見人愛；吸引財富；活躍的力量；面對逆境的力量；獨創性；行動力；逆境中的愛；耐心；睡眠；智慧。

🧴 魔法效果
豐裕；進展；冷靜；意志；能量；友誼；成長；療癒；喜悅；領導力；生命；光；愛意；運氣；冥想；金錢；自然力量；淨化；睡眠；成功；寧靜。

📖 軼聞
果香菊被認為是「植物醫生」，種在較弱的植物附近，能夠強化它們。一些賭徒會在賭博前用果香菊的洗手液洗手，認為這會給他們帶來幸運。同樣的果香菊液體也可用來洗澡，能夠增加吸引愛情的機會。將果香菊液體灑在一個人的房地產周圍，被認為能夠消除對居住在那裡的居民，所施加的詛咒和法術。

No. 072
黃花茅 *Anthoxanthum odoratum*

| Anthoxanthum nitens | 野牛草 Bison Grass | Buffalo Grass | Hierochloe odorata | 神聖草 Holy Grass | 曼娜草 Manna Grass | 瑪莉的草 Mary's Grass | Seneca Grass | 甜草 Sweetgrass | Sweet Grass | Sweet Vernal-Grass | Vanilla Grass | 黃花茅 Vernal Grass |

象徵意義
和平；貧窮但快樂；靈性。

魔法效果
召喚善靈；冥想；淨化。

軼聞
黃花茅被認為是一種神聖的植物，對美洲原住民仍然具有重要意義，他們會將黃花茅當成焚香。一些美洲原住民部落認為黃花茅是所有植物中最古老的植物，也是地球母親的頭髮。黃花茅通常會被編成辮子或綁成捆，作為供品，留在墓地或是其他聖地。

No. 073
細菜香芹 *Anthriscus cerefolium*

| 車窩草 Chervil | 法國巴西里 French Parsley | 花園車窩草 Garden Chervil | 美食用巴西里 Gourmet Parsley | 茉莉芹 Myrrhis | 沙拉用車窩草 Salad Chervil |

象徵意義
寧靜；真誠。

軼聞
根據傳說，就是羅馬人將細菜香芹種在整個羅馬帝國的營地附近。

No. 074
金魚草 *Antirrhinum*

| 小牛鼻 Calf's Snout | 狗嘴 Dog's Mouth | 獅嘴 Lion's Mouth | 金魚草 Snapdragon | 新疆柳穿魚 Toadflax | 蟾蜍嘴 Toad's Mouth |

象徵意義
創造力；騙局；祈願的力量；親切的女士；謹慎；從未；假設。

魔法效果
破除魔法；順風耳；保護；保護你免於詛咒；保護你免於欺騙；保護你遠離負能量；力量。

軼聞
如果你感覺到邪惡在你身邊，踩著或拿著一朵金魚草，直到你感到邪惡已經從身邊經過。如果有人向你傳達了他們的負面能量或詛咒了你，在鏡子前放一瓶金魚草，負面和詛咒會被送回給發送者。將金魚草種子戴在脖子上可以保護自己不被迷惑。人們認為，如果在你的身上放了一株金魚草，你會顯得更加彬彬有禮且迷人。佩戴或攜帶金魚草的任何部分能保護自己免受欺騙。

No. 075
花燭 *Anthurium* ☠

| 男孩花 Boy Flower | 火烈鳥花 Flamingo Flower | 夏威夷之心 Heart of Hawaii | 彩繪舌 Painted Tongue |

象徵意義
豐裕；崇拜；幸福；好客；愛意；情慾之愛；浪漫；肉慾；性；性感。

魔法效果
耐力。

No. 076
旱芹 *Apium graveolens*

| 西洋芹 Aipo | Apium | Celeriac | 芹菜 Celery | Elma | Karafs | Marshwort |

象徵意義
饗宴；娛樂；節日；持久的快樂；歡樂；欣喜若狂；有用的知識。

🏺 魔法效果

催情劑；平衡；專注；情慾；男子氣概；神智清楚；精神力；通靈能力；睡眠。

📖 軼聞

古希臘人對旱芹和月桂一樣崇敬，並用它製作花圈，為冠軍運動員加冕。

No. 077

羅布麻 *Apocynum* ☠

| 毒狗草 Dogbane | 印第安大麻 Indian Hemp | 風濕草 Rheumatism Weed | 野吐根 Wild Ipecac |

🌹 象徵意義

欺騙；謊言；靈感；對狗有毒。

🏺 魔法效果

協助；生育力；和諧；獨立；愛意；物質上的富足；堅持；穩定；力量；韌性。

📖 軼聞

儘管在許多其他方面具有劇毒且完全無用，但大量開花的羅布麻是蜜蜂非常有價值的花蜜來源。

No. 078

花蔓草 *Aptenia cordifolia*

| Aptenia | 心葉日中花 Baby Sunrose | 水晶冰草 Crystal Ice Plant | Dew Plant | 心葉冰花 Heart leaf Ice Plant | Heart Leaf Ice Plant | Heart-leaved Aptenia | Heart-leaved Midday Flower | Mesembryanthemum cordifolium |

🌹 象徵意義

為心儀的人演奏小夜曲。

📖 軼聞

花蔓草只在一天中陽光明媚的時候開花。

No. 079

沉香樹 *Aquilaria malaccensis* ☠

| Agar | 沉香木 Agarwood | Agallochum malaccense | Aquilaria agallocha | Aquilaria malaccensis | Aquilaria secundaria | Lignum Aloes | Lolu | Mapou | Oodh | Wood

🌹 象徵意義

生命之魂。

🏺 魔法效果

吸引善財；吸引愛；愛意；靈性。

📖 軼聞

帶著沉香會吸引愛情。幾個世紀以來，沉香一直被應用在魔法上，用來吸引幸運和帶來愛情。由於野外棲息地的喪失，以及非法採伐和貿易的增加，沉香樹的生存受到高度威脅，被認為已經在野外「滅絕」。沉香樹是沉香樹脂的來源，用於製造香水和熏香，具有重要的精神意義，在世界上所有主要宗教的聖典中都受到崇敬。

No. 080

耬斗菜 *Aquilegia* ☠

| Columbine | 獅子草 Lion's Herb |

🌹 象徵意義

勇氣；戴綠帽；冷淡的愛；遺棄；蠢事；愚蠢；愛意；力量；智慧。

🎨 花色的意義：紫色：極度想贏。

🎨 花色的意義：紅色：焦慮；焦慮與發抖；顫抖

🏺 魔法效果

勇氣；愛意。

📖 軼聞

耬斗菜一直是愚蠢的象徵，因為花朵看起來像一頂附著鈴鐺的小丑帽。送一朵耬斗菜花給女性是不吉利的。耬斗菜被認為是世界上最美麗的野花之一。戴一朵耬斗菜以示勇氣。將耬斗菜的種子放在一個小袋子裡，隨身攜帶以吸引愛情。

No. 081
異葉南洋杉 *Araucaria heterophylla* ☠

| 小葉南洋杉 Araucaria excelsa | 活聖誕樹 Living Christmas Tree | 諾福克島松 Norfolk Island Pine | 玻里尼西亞松樹 Polynesian Pine | 星松 Star Pine | 三角樹 Triangle Tree |

◎ 象徵意義

多葉。

🏛 魔法效果

對抗飢餓；保護。

📖 軼聞

如果在家附近或家中種植異葉南洋杉的盆栽作為室內植物，被認為可以防止惡靈和飢餓。南洋杉可以長到 100 英尺（30 米）或更高，可達 60 英尺寬（18 米）。

No. 082
草莓樹 *Arbutus*

| 脫皮樹 Madrona | Madrone | Madroño | 草莓樹 Strawberry Tree |

◎ 象徵意義

只有愛；你是我唯一的愛；真愛。

🏛 魔法效果

驅魔；忠實；保護。

📖 軼聞

草莓樹經常脫落樹皮、樹葉和漿果。草莓樹皮富含單寧，可用於鞣製皮革。當草莓樹的果實枯萎時，它們會長出倒鉤，附著在動物身上，不知不覺地將它們散布。

No. 083
草莓樹 *Arbutus unedo*

| Apple of Cain | Cane Apple | 愛爾蘭漿果樹 Irish Strawberry Tree | 基拉尼漿果樹 Killarney Strawberry Tree | 漿果樹 Strawberry Tree |

◎ 象徵意義

敬愛。

🏛 魔法效果

驅魔；保護。

📖 軼聞

據報導，熊吃了掉在樹下發酵的草莓會因此中毒。古羅馬人會用草莓樹保護小孩，避免他們被邪惡侵擾。

No. 084
金盞草 *Arctotheca calendula*

| 蒲公英 Cape Dandelion | 萬壽菊 Cape Marigold | Cape Weed |

◎ 象徵意義

預兆；預示；徵象。

📖 軼聞

金盞草從秋季開始發芽，然後在夏季逐漸枯萎。

No. 085
牛蒡 *Arctium lappa*

| Arctium | Bardana | 乞丐鈕釦 Beggar's Buttons | 牛舌草 Bugloss | Burdock | Burrseed | 毛刺 Clotbur | 蒼耳 Cockleburr | 食用牛蒡 Edible Burdock | 大牛蒡 Great Burdock | Greater Burdock | 快樂少校 Happy Major | Hardock | Hurrburr | Lappa Burdock | 牛蒡 Niúbàng | Niúpángzi | Personata |

◎ 象徵意義

謊言；強求；別碰我。

🏛 魔法效果

療癒；保護。牛蒡毛刺：魯莽；你對我厭倦了。

軼聞

魔鬼氈的靈感就來自牛蒡的毛刺。在月缺期間收集牛蒡根，剪短、用紅線串起來，然後晾乾，像串珠項鍊一樣佩戴，可以防止負能量和邪惡。謹慎地在家中貼上牛蒡的毛刺，可以抵禦負能量。

No. 086
熊果
Arctostaphylos uva-ursi ☠

| Arberry | 熊莓 Bearberry | 熊葡萄 Bear's Grape | Common Bearberry | Crowberry | 狐莓 Foxberry | 豬蔓越莓 Hog Cranberry | 印第安人菸草 Kinnikinnick | Mealberry | 山盒子 Mountain Box | 山莓 Mountain Cranberry | 山菸草 Mountain Tobacco | Pinemat Manzanita | 紅熊莓 Red Bearberry | Sagackhomi | 沙莓 Sandberry | 高地莓 Upland Cranberry | Uva Ursa | Uva-ursi |

🌹 **象徵意義**
熊的葡萄。

⚗ **魔法效果**
通靈能力；精神力。

📖 **軼聞**
野熊特別喜歡熊果。

No. 087
棕櫚 *Arecaceae*

| 棕櫚 Palm | Palmae | Palm Tree |

🌹 **象徵意義**
生育力；和平；靈性；熱帶的象徵；勝利與成功；度假；勝利。

📖 **軼聞**
棕櫚樹是全球性對熱帶與假期的象徵。

No. 088
海岸雪草 *Arenaria verna*

| 金苔 Golden Moss | 愛爾蘭苔蘚 Irish Moss | 沙草 Sandwort |

🌹 **象徵意義**
喜愛沙地。

⚗ **魔法效果**
運氣；金錢；保護。

📖 **軼聞**
海岸雪草會長成一片活生生的綠色厚地毯。

No. 089
蕨麻 *Argentina anserina*

| 銀草 Common Silverweed | Potentilla anserina | Richette | Silverweed | Silverweed Cinquefoil |

🌹 **象徵意義**
天真；簡約。

⚗ **魔法效果**
遠離邪靈；遠離巫術。

📖 **軼聞**
古人曾經將蕨麻塞進鞋子裡吸收腳汗。

No. 090
龍葵 *Arisaema dracontium* ☠

| 龍根 Dragon Root | 綠龍 Green Dragon |

🌹 **象徵意義**
熱情。

📖 **軼聞**
龍葵在野外幾乎滅絕。

No. 091
鼠尾南星 *Arisarum*

| 鼠尾南星 Arisarum vulgare | 修士帽 Friar's Cowl | 鷗 Larus |

象徵意義

熱情；欺騙；邪惡。

軼聞

鼠尾南星的上方會長出一片蓋狀的鉤形花朵。

No. 092
海石竹 *Armeria*

| 海石竹 Sea Pinks | 海石竹 Thrift |

象徵意義

同理心；面對憔悴的同理心。

軼聞

三便士英鎊有一面就刻著海石竹的圖案。

No. 093
辣根 *Armoracia rusticana*

| Cochlearia armoracia | 馬蘿蔔 Horseradish | Horse-Radish | 馬蘿蔔根 Horseradish Root | Moolee | Stingnose | 西方山葵 Western Wasabi |

象徵意義

奴役的痛苦。

魔法效果

驅魔；淨化。

軼聞

在新年期間於皮包或口袋裡放一片辣根，可以保佑一年裡的資金充足。在希臘神話中，根據德爾菲神諭紀載，阿波羅認為辣根比同重量的黃金還要珍貴。為了去除施加在家裡的邪惡力量與負面咒語，可以試著在家裡周邊、入口處、窗台和轉角，撒一些乾的辣根。

No. 094
鹼蒿 *Artemisia abrotanum* ☠

| Appleringie | 男孩的愛 Boy's Love | European Sage | 花園山艾樹 Garden Sagebrush | 私人衣櫥 Garderobe | Garde Robe | 少年的愛 Lad's Love | 檸檬草 Lemon Plant | 情人草 Lover's Plant | Maid's Ruin | 老人 Old Man | 老人蒿 Oldman Wormwood | 天主木 Our Lord's Wood | Siltherwood | 南方蒿 Southernwood | Southern Wormwood |

象徵意義

缺席；催情劑；戲謔；堅貞；忠實；笑話；性感的床伴；痛苦；誘惑。

魔法效果

魔法藥水的解毒劑；驅魔；愛意；情慾；男子氣概；保護；淨化；驅趕飛蛾；驅趕蛇；誘惑；性感；驅趕邪靈。

軼聞

鹼蒿被認為是對魔法藥水最有效的解毒劑。鹼蒿據說能用於驅趕蛇和小偷。有此一說，認為鹼蒿會導致男性陽痿。在中世紀，年輕男性送給女孩子的花束中，經常放進一株鹼蒿，這是一種誘惑她們的祕密語言。在床底下放一株鹼蒿應該會引起性慾。

No. 095
苦艾 *Artemisia absinthium* ☠

| Absinthe | 苦艾 Absinthe Wormwood | Absinthium | 蒿 Common Wormwood | 國王王冠 Crown for a King | 大蒿 Grand Wormwood | 茜草 Madderwort | 老婦 Old Woman | 苦蒿 Wermode | Wormwode | Wormwood | Wormot |

象徵意義

缺席；外遇；苦痛；破壞；不洩氣；流放；偶像崇拜；愛意；窮困；分離；愛的痛苦；使人不悅。

🝣 魔法效果

召喚神靈；消除憤怒；占卜；描繪出另外一半；驅魔；愛意；避免衝突；避免戰爭；保護；旅途平安；通靈能力；靈視。

📖 軼聞

據信，如果在墓地焚燒苦艾，會引來死者的靈魂，並且與靈媒交談。有一個傳說，艾蒿標誌著撒旦從伊甸園被流放的道路。一般認為，苦艾可以防止被迷惑。

No. 096

龍蒿 *Artemisia dracunculus*

| 龍藥草 Dragon Herb | 龍蒿 Dragon Wort | Dragon's Herb | Dragon's-wort | Dragon's Wort | 法國龍艾 French Tarragon | 絨草 Fuzzy Weed | 綠龍 Green Dragon | 藥草之王 King of Herbs | Snakesfoot | Tarragon |

🝣 象徵意義

恐怖；長久的承諾；長期興趣；長期參與；永久的；發生令人震驚的事情；恐慌。

🝣 魔法效果

狩獵；愛意；治癒蛇咬傷。

📖 軼聞

龍蒿被認為是一種理想的伴生植物，可以保護附近的其他植物，因為它的味道和氣味不受花園中常見的害蟲喜愛。狩獵時攜帶龍蒿以求幸運。

No. 097

北艾 *Artemisia vulgaris* ☠

| Artemisia | 蒿 Artemis Herb | Chornobylnik | Chrysanthemum Weed | 艾草 Common Wormwood | Felon Herb | Muggons | Mugwort | 頑皮鬼 Naughty Man | 老人 Old Man | 老叔叔亨利 Old Uncle Henry | 水手的 菸草 Sailor's Tobacco | 聖約翰藥草 Saint John's Herb | Saint John's Plant | 西方艾草 Western Mugwort | 白艾草 White Mugwort | 野生艾草 Wild Wormwood |

🝣 象徵意義

意識到我們的靈性道路；尊嚴；幸運；幸福；寧靜。

🝣 魔法效果

靈魂投射；吸引力；美麗；友誼；餽贈；和諧；療癒；健康；喜悅；長壽；愛意；喜樂；預知夢；保護；保護你對抗黑暗勢力；通靈能力；肉慾；力量；藝術品。

📖 軼聞

攜帶北艾能讓你深愛的人安全回家，保護他們遠離野生動物、中暑和疲勞。帶著北艾還會增強生育能力和性慾。北艾被認為具有神奇的力量，佩戴在身上可以抵禦邪惡力量。人們相信，如果在施洗者聖約翰節的前一天晚上收集北艾，可以抵禦邪惡、不幸和疾病。如果你將北艾長期放在鞋子中，你會從中獲得力量。睡在一個塞滿北艾的枕頭上會做預言夢。將艾蒿放在水晶球下方或周圍，有助於使用水晶球時強化通靈力。古代的日本人和中國人曾經認為病魔討厭艾草的氣味，所以他們將一束束北艾掛在門上，以驅除病魔。如果放在床邊，北艾應該有助於實現靈魂投射。隨身攜帶北艾，能夠防背痛，治療狂躁症。

No. 098

斑葉疆南星 *Arum maculatum* ☠

| 亞當與夏娃 Adam and Eve | 線軸 Bobbins | 母牛與公牛 Cows and Bulls | Cuckoo-Pint | 魔鬼與天使 Devils and Angels | 印第安蕪菁 Indian Turnip | 講壇上的傑克 Jack in the Pulpit | Jack-in-the-Pulpit | 上帝與女士 Lords and Ladies | 裸男孩 Naked Boys | 澱粉根 Starch-Root | 清醒羅賓 Wake Robin | 野生疆南星 Wild Arum |

象徵意義

熱情；熱忱。

魔法效果

相互吸引的愛；幸福。

No. 099
蘆荻 *Arundo donax*

| Arundo | Carrizo | 大蘆稈 Giant Cane | 大蘆葦 Giant Reed | 西班牙蘆葦 Spanish Cane | 野生蘆葦 Wild Cane |

象徵意義

頌歌；澄清；溝通；順從；輕率；音樂；音樂性；管道；目的；會合；歌曲；旅行；木管樂器。

魔法效果

釣魚；保護；淨化。

軼聞

過去五千年來，蘆荻一直是用來製作笛子的材料。蘆荻是用來製作木管樂器和風笛的主要材料。

No. 100
乳草 *Asclepias* ☠

| 乳草 Milkweed |

象徵意義

痛苦中的希望。

軼聞

乳草是帝王蝶唯一會產卵的植物，因為孵化的幼蟲會以葉子為食，吸收毒素，使牠們變得令其他生物厭惡，從而保護牠們免受鳥類捕食者的侵害。蜂鳥使用乳草來搭建巢穴。乳草的浮力是軟木的六倍，二戰期間經常被用來填充救生衣。

No. 101
馬利筋 *Asclepias curassavica* ☠

| Asclepias | Bastard Ipecacuanha | 血花 Bloodflower | Blood Flower | Blood-flower | 血根 Bloodroot | Blood Root | 墨西哥蝴蝶草 Mexican Butterfly Weed | 猩紅乳草 Scarlet Milkweed | 熱帶乳草 Tropical Milkweed |

象徵意義

對愛的攻擊；職責；嚴厲的教訓；離開我。

No. 102
柳葉馬利筋 *Asclepias tuberosa* ☠

| Asclepias | 蝴蝶之愛 Butterfly Love | 蝴蝶草 Butterfly Weed | 加拿大根 Canada Root | 恙蟎花 Chiggerflower | Chigger Flower | 通量根 Fluxroot | 印第安畫筆 Indian paintbrush | Indian paint Brush | 印第安花束 Indian Posy | 橙色乳草 Orange Milkweed | 橙色燕草 Orange Swallow-wort | 胸膜炎根 Pleurisy Root | 絲狀燕草 Silky Swallow wort | 管狀根 Tuber Root | 白根 White-Root | 風根 Windroot | 黃色乳草 Yellow Milkweed |

象徵意義

心痛的治療；讓我離開；愛。

魔法效果

治療心痛；愛。

No. 103
非洲天門冬 *Asparagus densiflorus* ☠

| Asparagus aethiopicus | 文竹 Asparagus Fern | 武竹 Sprenger's Asparagus |

象徵意義

著迷。

軼聞

雖然非洲天門冬的名字看起來跟蘆筍有關，但其實非洲天門冬並不是蔬菜或野菜。

蘆筍 *Asparagus officinalis* ☠

| Ashadhi | Aspar Grass | Asparag | Asparagio | Asparago | Asparagus | Aspargo | Asper Grass | Asperge | Espárrago | 花園蘆筍 Garden Asparagus | Grass | 愛的祕訣 Love Tips | Majjigegadde | Mang tây | No Mai Farang | Points d'Amour | Sipariberuballi | Spar Grass | Spárga | Spargel | 麻雀草 Sparrow Grass | Sparrow Guts | Sperage |

象徵意義

著迷。

軼聞

蘆筍是古埃及石板上記載的一種儀式上會出現的祭品，其歷史可以追溯到西元前 3000 年左右。

日光蘭 *Asphodeline*

| 水仙 Asphodel | Asphodeline lutea | 雅各的杖 Jacob's Rod | 國王的矛 King's Spear | 黃色水仙 Yellow Asphodel |

象徵意義

萎靡；懊悔。

軼聞

日光蘭是一種堅固耐用的植物，它在地下生長的時間越長，就會長得更大，花開得更好。傳說中日光蘭生長在希臘冥界的至福樂土，那裡是即將加入諸神行列的凡人和英雄的最後安息之地。

阿福花 *Asphodelus*

| Asphodel | Asphodeloides |

象徵意義

為了死者；至死忠心；跟著進到墳墓中的遺憾；後悔；遺憾；永遠銘記；冥界；無盡的遺憾。

魔法效果

來世；死亡；抵擋巫術；誘導巫術；蛇咬傷。

軼聞

根據古希臘傳說，阿福花灰色、外型陰鬱的葉子與死亡和來世有關，是地獄中的野生植物。阿福花經常會被種植在墳墓上。冥界王后普西芬妮的花環冠，就是由阿福花的花和葉子組成。

雅美紫菀 *Aster amellus*

| Amellus officinalis | 紫菀 Aster | Aster elegans | 歐洲米伽勒雛菊 European Michaelmas Daisy | 基督之眼 Eye of Christ | 德國紫菀 German Aster | 米伽勒節紫菀 Michaelmas Daisy | 星草 Starwort |

象徵意義

事後思考；精緻；優雅；信仰；告別；保真度；希望；同理心；光；像星星一樣；愛；力量；愛的象徵；愛的護身符；勇氣；百變；智慧。

魔法效果

驅趕蛇；辟邪；魔法；愛的護身符；希望事情有不同的結果。

軼聞

攜帶雅美紫菀來贏得愛情。在花園裡種植紫菀，希望能獲得愛情。

No. 108
落新婦 *Astilbe*

| 假山羊鬍 False Goat's Beard |
False Spirea |

◎ **象徵意義**
我會等待。

📖 **軼聞**
蓬鬆的落新婦花為花園增添了質感和戲劇性。落新婦羽化後的枝幹會乾得很完全。

No. 109
落新婦 *Astilbe chinensis*

| 中國落新婦 Chinese Astilbe | 假山羊鬍 False Goat's Beard | Tall False Buck's-Beard |

◎ **象徵意義**
沉悶;沒有生氣。

📖 **軼聞**
落新婦蓬鬆的花朵,相當乾燥。

No. 110
黃芪 *Astragalus* ☠

| 羊荊棘 Goat's-Thorn | 瘋草 Locoweed | 乳巢菜 Milkvetch | Milk-Vetch |

◎ **象徵意義**
你的出現減輕了我的痛苦。

📖 **軼聞**
黃芪在任何有放牧動物的地方,都會造成持續的危險,會影響牠們的精神狀態,使動物表現出近乎「瘋狂」或「瘋瘋癲癲」的非自然狀態。

No. 111
黃芪麥芽葉 *Astragalus glycyphyllos* ☠

| 甘草乳巢菜 Liquorice Milkvetch | 野生甘草 Wild Licorice | Wild Liquorice |

◎ **象徵意義**
我聲明我將反對你。

🧪 **魔法效果**
勇氣。

📖 **軼聞**
在芬蘭,黃芪麥芽葉被認為是「極度瀕危物種」,並在全國都受到保護。

No. 112
顛茄 *Atropa belladonna* ☠

| Atropa | Atropa Bella-Donna | 毒草 Banewort | Belladonna | 黑櫻桃 Black Cherry | 死亡夜影 Deadly Nightshade | 死亡櫻桃 Death Cherries | 死亡藥草 Death's Herb | 魔鬼莓 Devil's Berries | Devil's Cherries | Divale | Dwale | Dwaleberry | Dwayberry | Dway Berry | Fair Lady | 頑皮鬼的櫻桃 Naughty Man's Cherries | 巫師莓 Sorcerer's Berry | 女巫莓 Witches' Berry |

◎ **象徵意義**
謊言;急躁;孤獨;寂靜;警告。

🧪 **魔法效果**
靈魂投射;幻覺;女巫飛行的幻覺;願景。

📖 **軼聞**
顛茄的所有部分都具有致命的毒性,應完全避免接觸。

No. 113
金庭薺 *Aurinia saxatilis*

| Alyssum saxatile | Alyssum saxatile compactum | 黃金籃 Basket of Gold | Gold Basket | 砂金 Gold-Dust | Golden Alison | Golden Alyssum | Goldentuft Alyssum | Golden-Tuft Alyssum | Golden-Tuft Madwort | Rock Madwort |

❀ 象徵意義
寧靜。

📖 軼聞
當金庭薺的花在春天出現時，它們將完全覆蓋整株植物以遮蓋葉子。

No. 114
秋葉
Autumn Leaves

❀ 象徵意義
憂鬱。

📖 軼聞
顏色多彩、質地柔韌的秋葉用好幾種相當簡單的方式就能完整保留，例如用一層薄薄的蠟完全塗上它們。

No. 115
燕麥
Avena sativa

| 去殼穀粒 Groats | Joulaf | Oat |

❀ 象徵意義
音樂；音樂性；女巫的音樂。

📖 軼聞
金錢。

No. 116
印度苦楝樹
Azadirachta indica

| Arya Veppu | Azad Dirakht | Bevu | 神聖樹 Divine Tree | Dogon Yaro | 療癒之樹 Heal All | 印度紫丁香 Indian Lilac | Kohomba | Margosa | Muarubaini | 大自然的藥房 Nature's Drugstore | Neeb | Neem Tree | Nimba | Nimm | Nimtree | 萬靈丹 Panacea for All Diseases | Tamar | 治療之樹 The Cure Tree | 健康之樹 The Tree of Good Health | 生命之樹 The Tree of Life | 四十之樹 Tree of the Forty | 四十種療法之樹 Tree of the Forty Cures | Vempu | Vepa | Vepu | 鄉村藥房 Village Pharmacy |

❀ 象徵意義
完整；自由；不朽的；生命；高貴；完美；治療法；活著。

🔮 魔法效果
療癒。

No. 117
杜鵑花 *Azalea* ☠

| Sixiang Shu | Thinking of Home Bush |

❀ 象徵意義
脆弱；脆弱的熱情；謙遜；熱情；耐心；浪漫；小心：為了我好好照顧你自己；節制；暫時的熱情；成年女性。

📖 軼聞
蜜蜂從杜鵑花中採集花粉所生產的蜂蜜具有劇毒。

No. 118
大佛肚竹
Bambusa vulgaris

| Aur Beting | 竹子 Bamboo | 中國竹 Bambou de Chine | Bambu Ampel | Bambu Vulgar | Bambuseae | 大佛肚竹 Buddha's Belly Bamboo | Buloh Aur | Buloh Minyak | Buloh Pau | 竹子 Common Bamboo | Daisan-Chiku | Gemenier Bambus | Golden Bamboo | Kauayan-kiling | Mai Luang | Murangi | Mwanzi | Ohe | Phai-Luang |

✿ 象徵意義
福氣；忠誠；運氣；保護；會合；堅定不移；力量；祈望。

⚗ 魔法效果
破解法術；運氣；保護；代表四種元素：風、水、火、土；祈望。

📖 軼聞
把你的願望刻在一塊大佛肚竹上，然後找一個安靜的地方將它埋葬。為了保護家園和福氣，請小心地將保護和幸運的象徵刻在一段竹子上。把它插在房子附近的土裡，然後試著讓它好好地長大。

No. 119
山龍眼 *Banksia Iaricina*

| 絨球山龍眼 Pom-Pom Banksia | 絨球玫瑰 Pom-Pom Rose | Pompom Rose | Rose Banksia | 玫瑰果山龍眼 Rose-Fruited Banksia |

✿ 象徵意義
文雅。

📖 軼聞
山龍眼是一種灌木，可以長到大約 7 英尺（2 米）高，並會長出有趣、有吸引力的波浪形「錐體」。

No. 120
地膚 *Bassia scoparia*

| Belvedere | 燃燒灌木 Burning Bush | Burningbush | 火球 Fireball | 火灌木 Firebush | Kochia scoparia | Kochia trichophylla | 墨西哥火草 Mexican Fireweed | 豚草 Ragweed | 夏季柏樹 Summer Cypress |

✿ 象徵意義
我宣告我將對抗你。

⚗ 魔法效果
勇氣。

📖 軼聞
如果風或水使整株地膚分離的話，它就會變成風滾草。

No. 121
秋海棠 *Begonia* ☠

✿ 象徵意義
任性的天性；平衡；親切；小心；畸形；警告；良善；預先警告；善良；發出警告。

⚗ 魔法效果
強化意識；通靈能力。

No. 122
球根秋海棠 *Begonia x tuberhybrida* ☠

| 雙花秋海棠 Double-flowered Begonia | 雜交球根秋海棠 Hybrid Tuberous Begonia | 永恆秋海棠 Nonstop Begonia | 玫瑰秋海棠 Rose Begonia | 球根秋海棠 Tuber Begonia | Tuberous Begonia |

✿ 象徵意義
小心；謹慎；危險；平和的友誼；加倍美好。

⚗ 魔法效果
強化潛在的危險意識；發起和平聯盟。

📖 軼聞
球根秋海棠有助於在派對中熱絡氣氛。

No. 123
雛菊 *Bellis perennis* ☠

| Aster bellis | Baimwort | Bellis alpina | Bellis armena | Bellis croatica | Bellis hortensis | Bellis hybrida | Bellis integrifolia | Bellis margaritifolia | Bellis perennis caulescens | Bellis perennis discoidea | Bellis perennis fagetorum | Bellis perennis hybrida | Bellis perennis margaritifolia | Bellis perennis microcephala | Bellis perennis plena | Bellis perennis pumila | Bellis perennis pusilla | Bellis perennis rhodoglossa | Bellis perennis strobliana | Bellis perennis subcaulescens | Bellis perennis tubulosa | Bellis pumila | Bellis pusilla | Bellis scaposa | Bellis validula | 瘀傷草 Bruisewort | Common Daisy | 雛菊 Daisy | 英國雛菊 English Daisy | Erigeron perennis | Eye of the Day | Eyes | Field Daisy | 花園雛菊 Garden Daisy | 草地雛菊 Lawn Daisy | Llygady Dydd | Maudlinwort | 月雛菊 Moon Daisy | 野生雛菊 Wild Daisy |

🏵 象徵意義
美麗；美麗與純真；愉悅；赤子之心；對世俗感到不屑；創造力；決策；你愛我嗎；信念；永遠年輕的態度；溫柔；溫柔地施與受；快樂且幸運；我有所同感；我會想起這件事情；我永遠不會說；清白；忠誠的愛；純潔；簡約；力量；你擁有眾多美德，有如雛菊的花瓣一樣多。

🧪 魔法效果
占卜；為愛情占卜；強化意識；內在力量；愛意；情慾。

📖 軼聞
雛菊是受到眾多戀人、詩人和孩子所喜愛的花。曾有人認為，如果在孩子身上纏上雛菊做成的花鏈，可以保護孩子不被仙女偷走。如果在枕頭下放著雛菊的根睡覺，你失去的愛人可能會回來。佩戴雛菊，能為你帶來愛。曾有人認為，無論是誰摘下了當季第一朵的雛菊，都會情不自禁地充滿魅力。

No. 124
雛菊花 *Bellis perennis flore plen* ☠

| 雙雛菊 Double Daisy |

🏵 象徵意義
享受；參與。

📖 軼聞
蓬鬆的雛菊花因為中間被壓扁，看起來比實際上要小。

No. 125
刺檗 *Berberis* ☠

| 小蘗木 Barberry | 巴伯里灌木 Pepperidge Bush |

🏵 象徵意義
脾氣暴躁；性急；諷刺；尖銳；清晰。

📖 軼聞
在義大利的傳說中，刺檗用在耶穌被強迫戴上的荊棘冠上。

No. 126
巴西堅果 *Bertholletia excelsa*

| 巴西堅果樹 Brazil Nut Tree | Castañas de Brasil | Castañas de Pando | Nuez de Brasil |

🏵 象徵意義
準備。

🧪 魔法效果
愛意。

📖 軼聞
帶著巴西堅果作為護身符，能在愛情中獲得幸運。在巴西，砍伐巴西堅果樹是違法的。

No. 127
甜菜 *Beta vulgaris*

| 甜菜 Beet | 甜菜根 Beetroot |
Blood Turnip | Mangel | Mangold
| Sugar Beet |

象徵意義
血紅色；心；愛意。

魔法效果
催情劑：愛意。

軼聞
使用甜菜汁向情人寫下愛的話語。如果一個女人和一個男人吃同一個甜菜根，他們就會墜入愛河。

No. 128
樺木 *Betula*

| Beithe | Bereza | Berke | Beth | Birch | 樺樹 Birch Tree
| Bouleau | Lady of the Woods |

象徵意義
適應性；幻夢；優雅；恩典；成長；啟動；溫柔；領導魂；更新；穩定；轉變。

魔法效果
靈魂投射；驅魔；保護；淨化。

軼聞
過去曾經用樺木製成的搖籃來保護睡在裡面的嬰兒，免受邪惡的侵害。輕輕用白樺樹枝拍打被附身的人，以淨化和治癒他們的病痛。在俄羅斯，人們習慣繞著樺樹綁上一條紅線或者在樹枝上綁上絲帶，以驅除自己身上的邪眼。傳統的女巫掃帚是用樺樹枝製成的。

No. 129
蘋果莓 *Billardiera*

| Calopetalon | Labillardiera
| Marianthus | Oncosporum |
Pronaya | Sollya |

象徵意義
希望有更好的日子。

軼聞
蘋果莓的葉子又細又硬。

No. 130
琉璃苣 *Borago officinalis*

| Borage | Borak | 牛舌草 Bugloss |
Burrage | 快樂藥草 Herb of Gladness
| 星花 Starflower |

象徵意義
駑鈍；勇敢；魯莽。

魔法效果
幸福感；勇氣；通靈能力。

軼聞
外型簡潔、五個點、亮藍色的琉璃苣是裁縫設計中的常見主題。為了增強你的勇氣，可以攜帶琉璃苣。在戶外行走時佩戴琉璃苣，以保護自己。

No. 131
乳香樹 *Boswellia sacra*

| Boswellia | Boswellia carterii | Boswellia
thurifera | Frankincense Plant | Olibans
| Olibanum | Olibanus | 神聖乳香
Sacred Boswellia |

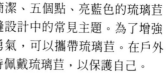

象徵意義
神聖。

魔法效果
豐裕；進展；意志；能量；驅魔；友誼；成長；療癒；喜悅；領導力；生命；光；自然力量；保護；淨化；靈性；成功。

📖 軼聞

目前已知最早使用乳香（從乳香樹中提取的芳香樹脂汁液）的紀錄，被銘刻在古埃及墓裡。燒焦的乳香被做成一種稱為 kohl 的眼線筆。自古以來，香一直被用於許多不同宗教的儀式，因為人們相信乳香的煙霧能夠直接向上傳遞祈禱和請願。1922 年，圖坦卡門法老墓的密封瓶中發現了乳香，當時它被打開了，但乳香仍然有效，在小瓶中放置 三千三百 年後仍能釋放出香味。乳香的使用對於魔法用途至關重要，用於補氣、祝福和入會的儀式。乳香樹具有非常高且強大的力量，這使其成為用於驅除邪惡時，最好的一種藥草。乳香被寫在聖經中，是三賢士在伯利恆馬廄中送給嬰兒耶穌的三件禮物之一。曾幾何時，乳香比黃金更有價值。

No. 132
扇羽陰地蕨
Botrychium lunaria

| 月草 Common Moonwort | 葡萄藤月草 Grapefern Moonwort | Moonwort |

🌀 **象徵意義**

健忘；不幸。

⚗️ **魔法效果**

愛意；金錢。

No. 133
九重葛 *Bougainvillea* ☠️

| Bugambilia | Buganvel | Buganvilla | Bugenville | Drillingsblume | Jahanamiya | Kaghazi | Napoleón | Papelillo | 紙花 Paper Flower | Santa Rita | Sarawn | Saron | Saron Par | Tricycla | Trinitaria | 三重花 Triplet Flower | Veranera | Vukamvilia |

🌀 **象徵意義**

一致。

📖 **軼聞**

多刺、攀緣的九重葛的「花」根本不是花，而是由三片小葉組成的彩色花團，中間有一個被稱為「苞片」的雄蕊。

No. 134
寒丁子
Bouvardia

| 爆竹灌木 Firecracker Bush | 蜂鳥花 Hummingbird Flower |

🌀 **象徵意義**

熱情。

📖 **軼聞**

如果在淡水中妥善保存，寒丁子花切莖後可以保存長達兩週。

No. 135
野雛菊 *Brachyscome decipiens*

| 田野雛菊 Field Daisy | 多色雛菊 Parti-colored Daisy | Party-colored Daisy | Party-coloured Daisy |

🌀 **象徵意義**

美麗。

🌿 **單朵野雛菊**

我會考慮。

📖 **軼聞**

野雛菊是一種美麗、小巧、色彩豐富的雛菊，原本在澳大利亞南部綻放，有令人開心的淡紫色、紫色、粉紅色、白色和檸檬色。

No. 136
甘藍 *Brassica oleracea*
| 捲心菜 Cabbage | 野生白菜 Wild Cabbage |

🌹 **象徵意義**
利潤；自願。

⚗️ **魔法效果**
運氣；財富。

📖 **軼聞**
新婚夫婦如果想要祝他們的婚姻和花園幸運，首先應該做的就是種植甘藍菜。

No. 137
蕓薹 *Brassica rapa*
| Brassica campestris | Field Mustard | 芥菜 Mustard Plant | 蕪菁 Turnip | 蕪菁芥菜 Turnip Mustard | Turnip Rape | 野芥菜 Wild Mustard |

🌹 **象徵意義**
慈善；冷漠。

⚗️ **魔法效果**
釋放負能量；結束關係；終點；生育力；神智清醒；精神力；保護。

🌿 **蕓薹的種子**
幸運；冷漠；看得到的信念。

📖 **軼聞**
將蕓薹的籽放進紅布袋中，可以增強你的精神力。將蕓薹種子埋在家門口或附近，以防止超自然生物進入你的家。

No. 138
鈴茅 *Briza*
| 顫動草 Quaking Grass |

🌹 **象徵意義**
激動；輕浮。

📖 **軼聞**
鈴茅的花朵就像響尾蛇的尾巴一樣，在微風的吹拂下顫抖著。

No. 139
鳳梨花 *Bromeliaceae*
| 鳳梨花 Bromeliad |

🌹 **象徵意義**
美麗；迷人；優雅；成功人生；成功戀愛；財富。

⚗️ **魔法效果**
占卜；金錢；保護。

No. 140
藍英花 *Browallia speciosa*
| 紫水晶花 Amethyst Flower | 灌木紫羅蘭 Bush Violet |

🌹 **象徵意義**
敬佩。

📖 **軼聞**
藍英花在吊籃中生長良好，懸垂在兩側。

No. 141
木曼陀羅 *Brugmansia* ☠️
| 天使喇叭 Angel's Trumpet | Maikoa |

🌹 **象徵意義**
聲望；分離。

📖 軼聞

木曼陀羅是一種大型灌木，花形為巨大、朝下生長的喇叭花，盛開時非常美麗，白天和黑夜都散發著令人著迷的香味。

No. 142
瀉根 *Bryonia* ☠

| Briony | Bryonie | Bryony |

◎ 象徵意義

茂盛地生長。

🔮 魔法效果

金錢；保護。

📖 軼聞

在花園裡掛著瀉根，能夠保護花園不被壞天氣破壞。

No. 143
白瀉根 *Bryonia alba* ☠

| Bryonia dioica | Bryonia monoeca | 黑瀉根 Bryonia nigra | 瀉根 Bryonia vulgaris | 魔鬼蕪菁 Devil's Turnip | 英國曼德拉草 English Mandrake | 假曼德拉草 False Mandrake | 西北葛根 Kudzu of the Northwest | 女士的印信 Ladies' seal | 漿果薯 Tamus | Tetterbury | White Bryony | 白草 White Hop | 野草 Wild Hops | Wild Nep | 野生藤蔓 Wild Vine |

◎ 象徵意義

茂盛地生長；到此處為止。

🔮 魔法效果

魔法的形象；金錢。

📖 軼聞

為了增加你的金錢，可以在你的身邊放一些白瀉根。當該處的錢被移除後，金錢將停止增加。有人認為白瀉根被從地上拉出時會「尖叫」。白瀉根全株都有致命的毒性。

No. 144
苔蘚 *Bryophyta*

| Bryophyte | 苔癬 Moss |

◎ 象徵意義

厭倦；母愛。

🔮 魔法效果

連結；改變；慈善；勇氣；波動；解放；運氣；仁慈；金錢；勝利。

No. 145
醉魚草 *Buddleia*

| 炮擊點草 Bombsite Plant | Bomb Site Plant | Buddlea | Buddleia davidii | Buddleja | Buddleja americana | 蝴蝶灌木 Butterfly Bush | 蝴蝶草 Butterfly Plant | 夏日紫丁香 Summer Lilac |

◎ 象徵意義

韌性。

🔮 魔法效果

死後的靈性生命。

📖 軼聞

雖然蝴蝶會被醉魚草強烈地吸引以獲取花蜜，但這種植物並不支持蝴蝶的繁殖，毛毛蟲並不會以它為食。醉魚草會沿著鐵路和各種廢棄的地區（例如廢棄的房產）瘋狂而大面積地生長，指出各種需要注意的地點。醉魚草在英國贏得了「炮擊點草」的俗稱，主因是二戰期間的人們發現這種植物，在戰後城市的炮擊點附近瘋狂生長而得名。

No. 146
祕魯聖木 *Bursera graveolens*

| 裂欖 Bursera | 聖木 Holy Stick | Holy Wood | 祕魯聖木
Palo Santo |

✿ 象徵意義
潔淨。

🧴 魔法效果
潔淨;去除不幸;去除邪靈;去除負能量;幸運;
淨化;放鬆;釋放緊張;淨化性靈。

📖 軼聞
祕魯聖木是一種生長在南美洲部分地區的野生樹
木。它與乳香和沒藥同屬橄欖科。「Palo Santo Oil」
是祕魯聖木精油的通用名稱。根據厄瓜多當地的一
些習俗,追溯到印加時代,可以將祕魯聖木像香一
樣燃燒,以消除惡意能量。在某些南美儀式習俗
中,偶爾會將祕魯聖木的木炭用來塗抹在身上。

No. 147
花藺 *Butomus umbellatus*

| Butomus | 開花蘆葦 Flowering Reed | 開花燈心草
Flowering Rush | Grass Rush |

✿ 象徵意義
相信有天堂;安靜;依賴上帝。

📖 軼聞
花藺生長在湖泊、溪流和緩慢移動的河流的水邊。

No. 148
黃楊 *Buxus* ☠

| 盒子 Box | 盒子樹 Box Tree | 盒木 Boxwood |
Common Box | 長青盒木 Evergreen Boxwood |

✿ 象徵意義
堅貞;堅貞的友誼;冷漠;斯多葛主義。

📖 軼聞
黃楊木曾經是製作精美雕刻的小盒子的首選木
材。黃楊樹葉又小又密,以至於女巫都無法數
清有多少樹葉,只能徒勞地一遍又一遍重新開
始。據說黃楊木形成的籬笆會分散想要從花園
裡偷花的女巫的注意力。

No. 149
仙人掌 *Cactaceae*

| Cactus |

🌹 象徵意義
熱切的愛;勇敢;滿腔愛意;貞潔;耐力;情慾;母愛;結出碩果;保護;性;溫暖;你離開了我。

🔮 魔法效果
貞潔;保護。

📖 軼聞
室內種植的仙人掌將保護家庭免受盜竊和入侵。在屋外分別朝向四個方向,種植四株仙人掌植物,能夠保護你的家庭。眾所周知,你可以在仙人掌的蠟和軟根上,神奇地標記文字和記號,用來帶在身邊或掩埋起來。

No. 150
貝母葉 *Caladium* ☠

| 天使之翼 Angel Wings | 象耳 Elephant Ear | 耶穌之心 Heart of Jesus |

🌹 象徵意義
極大的喜樂與愉悅。

📖 軼聞
貝母葉因為葉子大而豔麗而被廣泛種植。原產於南美洲,並在印度和非洲部分地區被馴化,幾乎所有商業貝母的塊莖都是在佛羅里達州普萊西德湖種植的。

No. 151
肖竹芋 *Calathe*

| Endocodon | 花紋竹芋 Goeppertia | Monostiche | 孔雀草 Peacock Plant | 祈禱草 Prayer Plant | Psydaranta | Thymocarpus | 斑馬草 Zebra Plant | Zelmira |

🌹 象徵意義
新的開始;不要忽視我;炫耀;改過自新。

🔮 魔法效果
新的開始。

📖 軼聞
肖竹芋的葉子大而堅韌,具有裝飾價值,偶爾會當成小碗,放一些小東西。在泰國,肖竹芋的葉子常作為家用或是豐富多彩的紀念品,用來當成葉子盛飯。由於肖竹芋莖上的「關節」,葉子會在晚上明顯地摺疊起來,並在早晨重新豎起來。

No. 152
荷包花 *Calceolaria*

| 女士皮包 Lady's Purse | 口袋書花 Pocketbook Flower | 製鞋匠花 Shoemaker Flower | 拖鞋花 Slipper Flower | 拖鞋草 Slipperwort |

🌹 象徵意義
我提供給你金錢上的協助;我把我的財富給你。

📖 軼聞
荷包花的花相當可愛,看起來像是個小皮包或是圓形的鞋子。

No. 153
金盞花 *Calendula officinalis*

| Calendula | Calendula officinalis「Prolifera」| 萬壽菊 Common Marigold | 酒鬼 Drunkard | 英國萬壽菊 English Marigold | 花園萬壽菊 Garden Marigold | 丈夫的錶盤 Husbandman's Dial | 萬壽菊 Marigold | Marybud | Mary's Gold | 萬壽菊盆栽 Pot Marigold | 預言萬壽菊 Prophetic Marigold | Prophetic Marygold | Ruddles | 蘇格蘭萬壽菊 Scottish Marigold | 夏日新娘 Summer's Bride | 全月 Throughout-the-Months |

象徵意義

情感；建設性破壞；殘酷；絕望；忠實；恩典；悲傷；健康；妒忌；喜悅；長壽；痛苦；神聖的情感；麻煩。

魔法效果

多情；夢想中的魔法；邪惡念頭；有助於看到小精靈；訴訟；預言；預知夢；保護；通靈能力；重生；睡眠。

軼聞

攜帶金盞花花瓣和月桂的葉子，能夠讓你身邊的流言蜚語消失。金盞花的花頭會像向日葵一樣追逐太陽。早期基督徒會將金盞花放在聖母瑪利亞的雕像旁。金盞花被認為是古印度最神聖的植物之一，其頭狀花序通常會被串成花環，用於寺廟和婚禮。

No. 154
大葉錦竹草 *Callisia fragrans* ☠

| 籃子草 Basket Plant | 鎖鏈草 Chain Plant
| 英寸草 Inch Plant | Rectanthera fragrans |
Roselings | Spironema fragrans |

象徵意義

美麗。

軼聞

大葉錦竹草又被稱為「英寸草」，因為它離地面僅有「幾英寸」之遙，植物接觸土壤的任何地方都會生根。

No. 155
翠菊 *Callistephus chinensis*

| 一年生紫苑 Annual Aster | 紫苑 Aster | 彩虹小紫苑 Aster Mini Rainbow | Callistephus | 中國紫苑 China Aster | Chinese Aster | 大花紫苑 Large-Flowered Aster | 小彩虹 Mini Rainbow | 彩虹紫苑 Rainbow Aster |

象徵意義

馬後炮；美麗的皇冠；優美；差異；優雅；忠實；得到智慧與財富；我會考慮一下；我會想你；我

會想念你；妒忌；愛意；各種愛；魔法；耐心；愛的象徵；愛的護身符；確實如此；多樣化。

奇數枝翠菊

我會考慮一下。

偶數枝翠花

我瞭解你的感受。

軼聞

種植翠菊以祈求愛情。帶著翠菊以獲得愛情。

No. 156
帚石楠 *Calluna vulgaris*

| Calluna | 石楠 Common Heather | Erica | Ling | Heath | Heath Heather | 蘇格蘭石楠 Scottish Heather |

象徵意義

欽佩；魅力；美麗；祝你幸運；由內而外療癒；增加身體美感；運勢；防患未然；純粹；細化；展現內在自我；浪漫；孤獨；願望會成真。

花色的意義：粉紅色：祝你幸運。

花色的意義：紫色：欽佩；美麗；孤獨。

花色的意義：白色：保護免受危險。

魔法效果

清潔；招魂；祝你幸運；康復；不朽；引發；中

毒；保護；防止強姦；防盜保護；防止暴力犯罪；造雨；阻止不合適的追求者；天氣工作；願魔法。

📖 軼聞

佩戴由帚石楠木製成的護身符，將有助於提高對自己真實的不朽靈魂的認識。石楠花的樹枝曾被用作掃帚。用於製作女巫掃帚的兩種傳統植物之一是帚石楠（另一種是金雀花）。攜帶一株石楠花可作為抵禦暴力犯罪（尤其是強姦）的護身符。攜帶一株白色的石楠花可作為幸運符。

No. 157
長牛角瓜 *Calotropis procera* ☠

| 所多瑪的蘋果 Apple of Sodom | 圓果牛角瓜 Asclepias procera | 國王王冠 King's Crown | Rubber Bush | 橡膠樹 Rubber Tree | 所多瑪的蘋果 Sodom Apple | Stabragh | Tapuah Sdom |

🌹 象徵意義

怪異；不可食用；漫無目的。

⚗ 魔法效果

毫無意義。

📖 軼聞

長牛角瓜的果實很奇特，因為它的果實大多充滿透氣的絨毛，按壓時會爆裂。在古代，人們用附著在長牛角瓜種子上的纖維作為蠟燭和燈芯。人們還認為，來自長牛角瓜果實的纖維，可能被用於編織希伯來大祭司所穿的服裝。

No. 158
驢蹄草 *Caltha palustris* ☠

| Balfae | Cowslip | 歌林斯 Gollins | 馬斑草 Horse Blob | Kingcup Buttercup | 國王杯 Kingcups | King's Cup | 沼澤萬壽菊 Marsh Marigold | 萬壽菊 Mary Gold | May Blobs | 五月花 Mayflower | Mollyblobs | 波莉斑點草 Pollyblobs | Publican | Trollius paluster | 水花 Water Blobs | 水泡泡 Water Bubbles |

🌹 象徵意義

輝煌；童心；對財富的渴望；祝我富有；忘恩負義；祝發財。

📖 軼聞

驢蹄草是在春天時最早開的花，打破嚴冬裡的沉默。

No. 159
夏蠟梅 *Calycanthus* ☠

| 甜灌木 Sweet Shrub | Sweetshrub |

🌹 象徵意義

仁慈。

📖 軼聞

以往，許多南方美女會在自己身上的某個地方，塞上一朵帶有辛辣香氣的夏蠟梅花。

No. 160
旋花 *Calystegia sepium* ☠

| Bearbind | Bellbind | 球狀鐘 Belle of the Ball | 新娘禮服 Bride's Gown | 號角藤 Bugle Vine | 跳下床的奶奶 Granny-Pop-out-of-Bed | 大田旋花 Great Bindweed | 天堂喇叭 Heavenly Trumpets | 田旋花 Hedge Bindweed | Hedge Convolvulus | 蓋旋花 Hooded Bindweed | 更大的田旋花 Larger Bindweed | 老人的睡帽 Old Man's Nightcap | 拉特蘭美女 Rutland Beauty | Wedlock | 白女巫的帽子 White Witch's Hat | 野牽牛花 Wild Morning Glory |

🌹 象徵意義

毫無希望；希望滅絕；影射。

📖 軼聞

旋花是一種團狀的仙人掌屬植物，花朵為喇叭形狀。

C

No. 161
霞花 Camassia

| Camas | 印第安風信子 Indian Hyacinth | 指骨 Phalangium | Quamash | 野風信子 Wild Hyacinth |

🌼 象徵意義
玩樂。

📖 軼聞
霞花的花苞需要好幾年才能完全成熟。

No. 162
茶花 Camellia

| 茶花 Cháhuā | Dongbaek-kot | Hoa Chè | Hoa Trà | Tsubaki |

🌼 象徵意義
欽佩；深深的渴望；精緻優雅；慾望；卓越；送給男人的幸運禮物；感謝；陽剛的能量；熱情；完美的可愛；完美；遺憾；精緻；富有；堅定不移；生命的瞬息萬變。

🎨 花色的意義：粉紅色：慾望；渴望；渴望你；執著的渴望。

🎨 花色的意義：紅色：熱烈的愛；戀愛；你是我心中的一團火焰。

🎨 花色的意義：白色：崇拜；美麗；可愛；完美；等待；你很迷人。

🎨 花色的意義：黃色：渴望。

🏺 魔法效果
奢華；繁榮；富有；財富。

📖 軼聞
茶花於 1797 年首次被引入美國，用來美化新澤西州霍博肯的伊利席恩球場 (Elysian Fields)，這裡是美國棒球比賽組織化的發源地。

No. 163
山茶花 Camellia japonica

| 山茶花 Fishtail Camellia | 日本玫瑰 Japan Rose | 日本山茶花 Japanese Camellia | Kingyo-tsubaki | 冬日玫瑰 Rose of Winter | Unryu | 之字形山茶花 Zig-Zag Camellia |

🌼 象徵意義
欽佩；深深的渴望；慾望；卓越；送給男人的幸運禮物；感謝；陽剛的能量；熱情；完美的可愛；完美；遺憾；精緻；富有；無懈可擊的卓越。

🎨 花色的意義：粉紅色：慾望；渴望；渴望你；執著的渴望。

🎨 花色的意義：紅色：熱烈的愛；戀愛；你是我心中的一團火焰。

🎨 花色的意義：白色：崇拜；美麗；可愛；完美；等待；你很迷人。

🎨 花色的意義：黃色：渴望。

🏺 魔法效果
奢華；繁榮；富有；財富。

No. 164
茶樹 Camellia sinensis

| 紅茶 Black Tea | 山茶花 Camellia angustifolia | Camellia arborescens | Camellia assamica | Camellia dehungensis | Camellia dishiensis | Camellia longlingensis | Camellia multisepala | Camellia oleosa | Camellia parvisepala | Camellia parvisepaloides | Camellia polyneura | Camellia tea | Camellia waldeniae | 茶 Cha | 中國茶 China Tea | 綠茶 Green Tea | Kukicha | 烏龍茶 Oolong | Pinyin | 普洱茶 Puerh Tea | 茶樹 Tea Plant | Thea assamica | Thea bohea | Thea cantonensis | Thea chinensis | Thea cochinchinensis

| Thea grandifolia | Thea olearia | Thea oleosa | Thea parvifolia | Thea sinensis | Thea viridis | 廣州茶樹 Theaphylla cantonensis | 白茶 White Tea |

🌹 象徵意義
年輕的孩子們。

⚗️ 魔法效果
勇氣；療癒；力量；繁榮；富有。

📖 軼聞
佩戴一袋山茶作為護身符，可以增加你的力量，給自己勇氣。

No. 165
風鈴花 *Campanula*

| 風鈴花 Bellflower | Brachycodon | Diosphaera | 孚蘿拉的鐘 Flora's Bell | Flora's Bellflower | 小鈴鐺 Little Bell | Rapuntia | Rapuntium | Rotantha | Symphiandra | Tracheliopsis |

🌹 象徵意義
堅貞；感激；我永遠不變；不謹慎；想著你；不假裝。

📖 軼聞
風鈴花有鐘形花朵，通常為藍色。

No. 166
中型風鈴花 *Campanula medium*

| 鐘花 Bell Flower | 風鈴鐘花 Canterbury Bells |

🌹 象徵意義
承認；恆常；逆境中的堅持；感謝；義務；想著你；警告。

📖 軼聞
中型風鈴花長得像是精美的鈴鐺或優雅的茶杯。

No. 167
塔狀風鈴花 *Campanula pyramidalis*

| 煙囪風鈴花 Chimney Bellflower |

🌹 象徵意義
有抱負；感激；想著你。

📖 軼聞
塔狀風鈴花的莖會優雅地長到約六英尺左右 (1.9 公尺)，最上方長著藍色的鐘形花。

No. 168
圓葉風鈴草
Campanula rotundifolia

| 藍鈴花 Bluebell | Harebell |

🌹 象徵意義
感激；悲傷；謙遜；退休；服從；想著你。

⚗️ 魔法效果
運氣；真理。

📖 軼聞
佩戴圓葉風鈴草的人，會覺得有必要說出任何事情的真相。如果你可以將圓葉風鈴草從內到外翻過來而不會損壞它，那麼你所愛的人總有一天也會一樣愛你。

No. 169
厚萼凌霄 *Campsis radicans* ☠️

| 灰葉喇叭花 Ash-Leaved Trumpet Flower | Bignonia radicans | 牛癢藤 Cow Itch Vine | 蜂鳥藤 Hummingbird Vine | Trumpet Creeper | 喇叭藤 Trumpet Vine |

🌹 象徵意義
分離。

📖 軼聞
蜂鳥會被喇叭狀的花朵所吸引。

No. 170
依蘭 *Cananga odorata*

| Artabotrys odoratissimus | Canaga Tree | Climbing Ylang-Ylang | Fragrant Cananga | 依蘭 Ilang-Ilang | Kenanga | Mata'oi | Mohokoi | Mokasoi | Mokohoi | Mokosoi | Moso'oi | Moto'oi | Ylang-Ylang | 依蘭藤 Ylang-Ylang Vine |

🌹 **象徵意義**
野花。

⚗ **魔法效果**
催情劑。

📖 **軼聞**
因為這種樹會開出異常芬芳的花,依蘭的名字又被錯誤翻譯成「花中之花」。

No. 171
大麻 *Cannabis sativa*

| Cannibis | Chanvre | 絞刑架草 Gallow Grass | Gallowgrass | Ganeb | Ganja | 草 Grass | Hanf | 漢麻 Hemp | Hempseed Plant | 工業大麻 Industrial Hemp Plant | Kif | 大麻煙 Marijuana | 洋蚊母草 Neckweed | Neckweede | Scratch Weed | Tekrouri | Weed |

🌹 **象徵意義**
命運;堅強。

⚗ **魔法效果**
沉思;療癒;愛意;冥想;睡眠;願景。

📖 **軼聞**
自中國古代起,大麻的纖維就用來做成繩子,「麻繩」常用來治療那些因為受到蛇的驚嚇而生病的人。

No. 172
刺山柑 *Capparis spinosa*

| Abiyyonah | Abiyyonot | Caper | Caper Bush | Caper Berry Bush | 刺山柑樹叢 Caperberry Bush | Fakouha | 弗林德斯玫瑰 Flinders Rose | Kabar | Kápparis | Kebre | Kypros | Lasafa | Shaffallah | Zalef |

🌹 **象徵意義**
惡作劇。

⚗ **魔法效果**
催情劑;愛意;情慾;壯陽。

🌿 **刺山柑的莓果**
催情劑;愛意;情慾;壯陽。

No. 173
忍冬 *Caprifolium*

| Lonicera | 忍冬 Monthly Honeysuckle |

🌹 **象徵意義**
愛的連結;家庭幸福;無常;我不會倉促回答;持久的愉悅;恆久和堅定;甜美。

⚗ **魔法效果**
金錢;保護;通靈能力。

No. 174
薺菜 *Capsella bursa-pastoris*

| 母親的心 Mother's Heart | 牧羊人的錢包 Shepard's Purse | Shepard's-Purse |

🌹 **象徵意義**
我把我的所有都給你。

📖 **軼聞**
薺菜的其中一個名字又稱為 bursa-pastoris,一般認為是跟薺菜三角形扁平的果實有關。

No. 175
辣椒 *Capsicum*

| Aji | Bell Chillie | 柿子辣椒 Bell Peppers | Chile | Chili | Chili Pepper | Chilli | Chilli Pepper | Chillie | 青椒 Green Pepper | Guindilla | Hot Capsicum | Hot Peppers | 紅椒 Paprica | Paprika | Papryka | Papryka Ostra | Papryka Piman |

| Peperoncino | 胡椒 Pepper | Piment | Pimienta | Pimiento | Poivron | 紅椒 Red Pepper | Slodka | Spaanse Pepers | 西班牙辣椒 Spanish Peppers | Sweet Capsicum | 甜椒 Sweet Peppers | Togarashi | Xilli |

❂ 象徵意義
生命中的香料。

⚗ 魔法效果
破除詛咒；忠實；愛意；擺脫邪靈；擺脫邪眼。

📖 軼聞
如果你認為自己受到了詛咒，請用紅色辣椒包圍你的房子以打破詛咒。

No. 176
碎米薺 *Cardamine*

| 苦菜 Bitter-Cress | Bittercress | Dentaria |

❂ 象徵意義
父執輩的錯。

📖 軼聞
一般認為碎米薺是英國十世紀時所謂「九藥草」中的其中一種成分，常用來對抗蛇毒之用。

No. 177
草甸碎米薺 *Cardamine pratensis*

| 布穀鳥花 Cuckoo Flower | 女士的襯衣 Lady's Smock | 擠奶女工 Milkmaids |

❂ 象徵意義
熱情；對精靈相當神聖。

⚗ 魔法效果
生育力；愛意。

📖 軼聞
一般認為將草甸碎米薺帶回家裡是不吉利的。草甸碎米薺是一種對精靈相當神聖的花。因為不想要冒犯到精靈們，草甸碎米薺並沒有被放在五月花環中，這麼做的話，佩戴花環的人可能會被拉進地下的精靈世界。

No. 178
倒地鈴 *Cardiospermum halicacabum*

| Agniballii | 氣球草 Balloon Plant | 氣球藤 Balloon Vine | Barro | 寬葉蘋果 Broad leaved Apple | Buddakakarai | Bunu-uchchhe | Go-onje | Gunthamarra | 心狀豆 Heart Pea | Hearteed | Jyotishmatii | Kanphata | Kanphuti | Kapal Phutai | Kottavan | Lataphatkari | 愛如輕煙 Love in a Puff | Love-in-a-Puff | Sakralatai | Uzhija |

❂ 象徵意義
衷心；輕盈；佔有欲；受保護的愛。

📖 軼聞
蓬鬆的倒地鈴豆莢中，每顆種子都像一顆白色的心。

No. 179
飛廉 *Carduus*

| 薊 Common Thistle | 女士薊 Lady's Thistle | Thistle | Thrissles |

❂ 象徵意義
緊縮；嚴酷；獨立；貴族；報復；嚴重程度。

⚘ 飛廉種子頭部
分離。

⚗ 魔法效果
協助；破除詛咒；驅魔；生育力；和諧；療癒；獨立；物質上的富足；堅持；保護；穩定；力量；韌性。

📖 軼聞
佩戴或攜帶開花的飛廉，以擺脫憂鬱的感覺。在房間裡放一瓶新鮮的飛廉，會使房間裡的所有人煥發活力。在花園裡種植飛廉可用來抵禦小偷。攜帶飛廉的花以抵禦邪惡。男人帶著飛廉的花，能提高他的做愛技巧。英格蘭曾經有一段時間，巫師會用他們能找到的最高的飛廉來做成魔杖。

No. 180
番木瓜 *Carica papaya* ☠

| Lechoza | 木瓜 Mugua | Papao | Papaw
| Papaya | 泡泡果 Pawpaw | Paw-paw
| Put |

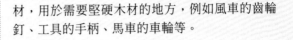

❀ 象徵意義
疾病；健康；內心的平靜。

🏺 魔法效果
愛意；保護；祈望。

📖 軼聞
將一塊木瓜木掛在門上，將保護邪惡不要進到家裡。雖然都被稱為「爪爪果」，但木瓜和巴婆果之間沒有任何關係，木瓜是最早被稱為「泡泡果」的水果。

No. 181
鹿蛇草 *Carphephorus odoratissimus*

| 傻頭 Chaff Heads | 鹿舌 Deer's Tongue | 香草葉 Vanilla Leaf | Vanillaleaf |

❀ 象徵意義
幸運的訴訟；口才；給法官和陪審團留下好印象；順利增加婚姻中的愛意；情感順利；演講順利。

🏺 魔法效果
吸引力；美麗；友誼；餽贈；和諧；喜悅；愛意；喜樂；肉慾；藝術品。

📖 軼聞
如果一個男人想讓他的求婚得到積極回應，他應該帶著用紅色法蘭絨布做成的護身符，在裡面放進鹿蛇草。

No. 182
鵝耳櫪 *Carpinus*

| 角樹 Hornbeam | 鐵木 Ironwood |

❀ 象徵意義
寶物；奢侈；裝飾品。

📖 軼聞
鵝耳櫪能夠作為一種非常堅硬、近乎白色的木材，用於需要堅硬木材的地方，例如風車的齒輪釘、工具的手柄、馬車的車輪等。

No. 183
葛縷子 *Carum carvi*

| Alcaravea | Al-karawYa | Caraway | Caro | Carum |
Cumino Tedesco | Finocchio Meridionale | Kamoon
| Karavi | Karve | Kreuzkümmel | 庫梅爾 Kümmel |
Meridian Fennel | 波斯孜然 Persian Cumin |

❀ 象徵意義
忠誠。

🏺 魔法效果
防盜；商業交易；警告；聰明；溝通；創造力；信念；忠誠；健康；啟蒙；啟動；聰明；讓你的另一半對你忠誠；學習；情慾；回憶；精神力；保護；保護你遠離夢魘；謹慎；驅除負能量；科學；自我保護；正確的判斷；智慧。

📖 軼聞
在中世紀，葛縷子是愛情魔藥中一種常見的成分，用於防止戀人離去和疏遠彼此。葛縷子的種子可以防止小偷。進入房屋的小偷將被嚇到，甚至被捕。佩戴葛縷子種子的護身符，應該可以增強記憶力。將一小袋葛縷子的種子塞在兒童房間的隱蔽處，可以防止生病。

No. 184
山核桃 *Carya illinoinensis*

| Carya oliviformis | Carya pecan | Hicorius pecan | 伊利諾伊胡桃樹 Juglans illinoinensis
| Juglans oliviformis | Juglans
pecan | Pecan |

❀ 象徵意義
財富堅果；好客的南方人。

🏺 魔法效果
雇用；金錢。

No. 185
美國胡桃木 *Carya ovata*
| 鱗皮山核桃 Shagbark Hickory |

◎ 象徵意義
持有。

🔖 魔法效果
訴訟；保護。

📖 軼聞
有個方法，能保護你遠離一些麻煩的訴訟。先將一點美國胡桃木的根燒成灰，再將這些灰燼和一些委陵菜混合，放進一個小盒子裡，掛在你家的大門上即可。

No. 186
栗 *Castanea*
| Castan-wydden | Châtaigne | 栗子 Chestnut | Chinkapin | Chinquapin | Fagus castanea | Gështenjë | Kastanje | Kistinen | 甜栗 Sweet Chestnut |

◎ 象徵意義
對我公平；獨立；不公正；正義；奢華。

🔖 魔法效果
愛。

No. 187
梓木 *Catalpa*
| Catawba | 雪茄樹 Cigar Tree | 印度豆樹 Indian Bean Tree |

◎ 象徵意義
小心那些風騷的人。

📖 軼聞
梓木是一種有趣的觀賞樹，花朵類似蘭花，後面有長長的豆狀種子莢。因為它是楸蛾唯一的食物，如果有大量的毛毛蟲，梓木可能會被吃到完全沒有葉子。

No. 188
藍苦菊 *Catananche caerulea*
| 藍苦菊 Blue Cerverina | Cupidone | 邱比特的箭 Cupid's Dart |

◎ 象徵意義
強迫；咒語。

🔖 魔法效果
激發激情；激發愛。

📖 軼聞
在古希臘，藍苦菊是愛情靈藥的主要成分。

No. 189
嘉德麗雅蘭 *Cattleya*
| 卡特蘭花 Cattleya Orchid |

◎ 象徵意義
成熟的魅力。

📖 軼聞
大而豔麗的嘉德麗雅蘭是美國母親節禮物胸花中使用最廣泛的花朵。

No. 190
矮嘉德麗雅蘭 *Cattleya pumila*
| Bletia pumila | Cattleya marginata | Cattleya pinelli | 大蕾麗亞 Cattleya pumila major | Cattleya spectabilis | Dwardf Sophronitis | Hadrolaelia pumila | Laelia pumila | Laelia pumila mirabilis | Laelia spectabilis |

◎ 象徵意義
主婦的恩典。

📖 軼聞
矮小的矮嘉德麗雅蘭依然豔麗，常在任何場合用於送給女性的胸花。

No. 191
雪松 *Cedrus*
| 香柏 Cedar |

◎ 象徵意義
目標；我只為你而活；力量；想起我。

❦ 雪松葉
我為你而活。

❦ 雪松小枝
恆久的愛；我為你而活。

🏺 魔法效果
抵禦做惡夢的傾向；療癒；金錢；保護；淨化。

📖 軼聞
在你放錢的地方放一片雪松能夠吸引金錢運。

No. 192
黎巴嫩雪松 *Cedrus libani*
| 黎巴嫩雪松 Cedar of Lebanon | Lebanon Cedar | 金牛座雪松 Taurus Cedar | 土耳其雪松 Turkish Cedar |

◎ 象徵意義
廉潔。

🏺 魔法效果
療癒；金錢；保護；淨化。

📖 軼聞
將一株有三根分枝的黎巴嫩雪松，插進家裡附近的土壤裡，能夠保護家裡避免各種形式的邪惡。在放錢的地方放上一小片黎巴嫩雪松，能夠吸引金錢運。

No. 193
爬藤衛矛 *Celastrus scandens* ☠
| 美國苦甜藤 American Bittersweet | 苦甜藤 Bittersweet | 白英 Climbing Nightshade | Staff Tree | Staff Vine | 木本龍葵 Woody Nightshade |

◎ 象徵意義
誠實；真理。

🏺 魔法效果
空氣魔法；死亡；忘掉心碎；康復；月球活動；保護；免受邪惡魔法傷害；防止女巫練習有害魔法；重生；真理；抵禦女巫。

📖 軼聞
爬藤衛矛藤有劇毒。爬藤衛矛曾經常被用來強行讓邪惡的魔法和可能正在練習這些魔法的女巫，遠離家門。

No. 194
青葙 *Celosia*
| 雞冠花 Cockscomb | 雞冠莧菜 Cockscomb Amaranth | Mfungu | 公雞冠 Rooster Comb | Soko Yokoto | 羊毛花 Woolflower |

◎ 象徵意義
情感；華麗；愛意；夥伴關係；糊塗；特點。

🏺 魔法效果
愛意；夥伴關係。

📖 軼聞
在任何花園中，由於雞冠花的花朵有如天鵝絨般蓬鬆，在視覺上相當有趣，是一種適合兒童種植的植物。

No. 195
朴樹 *Celtis*
| Hackberry | 蕁麻樹 Nettle Tree |

◎ 象徵意義
音樂會。

📖 軼聞
朴樹最神奇的地方就是會催促人們做到最好。

No. 196
矢車菊 *Centaurea cyanus*
| 學士鈕釦 Bachelor's Button | 藍瓶花 Bluebottle | Bluet | 男士胸花 Boutonniére Flower | Centaury | 玉米花 Common Cornflower | Cornflower | 藍芙蓉 Cyani Flower | 魔鬼花 Devil's Flower | Hurtsickle | 朝顏剪秋羅 Red Campion |

象徵意義

單身;靈敏;優雅;希望;愛中的希望;愛意;耐心;精緻;單次的祝福;單次的幸福。

魔法效果

愛意;趕走蛇。

軼聞

矢車菊一度會被陷入戀愛中的男人佩戴。如果花謝得太快,也許意味著這份愛情將不會回來。

No. 197

珀菊 *Centaurea moschata*

| Amberboa moschata | 香芙蓉 Sweet Sultan |

象徵意義

幸福;守寡。

軼聞

珀菊的香氣甜美,花朵蓬鬆。

No. 198

市郊矢車菊
Centaurea scabiosa

| 大矢車菊 Greater Knapweed | 紫色珀菊 Purple Scabiosa | Purple Scabious |

象徵意義

哀悼。

軼聞

市郊矢車菊有著像是薊一般的花朵,容易吸引蜜蜂和蝴蝶。

No. 199

百金花 *Centaurium*

| 百金花 Centaury | 基督階梯 Christ's Ladder | Erythraea | Feverwort |

象徵意義

靈敏。

魔法效果

減少發怒;驅除蛇類;消失。

軼聞

百金花是一種常用於隱形藥水中的成分。

No. 200

雷公根 *Centella asiatica*

| 積雪草 Antanan | Asiatic Pennywort | 崩大碗 Bai Bua Bok | Bemgsag | Brahma Manduki | Brahmanduki | Brahmi | Brahmi Booti | Divya | Ekpanni | Gotu Kola | Hydrocotyle asiatica | Indian Pennywort | Khulakhudi | Kudakan | Kudangal | Kula Kud | Luei Gong Gen | Maha Aushadhi | Mandookaparni | Manduckaparni | Manduki | Mandukparni | Manimuni | Ondelaga | Pegaga | Pegagan | 落得打 Rau má | Saraswathi Plant | Takip-Kohol | Thankuni | Thankuni Pata | Vallaarai | Vallarai | Yahong Yahong |

象徵意義

啟發。

魔法效果

療癒;冥想;能量;青春永駐。

No. 201

女孃花 *Centranthus ruber*

| 魔鬼鬍子 Devil's Beard | 狐狸刷 Fox's Brush | 朱比特的鬍子 Jupiter's Beard | 快吻我 Kiss-Me-Quick | 紅纈草 Red Valerian | 棘纈草 Spur Valerian | 纈草 Valerian |

象徵意義

靈巧。

魔法效果

愛意;保護;淨化;睡眠。

No. 202

夏雪草 *Cerastium tomentosum*

| 卷耳 Cerastium | 鼠耳繁縷 Mouse-Ear Chickweed | 夏日雪 Snow-In-Summer |

C

象徵意義

天真；單純；簡約。

軼聞

春末夏初一大群如雪花般的夏雪草會開出白色花朵。

No. 203
長角豆 *Ceratonia siliqua*

| Alfarrobeira | Algarrobo | Caaroba | Caroba | Carobinha | 角豆樹 Carob Tree | Caroube | Caroubier | Carrubba | Garrofa | Haroupia | Haruv | Johannisbrotbaum | Keçiboynuzu | Kharrub Kharrub | Ksylokeratia | 槐樹 Locust Tree | Rogac | 聖約翰麵包 Saint John's Bread |

象徵意義

超越生死的情感；優雅；死後的愛。

魔法效果

健康；保護。

軼聞

在上古時期的中東，用黃金和寶石來稱長角豆種子的重量是相當常見的，這也是「克拉」一詞的來源。佩戴長角豆能夠抵禦邪惡並保持身體健康。

No. 204
南歐紫荊
Cercis siliquastrum

| 猶大樹 Judas Tree | Siliquastrum orbicularis |

象徵意義

背叛；不信任。

軼聞

南歐紫荊是一種具有異國風味的美麗花卉，已經永遠被寫進古老傳說中。這也是猶大上吊自殺時的那種樹。

No. 205
夜香木 *Cestrum nocturnum*

| Da Lai Huong | Da Ly Huong | Dama de Noche | Dok Ratree | Hasnuhana | Kulunya | 夜之女士 Lady of the Night | Mesk el-leel | Night Blooming Cestrum | 夜來香 Night Blooming Jasmine | 夜香玉 Night Blooming Jessamine | 夜之女王 Queen of the Night | Raat ki Rani | Raat Rani | 夜來香 Yè Lái Xiang | 夜香木 Yè Xiang Mù |

象徵意義

神的禮物。

魔法效果

魅力；促進夜的魔法；愛意；神祕；通靈之夢。

No. 206
冰島地衣 *Cetraria islandica*

| 冰島地衣 Iceland Moss |

象徵意義

健康。

軼聞

冰島地衣其實是一種地衣，但看起來很像是苔蘚。

No. 207
木瓜海棠 *Chaenomeles*

| 花木梨 Flowering Quince | 日本木梨 Japanese Quince | Japonica | Pyrus japonica |

象徵意義

卓越；精靈之火。

魔法效果

幸福；愛意；運氣；保護你遠離邪惡。

No. 208
蠟花 *Chamelaucium*

| 傑拉爾頓蠟花 Geraldton Wax | 蠟花 Wax Flower |

象徵意義

婚姻幸福。

軼聞

漂亮、芬芳的蠟花是一種意義特別好的花，常用在新婚夫婦的婚禮花束中。

No. 209
桂竹香 *Cheiranthus cheiri*

| Aegean Wallflower | 丁香花 Clove Flower | Erysimum cheiri | 麝香竹石 Gilliflower | Gillyflower | Gilly-Flower | Giroflée | Goldlack | Revenelle | Violacciocca | 壁花 Wallflower |

象徵意義

逆境；極樂；感情連結；持久的美貌；持久的愛；逆境中的信念；逆境時的忠誠；不幸時的忠誠；友誼；不幸；自然美；迅速。

軼聞

芬芳的桂竹香是最早被認為「浪漫」的花朵之一。好幾百年前，曾有一段時間，桂竹香是在英格蘭購買土地的有效貨幣。

No. 210
白屈菜 *Chelidonium* ☠

| Celydoyne | Chelidonium majus | 魔鬼牛奶 Devil's Milk | 花園白屈菜 Garden Celandine | 大白屈菜 Greater Celandine | Kenning Wort | Swallow Herb | Swallow-Wort | Tetterwort |

象徵意義

不切實際的希望。

魔法效果

逃走；幸福；喜悅；訴訟；保護。

軼聞

如果佩戴白屈菜，會帶來歡樂、提振精神並治療憂鬱症。將白屈菜貼在皮膚上，每三天更換一次，得以避免任何不必要的禁錮或任何形式的困境。在法庭聽證會上佩戴白屈菜作為保護，能夠獲得法官和陪審團的青睞。

No. 211
藜 *Chenopodium* ☠

| 藍灌木 Bluebush | 藜 Goosefoot |

象徵意義

良善；羞辱。

魔法效果

召喚祖先。

No. 212
亨利藜
Chenopodium bonus-henricus ☠

| 好國王亨利 Good King Henry | 林肯郡菠菜 Lincolnshire Spinach | Markery | 多年生藜 Perennial Goosefoot | 窮人的蘆筍 Poor Man's Asparagus |

象徵意義

良善。

魔法效果

領導魅力。

軼聞

亨利藜可用於製作用於天然纖維的天然染料，整棵植物可以調出深金黃色、金綠色或是綠色。

No. 213
香藜 *Chenopodium botrys* ☠

| Dysphania botrys | 羽毛天竺葵 Feathered Geranium | 總狀花藜 Jerusalem Oak | Jerusalem Oak Goosefoot | Sticky Goosefoot | 土荊芥 Wormseed |

象徵意義

你的愛能夠互惠。

軼聞
香藜被認為利用芬芳的花穗來驅除飛蛾。

No. 214
傘形喜冬草 *Chimaphila umbellata*

| 鹿含草 False Wintergreen | Ground Holly | 國王的解藥 King's Cure | Pipsissewa | Price's Pine | 王子的松樹 Prince's Pine | Princess Pine | Spotted Pipsissewa | 斑點冬青 Spotted Wintergreen | 傘狀冬青 Umbellate Wintergreen |

象徵意義
破裂成好幾塊。

魔法效果
召喚善靈；金錢。

軼聞
攜帶或佩戴一株傘形喜冬草能夠吸引金錢。

No. 215
猴爪樹 *Chiranthodendron pentadactylon*

| 魔鬼之爪樹 Devil's Hand Tree | 爪花樹 Hand Flower Tree | 墨西哥爪花樹 Mexican Hand Tree | 猴爪樹 Monkey's Hand Tree |

象徵意義
警告。

軼聞
猴爪樹盛開的花朵就像是人或猴子的手。

No. 216
吊蘭 *Chlorophytum comosum*

| 飛機草 Airplane Plant | Anthericum comosum | Hartwegia comosa | 蜘蛛蘭 Spider Plant |

象徵意義
創造；目的地；更新。

魔法效果
死亡；命運；啟動；細活；靈性成長。

No. 217
火焰豆 *Chorizema varium*

| Flame Pea | 石灰石豆 Limestone Pea |

象徵意義
你擁有我的愛。

軼聞
火焰豆是一種很漂亮討喜的花，其名字源於希臘語，意思是「跳舞」和「喝酒」。

No. 218
菊花 *Chrysanthemum*

| Chrysanth | 幸福之花 Flower of Happiness | 生命之花 Flower of Life | 東方之花 Flower of the East | Mums |

象徵意義
一顆孤寂的心；豐富；豐富而可愛；富足和財富；開朗；開朗和休息；逆境中的開朗；保真度；幸福；可愛；樂觀；促進心理健康；財富；你是一個很棒的朋友。

花色的意義：紅色：我愛；我愛你；愛；淡淡的愛。

花色的意義：玫瑰：戀愛中。

花色的意義：白色：真實。

花色的意義：黃色：帝國；被愛蔑視；淡淡的愛。

菊花香噴霧
希望。

魔法效果
保護。

軼聞
中國的風水學認為，菊花會給家庭帶來幸福。在中國還存在帝制時，平民不能種植菊花，只有貴族才有這種特權。菊花是亞洲的聖花。在馬爾他和義大利，家裡有菊花被認為是不吉利的。菊花，無論是新鮮的花朵或是用在混合材料的裝飾品上，是美國初中和高中「返校日」的官方花卉。

No. 219
菊花 *Chrysanthemum morifolium*
| 紅雛菊 Red Daisy | Red Daisy Chrysanthemum | Red Daisy Mum |

🌹 象徵意義
拿著花的人不知道自己有多美；沒有意識到自己的美。

⚗ 魔法效果
保護。

📖 軼聞
在花園裡種植菊花以抵禦惡靈。

No. 220
麻菀 *Chrysocoma linosyris*
| Aster linosyris | 亞麻葉金鎖 Flax-Leaved Golden Locks | Flax-Leaved Golden-Locks | Flax-Leaved Goldilocks | Flax-Leaved Goldy-Locks | Galatella linosyris | Goldilocks Aster |

🌹 象徵意義
遲延；你遲到了。

⚗ 魔法效果
金錢。

No. 221
香根草 *Chrysopogon zizanioides*
| Khus | Khus-Khus | Moras | Vetiver | Vetiveria zizanoides |

🌹 象徵意義
和諧；公正；生命之樹。

⚗ 魔法效果
防盜；吸引力；美麗；破除詛咒；友誼；餽贈；和諧；喜悅；愛意；運氣；金錢；喜樂；肉慾；藝術品。

📖 軼聞
為了對異性更具吸引力，可以在浴缸中加入香根草。將一株香根草放在收銀機中以增加業務量。攜帶香根草以求幸運。

No. 222
苦苣 *Cichorium endivia*
| 菊苣 Endive |

🌹 象徵意義
節儉。

⚗ 魔法效果
愛意；情慾。

📖 軼聞
如果將苦苣作為吸引愛情的護身符，那麼需要每三天更換一次新鮮的苦苣。

No. 223
菊苣 *Cichorium intybus*
| 藍色水手 Blue Sailors | Chicory | 咖啡草 Coffeeweed | Common Chickory | 玉米花 Cornflower | Hendibeh | Intybus | Succory | 野莓 Wild Cherry | Wild Succory |

🌹 象徵意義
靈敏；經濟；冷淡。

⚗ 魔法效果
喜好；節儉；隱形；運氣；移除障礙。

📖 軼聞
在聖詹姆斯節（7月25日），如果一個開鎖匠拿著菊苣葉和一把金刀抵在鎖上，在完全靜默的情況下，鎖就會神奇地打開。但如果僅僅只說一個字，也會導致死亡。美國先民為了幸運會帶著菊苣。帶著一株菊苣能夠更加節約，並消除阻礙你實現目標的障礙。據說，如果你用菊苣汁自我祈福，那麼偉大的人就會關注你並為你提供幫助。

No. 224
金雞納 *Cinchona*
| Bark of Barks Tree | Fever Tree | 聖樹皮樹 Holy Bark Tree | Jesuit's Bark Tree | Peruvian Bark Tree | 奎寧 Quina | 奎寧樹 Quinine Tree |

象徵意義

退燒。

魔法效果

運氣；保護。

軼聞

順勢療法是一種替代性療法，起源於薩穆埃爾·哈內曼博士對金雞納樹皮的測試。攜帶一小片金雞納樹皮能保護自己免受邪惡和肉體的傷害。金雞納正是奎寧的來源。

No. 225
瓜葉菊 *Cineraria*

象徵意義

總是很開心；一心一意。

軼聞

瓜葉菊的外貌是園藝家最愛的圓形，花朵盛開的時候能夠覆蓋整株植物。

No. 226
樟樹 *Cinnamomum camphora* ☠

| Camphire | Camphor Laurel | Camphor Tree | Camphorwood | 樟腦 Chang Nao | Harathi Karpuram | Kafoor | Kafrovník Lékarsky | Kapoor | Karpooram | Karpuuram | Kusu No Ki | Nok Na Mu | Paccha Karpoora | Paccha Karpooramu | Pacchaik Karpooram | Pachai Karpuram | Ravintsara | Shajarol-kafoor | Trees of Kafoor | 樟樹 Zhang Shu | Zhangshù |

象徵意義

貞潔；占卜；健康。

魔法效果

貞潔；占卜；情感；生育力；世代；健康；靈感；直覺；通靈能力；海洋；潛意識；浪潮；隨波飄搖。

錫蘭肉桂 *Cinnamomum verum* ☠

| 烘焙師的肉桂 Baker's Cinnamon | Ceylon Cinnamon | Cinnamomum zeylanicum | 肉桂 Cinnamon | 肉桂樹 Cinnamon Tree | Sri Lanka Cinnamon | 甜木 Sweet Wood | 真正肉桂 True Cinnamon |

象徵意義

美麗；商業；忘記傷害；邏輯；愛意；情慾；權力；成功；妖媚。

魔法效果

豐裕；進展；意志；能量；友誼；成長；療癒；喜悅；領導力；生命；光；愛意；情慾；自然的力量；熱情；權力；保護；通靈能力；靈性；成功。

軼聞

古代希伯來的大祭司用錫蘭肉桂的油作為聖膏油的重要成分。古埃及人在製作木乃伊時也使用肉桂油。錫蘭肉桂當成熏香或放在香袋中，可強化精神力、治癒能力、帶來金錢、激發精神力量與提供保護力。古代的中國人和埃及人使用錫蘭肉桂來淨化他們的寺廟。

No. 228
水珠草 *Circaea lutetiana* ☠

| Circaea | 魔法師的顛茄 Enchanter's Nightshade |

象徵意義

死亡；厄運；背信忘義；詭計。

魔法效果

巫術；魔咒。

軼聞

水珠草的名字是由赫利奧斯神的女兒瑟西（Circe）得來，希臘詩人荷馬在西元前 800 年寫道，她是一名殘忍而邪惡的女巫，她引誘並歡迎遇難的水手（和其他人）來到她的島嶼，對他們下藥，並將他們變成動物（最常見的是變成豬），然後將這些人殺死並吃掉。

No. 229
薊 *Cirsium*

| Fuller's Thistle | 羽薊 Plume Thistle |

◎ 象徵意義
厭世。

🏺 魔法效果
協助；生育力；和諧；獨立；物質上的富足；堅持；穩定；力量；韌性。

No. 230
半日花 *Cistaceae*

| 岩玫瑰 Rock Rose | Rock-rose |

◎ 象徵意義
大眾口味；安全；保證。

🏺 魔法效果
半日花是巴哈情緒花精三十八種成分中的其中之一。

No. 231
膠薔樹 *Cistus ladanifer*

| 褐眼岩玫瑰 Browh-eyed Rockrose | 膠岩玫瑰 Gum Cistus | Gum Ladanum | Gum Rockrose | Jara Pringosa | Ladanum |

◎ 象徵意義
明日將死。

📖 軼聞
整株膠薔樹都覆蓋著一種粘稠的、深色的、芳香的樹脂，自古以來，都被用來製作香水。

No. 232
西瓜 *Citrullus lanatus*

| Watermelon | Water-Melon |

◎ 象徵意義
笨重；和平。

📖 軼聞
西瓜在古埃及被認為是神聖的植物。

No. 233
香檸檬 *Citrus bergamia*

| Bergamot | 佛手柑 Bergamot Orange | 苦橙 Bitter Orange | Citrus aurantium bergamia | Orange Bergamot | Orange Mint |

◎ 象徵意義
魅力；無法抵擋。

🏺 魔法效果
無法抵擋；金錢；繁榮；成功。

📖 軼聞
在花錢之前摩擦一下香檸檬的葉子，以確保錢又會回到身邊。隨身攜帶幾片香檸檬的葉子，以吸引更多錢進來。

No. 234
枸櫞 *Citrus medica*

| Cederat | Cédrat | Cedro | Citron | Etrog | Forbidden Fruit | Median | 波斯蘋果 Persian Apple | 粗皮檸檬 Rough Lemon | Sukake | 柚子茶 Youzi Cha | Yuzucha |

◎ 象徵意義
疏遠；病態美。

🏺 魔法效果
療癒；通靈能力。

No. 235
苦橙 *Citrus x aurantium*

| Bigarade Orange | 苦橙 Bitter Orange | Marmalade Orange | Seville Orange | 酸橙 Sour Orange |

◎ 象徵意義
性感的愛。

🏺 魔法效果
催情劑。

No. 236
波斯酸橙 *Citrus x latifolia*

| Bear's Lime | 波斯萊姆 Persian Lime | 大溪地萊姆 Tahiti Lime |

 象徵意義

私通。

魔法效果

療癒；愛意；保護。

No. 237
檸檬 *Citrus x limon*

| Citrus limon | 檸檬 Lemon | 檸檬樹 Lemon Tree | Ulamula |

象徵意義

長期的痛苦；耐心；令人愉快的想法；熱情。

檸檬花

謹慎；忠實；對愛忠誠；承諾信實；謹慎。

魔法效果

友誼；長壽；愛意；淨化。

軼聞

滿月當天，在洗澡水中加入檸檬能夠淨化你身上的負能量。

No. 238
甜橙 *Citrus x sinensis*

| 愛之果 Love fruit | 柳橙 Orange | 柳橙樹 Orange Tree | 甜橙 Sweet Orange |

象徵意義

永恆的愛；慷慨；清白。

甜橙的花

婚禮歡慶；帶來智慧；貞潔；永恆的愛；豐產；清白；婚姻；可愛的程度如同單純的程度。

魔法效果

占卜；愛意；運氣；金錢。

軼聞

在維多利亞時代，新娘們盡可能隨身攜帶新鮮的甜橙花，甚至將這些花戴在花環或繫在面紗上。中國人認為甜橙是幸運的象徵。

No. 239
橘 *Citrus x tangerina*

| Clementine | 橘子 Mandarin Orange | 橘子 Tangerine |

象徵意義

生命；新的開始；祈禱；祈求福氣。

魔法效果

繁榮。

軼聞

橘子種植在中國已經有三千年的歷史。

No. 240
大花古代稀 *Clarkia amoena*

| 阿特拉斯花 Atlas Flower | 仙子扇花 Fairy Fans | 別春花 Farewell to Spring | 高代花 Godetia | Godetia amoena | Herald-of-Summer | 可愛的別春花 Lovely Farewell-to-Spring | Oenothera amoena | Oenothera prismatica | 紅緞帶 Red Ribbons | 洛磯山脈緞帶花環 Rocky Mountain Garland Flower | 緞帶花 Satin Flower | 絲綢花 Silk Flower | 夏日可人 Summer's Darling |

象徵意義

迷人；熱情；告別春天；賞心悅目；你的博學多聞讓我很高興。

軼聞

大花古代稀是路易斯和克拉克在他們的探險隊穿越路易斯安那購買土地時收集和記錄的第一批植物。

No. 241
鐵線蓮 *Clematis* ☠

| Atragene | Coriflora | 皮革花 Leather Flower | 老人鬍子 Old Man's Beard | 胡椒藤 Pepper Vine | 旅行者的喜悅 Traveller's Joy | 花瓶藤 Vase Vine | Viorna | Virgin's Bower |

◎ 象徵意義

技巧；獨創性；愛；精神美；靈魂伴侶。

🌱 常青鐵線蓮

貧窮；需求。

📖 軼聞

鐵線蓮的古代希臘名，在很久以前曾被用於各種類型的攀緣植物。

No. 242
醉蝶花 *Cleome*

| 蜜蜂草 Bee Plant | Beeplant | 蜘蛛花 Spider Flower | Spiderflower | 蜘蛛蘭 Spider Plant | Spiderplant | Spider Weed | Spiderweed | Waa |

◎ 象徵意義

跟我私奔吧。

📖 軼聞

醉蝶花會在花柄的尖端形成一團花，每朵花都有很長的雄蕊，形成「蜘蛛狀」的外觀。

No. 243
耀花豆 *Clianthus puniceus*

| Kaka Beak | Kakabeak | Kowhai Ngutu-kaka | Kowhai ngutukaka | 龍蝦爪 Lobster Claw | 鸚鵡嘴蘆薈 Parrot-billed Aloe | 鸚鵡嘴 Parrot's Beak | Parrot's Bill |

◎ 象徵意義

自我追尋；寒暄；世俗。

📖 軼聞

耀花豆是一種有趣的常綠灌木，花芽和花朵是「喙」的形狀，現在已確定在野外為「極度瀕危」狀態。

No. 244
蝶豆 *Clitoria*

| 蝴蝶豆 Butterfly Pea |

◎ 象徵意義

女性力量。

🧪 魔法效果

女性力量。

📖 軼聞

蝶豆的學名源自女性外陰部的外觀。

No. 245
君子蘭 *Clivia miniata* ☠

| 大花君子蘭 Bush Lily | Clivia | 君子蘭 Kefir Lily | Natal Lily | 冬百合 Winter Lily |

◎ 象徵意義

外向；福氣；長命。

📖 軼聞

照顧良好的君子蘭盆栽，可以持續生長超過五十年。

No. 246
藏掖花 *Cnicus benedictus*

| 祝福薊 Blessed Thistle | Centaurea benedicta | Cnicus | 聖薊 Holy Thistle | 聖班尼迪克薊 Saint Benedict's Thistle | 斑點薊 Spotted Thistle |

◎ 象徵意義

勇敢；果決；奉獻；耐力；力量。

🧪 魔法效果

療癒動物；協助；破除詛咒；生育力；和諧；獨立；物質上的富足；堅持；保護；淨化；穩定；力量；韌性。

📖 軼聞

將藏掖花帶在身上能夠保護你遠離邪惡。

No. 247
電燈花 *Cobaea scandens*

| Cathedral Bells | Cup-and-Saucer Vine | Violet Ivy |

象徵意義

八卦；節點。

軼聞

1875 年查爾斯達爾文就已經在他對爬藤的研究中，描述了電燈花。

No. 248
椰子 *Cocos nucifera*

| Argell Tree | Côca | 可可椰子 Coco | Cocoanut | Coconut | Coconut Palm | 印度堅果 Indian Nut | Jawz Hindi | Malabars Temga | Narle | Niyog | Nux indica | Quoquos | Ranedj | Tenga |

象徵意義

貞潔。

魔法效果

貞潔；保護；淨化。

軼聞

你可以將整顆椰子掛在家裡，以保護家裡。或是你可以將椰子對半切開，放進一些葉子、種子、花瓣等東西。並將兩半以各種方式合上後，埋在家裡附近。

No. 249
舞草 *Codariocalyx motorius*

| Aravaattip pachchilai | Hedysarum gyrans | Semaphore Plant | 舞蛇人之根 Snake Charmer's Root | 電報草 Telegraph Plant | Thozhukanni |

象徵意義

焦躁。

軼聞

舞草的樹葉據說會隨著音樂「起舞」。

No. 250
凹舌蘭 *Coeloglossum viride*

| Dactylorhiza viridis | Frog Ophrys | 蛙蘭 Frog Orchid | 長苞綠蘭 Long-Bracted Green Orchid |

象徵意義

噁心。

軼聞

凹舌蘭是一種地生蘭，花形有突起，綠色的花苞很小，有點像是一隻小型的青蛙。

No. 251
咖啡 *Coffea*

| 咖啡 Coffee | 咖啡樹 Coffee Tree |

象徵意義

警覺；友情；友誼；社交力。

魔法效果

改變；勇氣；波動；解放；仁慈；勝利。

No. 252
薏仁 *Coix lacryma-jobi*

| Adlai | Adlay | Bali | Bo Bo | Chinese Pearl Barley | 基督的眼淚 Christ's Tears | Chuan Gu | Coix | Coix Seed | Coixseed | Croix | Croix agrestis | Croix arundinacea | Croix exaltata | Croix lacryma | 薏苡 Croix Seed | Curom Gao | 大衛的眼淚 David's Tears | Hanjeli | Hatomugi | Hot Bo Bo | Jali | 約伯的眼淚 Job's Tears | Jobs Tears | Juzudama | Lacryma Christi | Lacryma-jobi | Luk Dueai | 聖瑪莉的眼淚 Saint Mary's Tears | 淚滴 Tear Drops | 淚草 Tear Grass | Vyjanti Beads | Y Di | Yì Yǐ | Yulmu |

象徵意義

在巨大的痛苦下存活。

魔法效果

療癒；運氣；祈望。

📖 軼聞

薏仁是一種野草，薏仁的種子是帶有天然孔洞的完美珠子，因此它們可以輕鬆串起來，並作為珠寶佩戴。薏仁被放入中空的乾葫蘆內，成為一種樂器。許願的時候，請專心地數出七顆薏仁，然後帶在身上七日。等到七日結束時，再次許願，然後將七顆種子丟入流水中。

No. 253
秋水仙 *Colchicum autumnale* ☠

| Autumn Crocus | 番紅花草 Meadow Saffron | 裸女 Naked Lady |

🌹 象徵意義

秋天；長大；最好的日子已遠；最好的日子已逝；我最快樂的日子已經過去。

📖 軼聞

雖然秋水仙的俗名與番紅花有關，但秋水仙並非番紅花的原料，還是鼎鼎有名的毒藥，常常聽到有很多人過量使用。

No. 254
芸香 *Coleonema*

| 天堂之呼吸 Breath of Heaven | 碎花灌木 Confetti Bush | Diosma |

🌹 象徵意義

無用；你簡單的優雅迷住了我。

📖 軼聞

芸香的花朵相當小，有如在灌木上的五彩碎片。

No. 255
魚鰾槐 *Colutea arborescens*

| Bladder Senna | Bladder-Senna | Colutea |

🌹 象徵意義

輕浮的消遣。

📖 軼聞

魚鰾槐寬闊的樹莢中膨脹的種子乾燥後，呈古銅色、薄如紙且有些脆弱，但在乾燥花中非常有趣。

No. 256
阿勃參 *Commiphora gileadensis*

| 吉列德樹香脂 Balm of Gilead Tree | 麥加樹香脂 Balm of Mecca Tree | Balsam of Gilead Tree | Balsam of Mecca Tree | Commiphora opobalsamum |

🌹 象徵意義

療癒的香水。

🌿 阿勃參樹脂

治癒；療癒；我被療癒了；愛意；坦白；保護；解放。

⚗ 魔法效果

連結；建築；死亡；歷史；知識；限制；阻礙；時間。

📖 軼聞

為了治療破碎的心，你可以帶著阿勃參的花苞。

No. 257
毒胡蘿蔔 *Conium* ☠

| 河狸毒 Beaver Poison | Conium chaerophylloides | Conium maculatum | 魔鬼糜 Devil's Porridge | 毒草 Hemlock | Herb Bennet | Keckies | Kex | Musquash Root | Poison Hemlock | 毒巴西里 Poison Parsley | Spotted Corobane | 斑點毒草 Spotted Hemlock | 水巴西里 Water Parsley |

🌹 象徵意義

你就是我的死亡；你會導致我的死亡。

⚗ 魔法效果

觸發靈魂投射；破壞性慾；降低性慾；權力；淨化。

📖 軼聞

毒胡蘿蔔的所有部位都有強烈毒性，因此是相當危險的植物。

No. 258
飛燕草 Consolida ☠

| Larkspur |

🌹 象徵意義：輕浮；光；開放的心；迅速

🎨 花色的意義：粉紅：浮躁；光

🎨 花色的意義：紫色：傲慢

⚗ 魔法效果

擊退鬼魂；擋住蠍子；抵禦有毒生物；健康；保護。

📖 軼聞

飛燕草據說可以讓鬼魂遠離。

No. 259
鈴蘭 Convallaria majalis ☠

| 康瓦爾百合 Convall Lily |
Convall-lily | Convallaria | 雅各之梯 Jacob's Ladder | 雅各之淚 Jacob's Tears | 天堂之梯 Ladder to Heaven | Ladder-to-Heaven | 堅貞百合 Lily Constancy | 深谷百合 Lily of the Valley | Lily-of-the-Valley | 雄百合 Male Lily | 五月鐘 May Bells | 五月百合 May Lily | Muguet | 聖母之淚 Our Lady's Tears |

🌹 象徵意義

基督再臨；愛情中的幸運；祝你幸運；幸福和純潔的心；謙遜；喜悅；純潔的心；幸福歸來；回歸幸福；社交性；甜美；聖母瑪利亞的眼淚；值得信賴；自然的甜蜜；你讓我的生命變得完整。

⚗ 魔法效果

幸福；療癒；做出正確的選擇；神智清醒；精神力；讓人們想像一個更美好世界的力量。

📖 軼聞

將鈴蘭放在房間裡，能夠讓裡面的所有人精神為之一振。

No. 260
田旋花 Convolvulus arvensis ☠

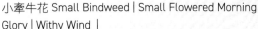

| Convolvulus arvensis var. linearifolius 攀爬珍妮 Creeping Jenny | 歐洲牽牛花 European Bindweed | Field Bindweed | 低矮牽牛花 Lesser Bindweed | Perennial Morning Glory | 屬地藤 Possession Vine | 小牽牛花 Small Bindweed | Small Flowered Morning Glory | Withy Wind |

🌹 象徵意義

多事者；風騷；謙虛的毅力；謙遜；毅力；不確定。

📖 軼聞

田旋花是最具入侵性的野生植物之一，眾所周知，田旋花會減少作物收成，造成嚴重破壞，每年在美國造成數百萬美元的損失。

No. 261
黃麻 Corchorus

| 黃麻 Jute Plant | Molokhia | Mulukhiyah | Oceanopapaver |

🌹 象徵意義

對幸福相當著急；對缺席很不耐煩。

📖 軼聞

獲得黃麻纖維的主要來源就是黃麻。

No. 262
朱蕉 Cordyline fruticosa ☠

| Asparagus terminalis | Auti | Cabbage Palm | Convallaria fruticosa | Cordyline terminalis | Dracaena terminalis | 幸運草 Good luck Plant | Ki | Ki La'i | Lauti | Palm Lily | Si | Terminalis fruticosa | Ti Plant | Ti Pore |

🌹 象徵意義

全知；生命之樹。

⚗ 魔法效果

療癒；保護

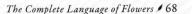

📖 軼聞

放一些綠色的朱蕉葉在床邊，能在睡覺時保護你。夏威夷草裙舞裙和東加舞裙由綠色的朱蕉葉製成。在古老的夏威夷，人們認為紅色的朱蕉葉具有強大的精神力量，只有大祭司和酋長才被允許在儀式中將紅色的朱蕉葉戴在脖子上。上船的時候帶上綠色的朱蕉葉，能確保你不會淹死。綠色的朱蕉葉在古老的夏威夷，經常用來畫出地界。在你的房產周圍種植朱蕉，以抵禦邪惡，但請務必僅使用綠色品種，而非紅色品種。紅色品種的朱蕉對火山女神佩蕾來說相當神聖，如果種紅色朱蕉，會給房主帶來厄運，因為他們沒有使用它的神聖特權。在家裡的花盆裡種植紅色品種的朱蕉，被認為是非常不吉利的。

No. 263
金雞菊 *Coreopsis*

| Acispermum | 波斯菊 Calliopsis | Epilepis | Leptosyne | Pugiopappus | Selleophytum | Tickseed | Tuckermannia |

🌹 象徵意義

永遠開朗；對幸福不耐煩；對缺席不耐煩；一見鍾情。

🏺 魔法效果

生育能力；祝你幸運；金錢很重要；保護；防雷擊。

📖 軼聞

根據傳說，精靈認為金雞菊花是他們的最愛之一。

No. 264
兩色金雞菊 *Coreopsis tinctoria*

| Arkansas Calliopsis | Calliopsis | Calliopsis elegans | Coreopsis | Coreopsis elegans | Dyers Coreopsis | 花園金雞菊 Garden Tickseed | Plains Coreopsis | Prairie Coreopsis |

🌹 象徵意義

一見鍾情。

📖 軼聞

兩色金雞菊的花可用來製作淺黃色至淺棕色天然染料的紗線。

No. 265
芫荽 *Coriandrum sativum*

| 中國巴西里 Chinese Parsley | Cilantro | Cilentro | Coreander | 香菜 Coriander | Coriandre | Coriandrum | Culantro | Dhania | 芫荽 Hu-Sui | Koriadnon | Koriandron | Koriannon | Ko-ri-ja-da-na | Stinkdillsamen | 胡荽 Uan-Suy |

🌹 象徵意義

隱藏的功績；隱藏的價值；我們這些處不好的人之間的和平。

🌿 芫荽種子

促進相處不好的人之間和平相處。

🏺 魔法效果

催情劑；療癒；健康；幫助找到另一半；聰明；不朽；愛意；情慾；保護；保護園丁和所有家庭成員；陽剛之氣。

📖 軼聞

在家中掛一小束芫荽好保護家裡。在中世紀，芫荽被用於愛情藥水和咒語的成分。佩戴芫荽種子作為護身符以緩解頭痛。

No. 266
山茱萸 *Cornus* ☠

| 山茱萸樹 Cornel Tree | 狗木 Dogwood |

🌹 象徵意義

耐力。

🏺 魔法效果

保護；祈望。

📖 軼聞

山茱萸樹的木材非常堅硬，可以用作劈裂其他木材的劈楔。

No. 267
大花四照花 *Cornus florida* ☠

| 美國山茱萸 American Dogwood | 黃楊木 Boxwood | Budwood | Cornelian Tree | 狗木 Dogtree | False Box | 假黃楊木 False Boxwood | 佛羅里達山茱萸 Florida Dogwood | 開花山茱萸 Flowering Cornel | Flowering Dogwood | 綠柳 Green Osier | 印度箭木 Indian Arrowwood | 維吉尼亞山茱萸 Virginia Dogwood | White Cornel |

🌹 **象徵意義**
耐力；冷漠。

⚗ **魔法效果**
保護；祈望。

📖 **軼聞**
據傳，如果你在仲夏夜前夕將少量山茱萸汁塗在手帕上，然後隨身攜帶手帕，這將實現你對任何事情的任何願望。帶著一些大花四照花之木或樹葉，能夠作為保護。

No. 268
大果山茱萸 *Cornus mas* ☠

| Cornelian Cherry Tree | 歐洲山茱萸 European Cornel |

🌹 **象徵意義**
耐用；耐力。

⚗ **魔法效果**
保護；祈望。

No. 269
多變小冠花 *Coronilla*

| Crown Vetch |

🌹 **象徵意義**
如願成功；成功是你的；你會成功的。

⚗ **魔法效果**
忠實。

No. 270
歐榛 *Corylus avellana*

| Coll | 榛樹 Common Hazel | Hazel | 榛子樹 Hazelnut Tree |

🌹 **象徵意義**
溝通；創作靈感；頓悟；和解。

⚗ **魔法效果**
抗雷擊；占卜；生育力；高度意識；運氣；冥想；保護；願景；祈望。

📖 **軼聞**
將歐榛的堅果送給新娘，祝她幸運、順產和智慧。將歐榛編織在一起製作許願冠，並在許願時戴上這頂王冠。分岔的歐榛是占卜師的首選探測物。

No. 271
南歐榛樹 *Corylus maxima*

| 榛果 Filbert |

🌹 **象徵意義**
和解。

📖 **軼聞**
南歐榛樹的果實被稱為「榛子」，因為這棵樹的堅果會在 8 月 20 日成熟，也就是聖菲爾伯特節。

No. 272
紅石楠 *Cosmelia rubra*

| 紡錘石楠花 Spindle Heath |

🌹 **象徵意義**
一見鍾情。

📖 **軼聞**
紅石楠原產於澳大利亞西南部的沼澤地。

No. 273
大波斯菊 *Cosmos bipinnatus*

| Bidens bipinnata | Bidens formosa | Bidens lindleyi | Coreopsis formosa | Cosmea tenuifolia | Cosmos | Cosmos formosa | Cosmos hybridus | Cosmos spectabilis | Cosmos tenuifolia | Cosmos tenuifolius | 花園波斯菊 Garden Cosmos | Georgia bipinnata | 墨西哥雛菊 Mexican Aster |

象徵意義

平衡；美麗的；跟我走；和諧；牽著我的手和我一起走；在愛情和生命中快樂；愛花；謙虛；有順序地；裝飾；和平；寧靜；有益健康。

軼聞

在家中擺上一束大波斯菊能夠恢復家中的精神和諧。

No. 274
黃櫨 *Cotinus coggygria*

| Eurasian Smoketree | 紫煙樹 Purple Smokebush | Rhus cotinus | 煙樹 Smoke Bush | Smoke Tree | Smoketree | Venetian Sumac | Venetian Sumach |

象徵意義

卓越的智慧；輝煌。

軼聞

黃櫨花非常蓬鬆，呈灰米色，使樹冠看起來像煙一樣。

No. 275
景天樹 *Crassula dichotoma*

| 分岔景天樹 Forked Crassula | 黃金景天 Gold Stonecrop | Grammanthes chloriflora | 橘色景天 Orange Crassula | Tillaea |

象徵意義

你的脾氣太急躁。

魔法效果

金錢。

No. 276
翡翠木 *Crassula ovata*

| Crassula argentea | Crassula obliqua | Crassula portulacea | 金錢樹 Dollar Plant | 友誼樹 Friendship Tree | 翡翠草 Jade Plant | 運氣草 Lucky Plant | 金錢草 Money Plant |

象徵意義

富裕；友誼；幸運；金錢。

魔法效果

金錢運。

軼聞

翡翠木常被作為「金錢樹」。開花的金錢樹會更加帶來幸運。

No. 277
山楂樹 *Crataegus*

| 麵包與起司樹 Bread and Cheese Tree | Crategus monogyna biflora | 英國山楂 English Hawthorn | Gaxels | Glastonbury Thorn | Hagthorn | Halves | Haw | Hawberry Tree | Haweater Tree | Hawthorn Tree | Hazels | Huath | Ladies' Meat | 五月山楂 May | 五月花 May Blossom | Mayblossom | May Bush | May Flower | Mayflower | 五月樹 May Tree | Quick | Quick-Set | 山楂 Shan-cha | 荊棘 Thorn | 荊棘蘋果 Thorn Apple | Thornapple Tree | 貞潔樹 Tree of Chastity | 白荊棘 White Thorn |

象徵意義

貞潔；矛盾；二元性；希望；雄性力量；春天；對立的單位。

魔法效果

貞潔；連續性；死亡；生育力；釣魚的運氣；幸福；希望。

軼聞

有個傳說，亞利馬太的約瑟夫帶著基督的訊息去了不列顛。有一次，他將手杖推到地上，睡在手杖附近。當他醒來時，他發現這根手杖已經生根、生長並開花成一棵山楂樹。羅馬人將山楂葉貼在嬰兒搖籃上以驅除惡靈。在中世紀的歐洲，

如果將山楂枝條帶入室內，對家庭成員來說是疾病和死亡的預兆。山楂被認為是女巫最喜歡的植物之一。在沃爾普吉斯之夜 (Walpurgisnacht) 的春天，當女巫將自己變成山楂樹時，要避開山楂樹。由於山楂與生育力有關，已被添加到春季婚禮花束中。將山楂放在床墊下和臥室周圍，能夠保持甚至強制維持貞潔。將山楂葉塞進帽子裡，以增加釣魚時豐收的機會。如果遇到麻煩、悲傷或沮喪，請佩戴一串山楂，以幫助你恢復快樂狀態。在房屋周圍放置山楂的小枝或葉子，可保護房屋免受閃電和風暴的破壞。在家中周圍放置山楂的小枝或葉子，可以抵禦邪惡和惡意的鬼魂。山楂對精靈來說是神聖的。人們認為如果看到山楂、橡樹和梣樹，將有可能會看到精靈。

明的宗教儀式，後來隨著時間過去，被其他宗教用於他們自己的宗教儀式。番紅花一度被塞進拐杖，從中東走私到英國（然後是整個歐洲），它的價值被認為是無價的。為了降低價格，會添加任何價值較低的東西，來增加番紅花的量，但會降低它的品質，在當時會以死刑論處……甚至被活埋！當秋番紅花到達印度時，人們發現他們可以用它提煉出一種美麗的金色染料用於織物，這種顏色用於許多不同國家和文化的皇家服裝。在中世紀，由番紅花製成的墨水給窮困的畫家，用來代替宗教藝術中的金箔。在愛爾蘭，人們曾有一段時間相信用番紅花浸液沖洗床單，在床上睡覺時，胳膊和腿會變得更強壯。古代波斯人會將番紅花拋向空中以試圖提振雄風。

No. 278
還陽參 *Crepis*

| Bearded Crepis | Hawksbeard | 鷹鬍子 Hawk's-beard |

◎ 象徵意義
涼鞋；拖鞋。

🧪 魔法效果
保護。

No. 279
秋番紅花 *Crocus sativus* ☠

| Autumn Crocus | 番紅花 Crocus | Karcom | Kesar | Krokos | Kunkuma | Saffer | 藏紅花 Saffron | Saffron Crocus | 西班牙藏紅花 Spanish Saffron |

◎ 象徵意義
太陽的古老象徵；謹防過量；開朗；不要濫用；過量是危險的；幸福；歡笑。

🧪 魔法效果
濫用；春藥；幸福；康復；笑聲；愛；情慾；魔法；精神力量；振奮精神；靈性；力量；風起。

📖 軼聞
在印度，新婚夫婦的婚床上經常散佈著秋番紅花。在青銅器時期，秋番紅花被用於米諾斯文

No. 280
春番紅花 *Crocus vernus* ☠

| 番紅花 Crocus | 巨型荷蘭番紅花 Giant Dutch Crocus | 春番紅花 Spring Crocus |

◎ 象徵意義
不濫用；附件；開朗；歡樂；天上的幸福；我是他的；不耐煩；愛；復活；復活和天堂的幸福；青春的快樂。

🧪 魔法效果
愛意；願景。

📖 軼聞
相信你可以藉由種植春番紅花，來吸引愛情。

No. 281
巴豆 *Croton* ☠

| Codiaeum variegatum | Crotonanthus | Crotoneae | Crotonopsis | Croton Petra | Rushfoil |

◎ 象徵意義
改變。

🧪 魔法效果
情感；生育力；世代；靈感；直覺；通靈能力；海洋；潛意識；浪潮；隨波飄搖。

巴豆有許多品種，多采多姿，從室內的小型盆栽到種在外頭樹木的大小。

No. 282
姬鳳梨 Cryptanthus

| 變色龍之星 Chameleon Star | 地球之星 Earth Star |

象徵意義
隱花。

魔法效果
金錢；保護。

軼聞
為了保護家裡、提升金錢運，你可以在家裡種植一株姬鳳梨。

No. 283
黃瓜 Cucumis sativus

| 黃瓜 Cucumber |

象徵意義
貞潔；批評。

魔法效果
貞潔；生育力；療癒。

軼聞
羅馬時期的助產士會攜帶黃瓜，然後在分娩時將它們扔掉。想要孩子的羅馬已婚女性，會在腰間佩戴黃瓜。羅馬家庭使用黃瓜，來嚇跑進入他們家的老鼠。

No. 284
美洲南瓜 Cucurbita pepo

| Field Pumpkin | Pompion | 南瓜 Pumpkin | Squash |

象徵意義
粗糙；粗魯。

軼聞
如果少了雕刻在美洲南瓜上的燈籠，萬聖節就不一樣了，這種源自愛爾蘭的南瓜燈籠，要放在家門前

的台階上，以嚇跑魔鬼和任何其他可能出現的邪惡靈魂。

No. 285
孜然芹 Cuminum cyminum

| 孜然 Cumin | Cumino | Cumino Aigro | Cummin | Cymen | Gamun | Geerah | Kammon | Kammun | Kimoon | Ku-mi-no | Kuminon | Sanoot |

象徵意義
忠誠；忠實。

魔法效果
防盜；驅魔；忠實；保護。

軼聞
孜然芹據說可以防止任何含有這種香料的東西被盜。孜然芹與鹽混合後撒在地板上，據說可以驅邪。新娘有時會佩戴一株孜然芹，以在婚禮當天遠離任何負面情緒。攜帶孜然芹能讓你安心。

No. 286
柏木 Cupressus

| 柏 Cypress | 死亡之樹 Tree of Death |

象徵意義
死亡；絕望；哀悼；悲傷。

魔法效果
舒適；永恆；療癒；不朽；長壽；保護。

軼聞
在身上佩戴一株柏木，能緩解親友去世時的悲傷。柏木是是不朽的強烈象徵，種植柏木能提供祝福和保護。

No. 287
薑黃 Curcuma longa

| Haldi | Haridra | Harldar | 印度番紅花 Indian Saffron | Manjal | Tumeric |

象徵意義
生育力；運氣；太陽。

C

🏺 魔法效果
運氣；權力；淨化。

📖 軼聞
在印度的任何地方，薑黃被認為是非常幸運的香料，數千年來一直用於印度婚禮和宗教儀式。

No. 288
菟絲子 *Cuscuta*

| 天使髮絲 Angel Hair | 乞丐草 Beggarweed | 魔鬼膽 Devil's Guts | 魔鬼髮絲 Devil's Hair | Devil's Ringlet | Dodder | 火草 Fireweed | Goldthread | Hailweed | Hairweed | Hellbine | Hellweed | Lady's Laces | 愛藤 Love Vine | Pull-Down | Scaldweed | Strangle Tare | Strangleweed | 女巫髮絲 Witch's Hair |

🌸 象徵意義
卑鄙；刻薄；寄生蟲。

🏺 魔法效果
魔法鏈結；占卜愛情。

📖 軼聞
一個占卜愛情可能有效的方法是摘下一大把菟絲子，然後將它扔到你摘下的植物上，同時詢問你愛的人是否也愛著你。轉身離開後，然後在第二天回來檢查這些枝節。如果沒有重新長在一起，那麼答案是否定的。如果小枝已經重新連接，那麼答案是肯定的。

No. 289
仙客來 *Cyclamen*

| Groundbread | Pain de Pourceau | Pan Porcino | Sowbread | 豬麵包 Swinebread | Varkensbrood |

🌸 象徵意義
差異；再見；辭職。

🏺 魔法效果
生育力；幸福；情慾；保護。

📖 軼聞
如果在臥室裡種植仙客來，那麼可以保護那些睡覺的人，在這個環境下沒有任何負面咒語可以產生任何力量。

No. 290
榅桲 *Cydonia oblonga*

| Quince |

🌸 象徵意義
蔑視美貌；誘惑。

🏺 魔法效果
幸福；愛意；保護。

📖 軼聞
在龐貝古城發掘的遺跡中看到許多藝術品上有熊的爪子上會攜帶榅桲果實的圖像。僅僅帶著一顆榅桲的種子也能保護你免受意外、邪惡和對身體的傷害。

No. 291
鬼角子 *Cylindropuntia imbricata*

| Cane Cholla | 鏈連結仙人掌 Chainlink Cactus | 鬼繩仙人掌 Devil's Rope Cactus | Devil's Rope Pear | Opuntia imbricata | Tree Cholla | 拐杖仙人掌 Walking Stick Cholla |

🌸 象徵意義
榮譽感；正直。

📖 軼聞
鬼角子是一種像樹一樣高大的仙人掌，許多樹枝上覆蓋著危險的刺。澳大利亞認為兔角子的侵害對人類和動物是危險的，並宣佈其為「有害植物」。

No. 292
蕙蘭 *Cymbidium*

| 船蘭 Boat Orchid | Cymbidium Orchid | Cyperochis | Iridorchis | Jensoa | Pachyrhizanthe |

🌸 象徵意義
美麗；愛意；提升。

📖 軼聞
蕙蘭的葉子顯示它們的光照是否充足——深綠色的葉子表示它們需要更多的光，黃色的葉子表示它們得到的光太多。

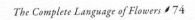

No. 293
香茅 *Cymbopogon* ☠

| 帶刺鐵絲草 Barbed Wire Grass | Cha de Dartigalongue | Citronella Grass | Fever Grass | Gavati Chaha | Hierba Luisa | 檸檬草 Lemon Grass | Lemongrass | Silky Heads | Tanglad |

◉ 象徵意義
開放交流。

🏺 魔法效果
溝通；促進開放；情慾；精神力量；驅蟲；驅蛇。

📖 軼聞
在家中種植香茅被認為可以驅蛇。

No. 294
白前 *Cynanchum* ☠

| 勒狗藤 Dog-Strangling Vine | Swallow Wort | Swallow-Wort |

◉ 象徵意義
治癒頭痛；枯萎的希望。

🏺 魔法效果
療癒。

No. 295
紙莎草 *Cyperus papyrus*

| 紙草 Paper Reed | Papyrus Plant | Papyrus Sedge |

◉ 象徵意義
手寫的交流方式。

🏺 魔法效果
保護。

📖 軼聞
紙莎草在歷史上享有盛譽，因為它是古埃及人用來製作莎草紙的植物。人們相信，船內的紙莎草可能可以保護船免受鱷魚的攻擊。

No. 296
杓蘭 *Cypripedium*

| 亞當的草 Adam's Grass | 亞當的頭 Adam's Head | Arietinum | Calceolaria | Calceolus | Camel's Foot | Ciripedium | Criogenes | Criosanthes | 布穀鳥的拖鞋 Cuckoo's Slippers | Cypripedioideae | Cypripedium | Fissipes | Hypodema | 拖鞋蘭夫人 Lady Slipper Orchid | 女士拖鞋 Lady's Slipper | Moccasin Flower | Paphiopedilum | Phragmipedium | Sacodon | Schizopedium | 拖鞋蘭 Slipper Orchid | Squirrel Foot | Steeple Cap | 維納斯鞋 Venus' Shoes | Whippoorwill Shoe |

◉ 象徵意義
變化無常的美；善變；贏得我；贏得我並穿上我。

🏺 魔法效果
防盜；去邪氣；對每個生病的人都好；保護；保護免受詛咒；遠離咒語；遠離邪眼。

📖 軼聞
像護身符一樣，帶著杓蘭以保護自身。

No. 297
金雀花 *Cytisus scoparius*

| Banal | Basam | Besom | Bisom | Bizzon | Breeam | Broom Topos | Brum | 掃把花 Common Broom | 英國掃把花 English Broom | Genista Green Broom | Genista scoparius | 豬草 Hog Weed | 愛爾蘭掃把花 Irish Broom | Irish Tops | Link | Sarothamnus bourgaei | Sarothamnus oxyphyllus | Sarothamnus scoparius | 蘇格蘭掃把花 Scotch Broom | Scot's Broom | Spartium scoparium |

◉ 象徵意義
掃地。

🏺 魔法效果
保護；淨化；聯盟。

📖 軼聞
在屋外掛上金雀花能夠避免邪惡進入家裡。

No. 298
大麗花 Dahlia

| Acoctli | Belia | 蘭達夫主教 Bishop of Llandaff | Cocoxochitl | Deri | Georgina | 墨西哥喬吉娜 Mexican Georgiana | 印度牡丹 Peony of India | Tenjikubotan |

🏵 象徵意義
尊嚴；端莊優雅；優雅；口才和尊嚴；永遠屬於你；好品味；不穩定；新奇；盛況；提升；對變化的警告。

⚗ 魔法效果
背叛的可能；精神上的進化。

No. 299
瑞香 Daphne ☠

🏵 象徵意義
榮耀；不朽。

📖 軼聞
瑞香的傳說起源於希臘，一直追溯到愛神，他射出兩枝箭：其中金色的箭射中了曾經嘲笑愛神的阿波羅，然後他瘋狂地愛上了美麗的河神達芙妮；另一枝則由鉛製成，擊中了想一輩子維持處子之身的達芙妮，這使達芙妮終身厭惡阿波羅——以至於達芙妮懇求阿芙蘿黛蒂，將她從阿波羅對她令人厭惡的慾望中解救出來。阿芙蘿黛蒂將達芙妮變成了一棵樹，但這並沒有阻止阿波羅永遠地愛著她。

No. 300
歐洲瑞香 Daphne cneorum ☠

| 玫瑰瑞香 Rose Daphne |

🏵 象徵意義
我希望能取悅你。

📖 軼聞
歐洲瑞香的花是粉紅色的，帶有香辣的氣味。

No. 301
歐亞瑞香 Daphne mezereum ☠

| 二月瑞香 February Daphne | Mezereon | Spurge Olive | Spurge Laurel |

🏵 象徵意義
調情；撒嬌；渴望取悅。

📖 軼聞
歐亞瑞香是一種很常見的植物，很少有人意識到它是有毒的。

No. 302
瑞香 Daphne odora ☠

| Jinchoge | 冬日瑞香 Winter Daphne |

🏵 象徵意義
我只想要你；使美麗的事物維持美麗；為百合著色；不必要的裝飾；不必要地使美麗的事物更加華麗。

📖 軼聞
瑞香的氣味相當香甜，紅色、紫色、粉紅的花朵纏繞著香甜的氣味。

No. 303
曼陀羅 Datura ☠

| 天使喇叭 Angel's Trumpet | 魔鬼的蘋果 Devil's Apple | 魔鬼的黃瓜 Devil's Cucumber | 魔鬼的小喇叭 Devil's Trumpet | 魔鬼草 Devil's Weed | Floripondio Tree | 鬼花 Ghost Flower | 地獄之鐘 Hell's Bells | 魔鬼藥草 Herb of the Devil | 印第安蘋果 Indian Apple | 印第安威士忌 Indian Whiskey | Jamestown Weed | Jimson Weed | Jiimsonweed | Loco Weed | Locoweed | 愛的意願 Love-Will | 狂蘋果 Mad Apple | 狂藥草 Mad Herb | Madherb | 瘋狂種子 Mad Seeds | Malpitte | Manicon | Nana-honua | Prickly Burr | Pricklyburr | Sorcerer's Herb | 臭草 Stink Weed | Stinkweed |

| 荊棘蘋果 Thorn Apple | Thornapple | Tolache | Tolguacha | 女巫頂針 Witches' Thimble | Yerbe del Diablo |

象徵意義
迷人的騙子；欺騙；偽裝；可疑。

魔法效果
死亡；嚴重的精神和身體障礙。

軼聞
曼陀羅有劇毒。曼陀羅能夠根據其生長位置，改變植物、葉子和花朵的大小。

No. 304
野紅蘿蔔 *Daucus carota*

| 蜂巢 Bee's-nest | 蜂巢草 Bee's-nest Plant | Bird's-nest | Bird's-nest Plant | 蜂巢根 Bird's-nest Root | 主教花 Bishop's Flower | 烏鴉巢 Crow's-nest | Carota | Carotte | Carrot | Common Carrot | Daucon | Dawke | 魔鬼瘟疫 Devil's-plague | Fiddle | Gallicam | 花園紅蘿蔔 Garden Carrot | Gelbe Rübe | Gingidium | Gizri | Hill-trot | Laceflower | Mirrot | Möhre | Philtron | 安妮女王的蕾絲 Queen Anne's Lace | Rantipole | Staphylinos | Wild Carrot | Zanahoria |

象徵意義
不要拒絕我；幻想；避風港；避難所。

魔法效果
生育力；情慾。

軼聞
野紅蘿蔔又被稱為安妮皇后的蕾絲，以英國的安妮皇后命名，她是一位相當知名的蕾絲製造專家。有個可怕的迷信是，如果有人摘了野紅蘿蔔回家，他們的母親就會死亡。另一個迷信是，如果一個女人對自己的植物很誠懇，那麼她在花園裡種的野紅蘿蔔就會茁壯。

No. 305
鳳凰木 *Delonix regia*

| Flamboyant | 火焰樹 Flame Tree | 學生之花 Flower of Pupil | Gulmohar | Kaalvarippoo | Krishnachura |

| Llama del Bosque | Malinche | 孔雀樹 Peacock Tree | 鳳凰尾樹 Phoenix's Tail Tree | Phượng vỹ | Poinciana | Pupil's Flower | Royal Poinciana | Tabachine |

象徵意義
髑髏地之花。

魔法效果
繁榮；保護；財富。

軼聞
在加勒比地區，鳳凰木的種子可作為敲擊樂器，是沙鈴的一種。橙紅色和較罕見的黃色鳳凰木是世界上最美麗的開花觀賞樹之一，它是幾個亞洲國家的官方樹種，並出現在許多大學的標誌上。

No. 306
飛燕草 *Delphinium* ☠

| Elijah's Chariot | 雲雀爪 Lark's Claw | 雲雀腳跟 Lark's Heel | 小飛雀 Little Larkspur | Low Larkspur | Montane Larkspur |

象徵意義
超越時空界限的能力；通風；一顆開放的心；熱情的依戀；心胸寬廣；善變；樂趣；天上；開心地鬧著；輕浮；輕盈。

魔法效果
趕走蠍子；輕盈；迅捷。

No. 307
石斛 *Dendrobium*

| Callista | 石斛蘭 Dendrobium Orchid | Pierardia | Thelychiton |

象徵意義
美麗；愛意；提升。

魔法效果
友誼；貪婪；喜悅；長壽；愛意；情慾；財富。

No. 308
蜘蛛石斛 *Dendrobium tetragonum*

| Callista tetragona | 蜘蛛蘭 Common Spider Orchid

| Dendrocoryne tetragonum | 四角石斛 Rectangular-Bulbed Dendrobium | Tetrabaculum tetragonum | 蜘蛛蘭 Tree Spider Orchid | Tropolis tetragona |

◎ 象徵意義
機敏。

🧴 魔法效果
靈巧；技能。

No. 309
石竹 *Dianthus*
| 石竹 Pink |

◎ 象徵意義
大膽；趕快；純情；純真的愛情。

🎨 **花色的意義**：粉紅色：純愛。

🎨 **花色的意義**：紅色：熱烈的愛；純真的愛情。

🎨 **花色的意義**：白色：巧妙；天賦；你是公平的。

🎨 **花色的意義**：黃色：不屑；不合理。

🎨 **花色的意義**：雜色：拒絕。

🌿 石竹雙花
不變的愛。

📖 軼聞
由於石竹的香氣且容易種植，石竹可能是最古老的花卉之一。乾石竹花可以添加到百花香和香囊中。

No. 310
鬍苞石竹
Dianthus barbatus
| 甜心威廉 Sweet William | Sweete Williams |

◎ 象徵意義
欺騙；靈巧；技巧；英勇；給我一個微笑；完美；輕蔑；背信棄義；你會微笑嗎？

📖 軼聞
鬍苞石竹常被稱為「甜美威廉」，象徵著一些古老的英國故事和民謠中，提到的那些失戀的心碎男人。

No. 311
康乃馨 *Dianthus caryophyllus*
| Carnation | 麝香石竹 Clove Pink | 神聖之花 Divine Flower | Gillies | Gilliflower | Jove's Flower | Nelka | 石竹 Pinks | Scaffold Flower | Sops-in-Wine |

◎ 象徵意義
欽佩；厄運；感情聯繫；尊嚴；失望的；蔑視；區別；魅力；福氣；祝你幸運；感激；健康和能量；天上；喜悅和承諾；愛；不幸；自豪；驕傲與美麗；純潔而深沉的愛；純真的愛情；自尊；力量；真愛；女人的愛。

🎨 **花色的意義**：粉紅色：母愛；母愛不滅；一個女人的愛；一直在我心中；深愛；我永遠不會忘記你；母親節標誌；感傷的愛；女人的愛。

🎨 **花色的意義**：紅色：欽佩；遠方的讚嘆；感情；唉！為我可憐的心；熱烈的愛；深沉的浪漫愛情；慾望；永不實現的願望；絕望；我的心為你而痛；可憐的心；純潔；純潔而熱烈的愛。

🎨 **花色的意義**：淺紅色：欽佩。

🎨 **花色的意義**：暗紅色：感情；唉，我可憐的心；深愛。

🎨 **花色的意義**：深紅色：深情；唉，我可憐的心；深愛。

🎨 **花色的意義**：淡紫色：夢幻之夢。

🎨 **花色的意義**：紫色：反感；反覆無常；可變性；多變；哀悼；不可靠；異想天開。

🎨 **花色的意義**：白色：不屑；忠誠；無罪；祝你幸運；純真的愛情；純淨；甜美可愛；甜蜜的愛。

🎨 **花色的意義**：黃色：失望；蔑視；拒絕；不合理；你讓我失望了。

🎨 **花色的意義**：實心：接受；肯定；我想和你在一起；是的。

🎨 **花色的意義**：條紋：否；拒絕；後悔愛不能回報；拒絕；對不起，我不能和你在一起。

🏺 **魔法效果**
占卜；療癒；運氣；保護；力量。

📖 **軼聞**
在古希臘，康乃馨是所有花卉中最受歡迎的花。由康乃馨、迷迭香和天竺葵組成的胸花或花束，意味著：愛、忠誠和希望。新鮮的紅色康乃馨可以增強患者的體力和精力。佩戴康乃馨在伊莉莎白時代曾經很流行，因為人們相信這種花有助於防止被推上絞刑架處死。

No. 312
石竹 Dianthus chinensis

| 中國石竹 China Pinks |

🌹 **象徵意義**
厭惡。

📖 **軼聞**
石竹是低矮植物，花形很可愛，花瓣呈鋸齒狀。

No. 313
岩梅 Diapensia lapponica

| Diapensia | Dispensia obovata | 針墊草 Pincushion Plant |

🌹 **象徵意義**
每個人都知道，岩梅是密集的低矮花，只生長在高山草地、苔蘚上、大岩石的周圍和裂縫中，以及沿著阿第倫達克山脈最高峰上的小徑生長。

No. 314
雙距花 Diascia

| Diascia bergiana | 雙距花 Twinspur |

🌹 **象徵意義**
蜜蜂的朋友。

📖 **軼聞**
有些南非長腿蜂與野生的雙拒花共生，因此進化出更長的前腿，專門用於收集在花朵裡的特殊油脂。

No. 315
白鮮 Dictamnus albus

| 燃燒灌木 Burning-Bush |
Dictamnus | False Dittany |
Fraxinella | 煤氣草 Gas Plant |
White Dittany | White Ditto |

🌹 **象徵意義**
火；熱情；完美的愛。

📖 **軼聞**
白鮮中有著容易揮發的油性物質，使得這種植物在炎熱的天氣中，很容易燃燒。由於這種自燃的傾向，它被視為是聖經中提到的「燃燒灌木」。

No. 316
仙釣竿 Dierama

| 仙女鐘 Fairy Bells | Fairy Wands | Fairy's Fishing Rods | 仙女釣竿 Fairy's Wands | 漏斗花 Funnel Flower | 毛髮鐘 Hairbells | Harebells | 棍棒花 Wand Flowers | Wandflower | 婚禮鐘 Wedding Bells |

🌹 **象徵意義**
鐘聲；死亡；悲傷。

📖 **軼聞**
有種迷信認為，女巫可以使用仙釣竿化身成為兔子，隱身在藍鈴花中。

No. 317

毛地黃 Digitalis purpurea ☠

| 狐狸手套 Common Foxglove | Cow Flop | 死人之鐘 Dead Man's Bells | Digitalis | 狗指頭 Dog's Finger | 仙女帽 Fairy-caps | 仙女指 Fairy Fingers | Fairy Petticoats | Fairy Thimbles | Fairy Weed | Fingerhut | Floppy-Dock | Floptop | Folk's Gloves | 狐狸鐘 Fox Bells | Foxes Glofa | Fox-Glove | Foxglove | Gant de Notre Dame | Goblin's Gloves | 女士手套 Lady's Glove | Lion's Mouth | Lusmore | Lus Na Mbau Side | 聖母手套 Our Lady's Glove | 紫狐狸手套 Purple Foxglove | Purpur | The Great Herb | 女巫鐘 Wiches Bells | Wiches Thimbles | Wiches' Thimbles | Witch's Bells | 女巫頂針 Witch's Thimble |

🌹 象徵意義

一個願望;欺騙;我雄心勃勃只為你;不誠實;神祕;職業;莊嚴;青春。

⚗ 魔法效果

魔法;保護。

📖 軼聞

有傳說認為,仙女們會將毛地黃作為手套來戴。根據迷信,如果你摘了毛地黃,會冒犯到小仙女們。中世紀的女巫會在她們的花園裡種植毛地黃,因為毛地黃是法術的常用植物。過去,威爾斯的家庭主婦會用毛地黃的葉子製作一種黑色染料,用這種染料在房屋外面畫十字以抵禦邪惡。毛地黃被認為是仙女的最愛,因為她們喜歡把花當作帽子戴上。

No. 318

捕蠅草 Dionaea muscipula

| Flytrap | Tipitiwitchet | Tippity Twitchet | 維納斯捕蠅草 Venus Flytrap | Venus' Flytrap | Venus' Trap | 白色捕蠅草 White Flytrap |

🌹 象徵意義

欺騙;最後還是被逮到;監禁;欺騙。

⚗ 魔法效果

愛意;保護。

📖 軼聞

雖然在美國佛羅里達州北部和紐澤西州的某些特定區域也有種植捕蠅草,但肉食性的捕蠅草只有在北卡羅來納州威明頓周圍 60 英里(97 公里)半徑範圍內屬於原生種。

No. 319

漿果薯蕷 Dioscorea communis ☠

| 黑旋花 Black Bindweed | Black Bryony | 女士的印記 Lady's seal |

🌹 象徵意義

支持。

📖 軼聞

漿果薯蕷全株都有劇毒,但會被用作製造避孕藥的主要成分。碰到漿果薯蕷會引起疼痛的水疱。

No. 320

柿樹屬 Diospyros

| 黑檀木 Ebony | Lama | Obeah | 柿子 Persimmon |

🌹 象徵意義

將我埋葬在大自然的美景中;情慾。

⚗ 魔法效果

變性;療癒;運氣;保護。

📖 軼聞

一根由柿樹製成的魔杖,將賦予魔法師最純粹的力量。由柿樹製成的護身符,將為佩戴者提供保護。人們相信,要擺脫寒意,應該在每次覺得寒冷的時候,將一條繩子繫在柿樹樹上。埋下一顆綠色的柿子能求得幸運。

No. 321

烏木 *Diospyros ebenum*

| Ceylon Ebony Tree | 黑檀木 Ebony | 印度黑檀木 India Ebony |

🌸 象徵意義
黑色；虛偽。

⚗ 魔法效果
權力；保護。

No. 322

君遷子 *Diospyros lotus*

| 高加索柿子 Caucasian Persimmon | 棗梅 Date-Plum | Dios Pyros | Khormaloo | 眾神之果 The Fruit of the Gods |

🌸 象徵意義
抵抗。

⚗ 魔法效果
生育力；壯陽。

No. 323

起絨草 *Dipsacus fullonum*

| Fuller's Teasel | 野生起絨草 Wild Teasel |

🌸 象徵意義
利益；妒忌；厭世。

📖 軼聞
二十世紀之前，結實的乾燥起絨草被大量用於紡織工業，拿來梳理、清潔、對齊和刮起某些纖維和織物的絨毛。

No. 324

零陵香豆 *Dipteryx odorata* ☠

| 香豆 Coumaria Nut | Coumarouna | Coumarouna odorata | Coumarouna tetraphylla | Cumaru | Dipteryx tetraphylla | Kumaru | Kumarú | Tonka | Tonka Bean Plant | Tonqua | Tonquin Bean |

🌸 象徵意義
祈求愛情。

⚗ 魔法效果
勇氣；愛意；金錢；祈望。

📖 軼聞
有些人認為，手持零陵香豆向它低聲說出願望，然後帶著豆子、將豆子埋起來或踩在豆子上，就能實現願望。另一種方法是將祈願的豆子埋在肥沃、待客的地方，當豆子長大願望就會實現。有人對亞馬遜地區伐木者所留下的大型零陵香豆樹進行放射性碳年代證明，香豆樹絕對是一種可以活到很長年齡的樹種……至少一千多年！

No. 325

十二花 *Dodecatheon*

| 美國櫻草 American Cowslip | 野櫻草 Cowslip | 狂紫羅蘭 Mad Violets | Mosquito Bills | 水手帽 Sailor-Caps | Shooting Stars |

🌸 象徵意義
神聖之美；神；我的神性；本土恩典；沉思；質樸；尋寶；得勝恩典；你是我的神；青春靚麗。

⚗ 魔法效果
療癒；年少。

No. 326

龍血樹 *Dracaena* ☠

| 龍木 Dragon Plant | Sanseviera | Shrubby Dracaena |

🌸 象徵意義
我會逮到你；圈套；你靠近了魔法圈套。

⚗ 魔法效果
保護。

軼聞

龍血樹的樹脂通常被用來作為製造小提琴塗漆的特殊木材密封劑成分。

No. 327

巴西鐵樹 *Dracaena arborea* ☠

| 龍木 Dragon Tree |

象徵意義

衝突；內在力量。

魔法效果

內在力量；權力。

軼聞

巴西鐵樹在同一根樹幹上可能只有一個頭或好幾個頭。

No. 328

索科特拉龍血樹
Dracaena cinnabari ☠

| Dragon Blood Tree | Dragon's Blood Tree | Pterocarpus draco | Socotra Dragon Tree |

象徵意義

龍血。

魔法效果

事故；侵略；憤怒；肉體的慾望；衝突；驅魔；愛；情慾；機械；效力；力量；保護；淨化；搖滾音樂；力量；鬥爭；戰爭。

軼聞

龍血樹的樹脂呈深紅色，在古代被譽為「龍血」。所以龍血樹至今仍普遍用於儀式、魔法和煉金術。為了讓喧鬧的家安靜下來並維持和平與秩序，你可以將等量的龍血樹脂粉、鹽和糖放入密封罐中，然後將其藏在房子裡找不到的角落。龍血樹被用於美國巫毒教、新奧爾良巫毒教和非裔美國民間信仰等宗教目的。將龍血樹的樹脂添加到墨水中，能製成「龍血墨水」，用於刻出具有法力的護身符和印章。

No. 329

百合竹 *Dracaena reflexa* ☠

| Pleomele | 紅邊百合竹 Red-edged Dracaena | 印度之歌 Song of India |

象徵意義

歡唱之龍。

魔法效果

療癒。

No. 330

富貴竹 *Dracaena sanderiana* ☠

| 萬年青 Belgian Evergreen | 開運竹 Lucky Bamboo | 緞帶富貴竹 Ribbon Dracaena | 緞帶草 Ribbon Plant |

象徵意義

永生。

魔法效果

療癒；健康；長壽。

軼聞

風水師認為，富貴竹代表木元素和水元素。將紅絲帶繫在植物的莖上，融入了火元素，能夠點燃正能量，讓正能量在房間裡流動。使用時要注意用上正確數量的富貴竹的莖，三枝代表幸福，五枝代表財富，六枝代表健康。請不要用四枝莖，因為「四」這個字與「死」為諧音，因此在這種情況下應當避免使用。

No. 331

伏都百合 *Dracunculus vulgaris* ☠

| 黑疆南星 Black Arum | 黑龍 Black Dragon | 龍疆南星 Dragon Arum | 龍蒿 Dragonwort | Drakondia | Ragons | 蛇百合 Snake Lily | 臭百合 Stink Lily | 巫毒百合 Voodoo Lily |

象徵意義

驚訝；恐怖；圈套。

軼聞

伏都百合的花看起來很陰沉，聞起來像動物死屍的味道，會吸引蒼蠅和腐肉甲蟲等昆蟲，這些昆蟲被惡臭混淆，以至於牠們在花上產卵，以為這是腐爛的「肉」能夠餵養蛆——但其實伏都百合並無法為這些幼蟲提供營養。

No. 332

冬木 *Drimys winteri*

| Canelo | Drimys | True Winter's Bark | Wintera | 冬香 Wintera Aromas | Winter's Bark | 冬肉桂 Winter's Cinnamon |

象徵意義

健康；和平。

魔法效果

成功。

軼聞

帶著一小片的冬木，能夠保佑你做什麼事情都會成功。冬木有著漂亮的紅色與足夠的重量，因此也常常用來當作家具或樂器的原料。

No. 333

圓葉茅膏菜 *Drosera rotundifolia*

| 茅膏菜 Common Sundew | Round-leaved Sundew |

象徵意義

不屑；禮儀；後悔；驚喜。

魔法效果

促進通靈能力；擋住邪眼。

軼聞

圓葉茅膏菜是一種食肉植物，以昆蟲為食，會吸引昆蟲，然後將昆蟲黏在覆蓋葉子的氈毛上。

No. 334

仙女木 *Dryas*

| 路邊青屬 Avens |

象徵意義

清白；長壽；純潔。

魔法效果

驅魔；愛意；淨化。

No. 335

歐洲鱗毛蕨 *Dryopteris filix-mas*

| 雄蕨 Common Male Fern | Male Fern | 蟲蕨 Worm Fern |

象徵意義

雄性象徵。

魔法效果

愛意；運氣。

軼聞

歐洲鱗毛蕨是愛情藥水中的常用成分。

No. 336

德普蘭切橄欖木 *Drypetes deplanchei* ☠

| Drypetes australasica | 灰色金雞納 Grey Bark | 灰箱木 Grey Boxwood | Hemecyclia australasica | 黃色鬱金香木 Yellow Tulip Tree | Yellow Tulipwood | White Myrtle |

象徵意義

社交力。

軼聞

德普蘭切橄欖木會被拿來做牛鞭子的木柄。由於德普蘭切橄欖木的樹液能夠有效驅除海蟲。因此塔斯曼海豪勳爵島的早期定居者曾將這種木材用於建造海椿。

No. 338

榴槤 *Durio*

| 榴槤樹 Durian Tree | 水果之王 King of the Fruits Tree
| 臭果樹 Stinky Fruit Tree |

🌹 象徵意義
神祕感。

⚗️ 魔法效果
催情劑。

📖 軼聞
爪哇人長期以來一直相信，榴槤是一種可靠的催情劑。榴槤的花在白天閉合起來，晚上才會開放，因此它們可以由果蝠授粉。在東南亞，很多酒店、機場、餐廳、地鐵和幾乎所有的公共交通工具都禁止攜帶榴槤（因為它被稱為「發臭的水果」）。

No. 337

金露花 *Duranta erecta* ☠

| 澳洲黃金草 Aussie Gold | Duranta repens | 金色露珠
Golden Dewdrop | Mavaetangi | 鴿子漿果 Pigeon Berry
| Skyflower | Xcambocoché |

🌹 象徵意義
冷漠；分離時的眼淚。

📖 軼聞
金露花因為有著藍紫色的花朵和看起來很誘人的漿果，已經證實是一種非常漂亮但常常引起孩童和寵物誤食的毒藥。

No. 339
擬石蓮花 Echeveria

| Courantia | 母雞與小雞 Hens and Chicks |
Oliveranthus | Oliverella |
Urbinia |

◎ 象徵意義
家庭經濟；居家產業。

📖 軼聞
擬石蓮花的分枝會像小雞一樣，從「母雞」的身上長出來。擬石蓮花會與某些蝴蝶一同共生。

No. 340
紫錐花 Echinacea

| Black Sampson | Brauneria | 錐花
Coneflower | Helichroa | 窄葉紫錐花
Narrow-leaved Purple Coneflower | 紫
錐花 Purple Coneflower | 紅色向日葵
Red Sunflower | 神聖草 Sacred Plant |
Sampson Root |

◎ 象徵意義
遮罩；屬靈戰爭；精神戰士。

🧪 魔法效果
健康；免疫力；力量；強化法術。

No. 341
小豆蔻 Elettaria cardamomum

| Cardamom | Cardamon | 錫蘭豆蔻 Ceylon Cardamom
| Elettaria repens | Ela | Elachi | Elaichi | Elakkaai | Elam
| 綠豆蔻 Green Cardamom | 真正豆蔻 True Cardamom
| Truti |

◎ 象徵意義
會帶來和平的思想。

🧪 魔法效果
愛意；情慾。

No. 342
尾揚木 Epigaea repens

| Ground Laurel | 五月花 May Flower | Mayflower |
Trailing Arbutus |

◎ 象徵意義
萌芽之美；毅力；好客。

📖 軼聞
在麻薩諸塞州和新斯科細亞省，挖出野生尾揚木將會被罰款，因為這是這些州的象徵性花卉。美洲原住民波塔瓦托米人相信尾揚木是一種神聖的存在，認為是部落的官方花卉。

No. 343
柳蘭 Epilobium angustifolium

| Boisduvalia | Chamaenerion |
Chamaenerion angustifolium
| Chamerion | Chamerion
angustifolium | 火草 Fireweed
| 法國柳 French Willow |
Pyrogennema | Rosebay
Willowherb | Spike-Primrose |
Spiked Willowherb | 柳藥草 Willow
Herb | Willowherb | Zauschneria |

◎ 象徵意義
勇敢；勇敢和人性；恆常；人性；假裝；生產。

📖 軼聞
因為柳蘭可以在燃燒後的地面，或是廢棄的炸彈地點上迅速生長回來，與其他植物嚴峻的生長情況，形成鮮明對比，是一種多產的開花植物。

No. 344
曇花 Epiphyllum

| 攀爬曇花 Climbing Cacti | 蘭曇
花 Orchid Cacti | 葉曇花 Leaf
Cacti |

◎ 象徵意義
在葉子上。

📖 軼聞
曇花會爬上一棵堅固的樹後苗壯成長，在陰涼處綻放出強烈芬芳，是極其豔麗、夜間綻放的花朵，這些花朵就只會盛開一晚，然後立即枯萎。

No. 345

綠蘿 *Epipremnum aureum* ☠

| Centipede Tongavine | 魔鬼常春藤 Devil's Ivy | Golden Pothos | 金錢草 Money Plant | Pothos | 銀藤 Silver Vine | 索羅門島常春藤 Solomon Islands' Ivy |

🌹 象徵意義
渴望；毅力。

⚗ 魔法效果
耐用度。

No. 346

木賊 *Equisetum hyemale*

| 瓶刷 Bottle Brush | 荷蘭燈心草 Dutch Rushes | 馬尾燈心草 Horsetail Rush | Paddock Pipes | Pewterwort | 粗糙馬尾 Rough Horsetail | Scouring Rush | Shavegrass | 蛇草 Snake Grass |

🌹 象徵意義
順從。

⚗ 魔法效果
生育力；玩蛇術。

No. 347

獨尾草 *Eremurus*

| 沙漠燭 Desert Candles | 狐尾百合 Foxtail Lilies |

🌹 象徵意義
耐力。

📖 軼聞
獨尾草的花朵長在一根高高的尖刺上，類似於「瓶刷」。

No. 348

飛蓬 *Erigeron*

| Fleabane | Stenactis | 夏日星草 Summer Starwort |

🌹 象徵意義
貞潔。

⚗ 魔法效果
貞潔；驅魔；保護。

📖 軼聞
將飛蓬掛在門上，能夠避免邪惡進入家門。

No. 349

北美聖草 *Eriodictyon californicum*

| 熊草 Bear Weed | Consumptive's Weed | 膠灌木 Gum Bush | 聖草藥 Holy Herb | Mountain Balm | Sacred Herb | Wigandia californica | Yerba Santa |

🌹 象徵意義
神聖藥草；靈性。

⚗ 魔法效果
美麗；商業；擴張；康復；榮譽；領導；政治；力量；保護；精神力量；大眾好評；責任；版稅；成功；財富。

📖 軼聞
帶著一株北美聖草能夠獲得美麗。

No. 350

芝麻菜 *Eruca sativa*

| Arugula | Aruka | Beharki | Borsmustár | Eruca | 花園芝麻葉 Garden Rocket | Jarjeer | Oruga | Rauke | Rocket | Rocket Leaf | 芝麻葉沙拉 Rocket Salad | Roka | Rokka | Roquette | Ruca | Ruchetta | Rucola | Rúcula | Rughetta | Rugola | Rukola |

🌹 象徵意義
對抗。

⚗ 魔法效果
催情劑。

早在古羅馬時代，芝麻菜就被認為是一種對男性和女性有效的催情劑，所以在中世紀，被禁止在修道院花園中種植。

No. 351
刺芹 *Eryngium*

| Eryngo | 海濱刺芹 Sea-holly |
Yerba del Sapo |

🌀 象徵意義
吸引力；獨立；嚴重性。

⚗ 魔法效果
愛意；情慾；和平；旅行者的運氣。

📖 軼聞
旅行時帶著刺芹，可以作為幸運和安全的護身符。在人們吵架的地方撒些刺芹，以促進雙方之間的和平。

No. 352
豬牙花 *Erythronium dens-canis* ☠

| 瓶爾小草 Adder's Tongue | Adder's-tongue | 美國鱒魚百合 American Trout Lily | 狗牙紫羅蘭 Dog's Tooth Violet | Dog's-Tooth Violet | Dogtooth Violet | Erythronium | Fawn Lily | Fawn-lily | 蛇信花 Serpent's Tongue | 鱒魚百合 Trout Lily | Trout-lily | Yellow Adder's Tongue | Yellow Fawn-lily | 黃色雪花 Yellow Snowdrop |

🌀 象徵意義
仙女帽。

⚗ 魔法效果
釣魚魔法；療癒。

No. 353
古柯樹 *Erythroxylum coca* ☠

| Coca Plant |

🌀 象徵意義
耐力。

⚗ 魔法效果
療癒；緩解痛苦；刺激。

📖 軼聞
儘管許多國家都會查禁古柯樹，但數千年來（特別是在安地斯山脈地區），它依舊在南美洲的宗教儀式和公共生活中發揮了相當重要的作用。

No. 354
花菱草 *Eschscholzia* ☠

🌀 象徵意義
不要拒絕我。

📖 軼聞
花菱草的花有黃色或鮮豔的橙色花瓣。花菱草的花在陰天會閉合起來。

No. 355
桉樹 *Eucalyptus*

| Eukkie | 膠樹 Gum Tree |

🌀 象徵意義
淨化。

⚗ 魔法效果
療癒；保護。

📖 軼聞
攜帶桉樹葉能保持身體健康。在病床上掛一塊桉樹木，以促進癒合。對澳大利亞原住民來說，桉樹是神聖的，因為它代表地球與天堂和冥界的界線。

No. 356
杏仁桉 *Eucalyptus regnans*

| 山梣樹 Mountain Ash | Stringy Gum | 沼澤膠樹 Swamp Gum | Tasmanian Oak | 維多利亞梣樹 Victorian Ash |

🏵 象徵意義

我看顧你；崇高；謹慎；安靜的。

📖 軼聞

原產於澳大利亞塔斯馬尼亞州和維多利亞州的杏仁桉，是世界上最高的開花植物。巨桉樹是世界上第二高的樹，而北美紅杉是最高的樹。森林火災後，杏仁桉與許多其他類型的樹木不同，不能在地面上以根莖復原，必須通過種子重新種植。

No. 357
亞馬遜百合 *Eucharis* ☠

| Eucharis Lily |

🏵 象徵意義

女性魅力；魅力；迷人的女士。

📖 軼聞

有段時間，新娘的花環很常使用亞馬遜百合。

No. 358
衛矛 *Euonymus*

| Spindle | 紡錘樹 Spindle Tree |

🏵 象徵意義

相似；你的魅力刻在我的心上；你的形象刻在我的心上。

📖 軼聞

顏色明亮、多彩的衛矛木曾被用來製作紡錘。衛矛木的名字是為了紀念 Euonyme，也就是仙女之母。

No. 359
紫衛矛 *Euonymus atropurpureus* ☠

| 燃燒灌木 Burning-bush | Eastern Wahoo | Heart Bursting with Love | 印第安箭木 Indian Arrow Wood | 紡錘樹 Spindle Tree | Wahoo |

🏵 象徵意義

箭木。

🧪 魔法效果

破除詛咒；勇氣；成功

📖 軼聞

帶著紫衛矛可以增加勇氣。

No. 360
澤蘭 *Eupatorium*

| Boneset | 公正草 Justice weed | 蛇根 Snakeroot | Snake's Root | Thoroughwort | Yankeeweed |

🏵 象徵意義

延遲；恐怖。

🧪 魔法效果

連結；破除詛咒；建築；死亡；驅魔；歷史；知識；限制；運氣；金錢；阻礙；保護；時間；避邪。

📖 軼聞

家裡附近種植澤蘭，可以避邪。

No. 361
大戟 *Euphorbia* ☠

| Akoko | Catshair | 荊棘冠 Crown of Thorns | Mziwaziwa | Spurge | Tabaibas | 狼奶 Wolf's Milk |

🏵 象徵意義

堅持。

🧪 魔法效果

保護；淨化。

📖 軼聞

大戟是一種非常毒的植物，需要非常小心。無論掛在室內或室外，都能發揮保護特性。

No. 362

聖誕紅 *Euphorbia pulcherrima* ☠

| Bent El Consu | 聖誕花 Christmas Flower | 平安夜
之花 Christmas Eve Flower | Crown of the Andes |
Cuitlaxochitl | 復活節花 Easter Flower | Flor de Pascua
| Noche Buena | Poinsettia | Skin
Flower | The Consul's Daughter |

◎ 象徵意義

慶祝；歡樂。

📖 軼聞

聖誕紅原產於墨西哥，有紅色、粉
紅色、橙色、綠色、白色或大理石花紋的版本，聖
誕紅根本不是花，只是多葉的彩色植物。阿茲特克
人用聖誕紅生產染料。聖誕紅與聖誕節的聯繫始於
十六世紀。無論是真實還是人造的聖誕紅，都是聖
誕節期間的標準裝飾品。

No. 363

小米草 *Euphrasia*

| Augentrostkraut | Euphrasiae
herba | 眼睛明亮 Eye Bright |
Eyebright | Herba Euphrasiae |
Herbe d'Euphraise |

◎ 象徵意義

慶祝。

🧪 魔法效果

喜悅；神智清醒；精神力；通靈
能力。

📖 軼聞

在需要時攜帶小米草，能看到任何事情的真相。攜帶
小米草以增加通靈力量。

No. 364

洋桔梗 *Eustoma*

| Gentian | Lisianthus | Prairie
Gentian | 德州藍鐘 Texas
Bluebell | Tulip Gentian |

◎ 象徵意義

外向。

🧪 魔法效果

運氣；真理。

No. 365

紫澤蘭 *Eutrochium*

| Gravelroot | Hempweed | Joe-Pie | Joe-Pye Weed |
Jopi Weed | 喇叭草 Trumpet Weed |

◎ 象徵意義

紫色

🧪 魔法效果

愛意；尊重

📖 軼聞

帶著幾片紫澤蘭的葉子，鼓勵你遇到的人以友好
和尊重的眼光看待你。紫澤蘭花朵外型怪異，毛
茸茸的，但氣味芬芳。

No. 366

萬年青 *Evergreen (any)*

◎ 象徵意義

窮困；窮困與價值。

No. 367

刺萬年青 *Evergreen thorn (any)*

◎ 象徵意義

逆境時的安慰。

🧪 魔法效果

保護。

📖 軼聞

靠近任何帶刺的植物時，請務必小心並保持警覺。

No. 368
蕎麥 *Fagopyrum esculentum*
| Beechwheat | 苦蕎麥 Bitter Buckwheat | Common Buckwheat | Fagopyrum tataricum |

🔯 象徵意義
安心；內心平和 。

🧴 魔法效果
金錢；和平；保護。

📖 軼聞
將蕎麥磨成粉，然後將蕎麥粉撒在家裡四周，能夠避免邪惡進入家門。

No. 369
柏氏灰莉 *Fagraea berteroana*
| Fagraea berteroana | 香水樹花 Perfume Flower Tree | Pua Keni Keni | Pua-kenikeni | Pua-Lulu | Ten Cent Flower Tree |

🔯 象徵意義
從天堂來的花 。

📖 軼聞
根據大溪地的傳說，香水樹花是來自天堂的花，所以才會如此芬芳，能夠用來做出非常美的花環。

No. 370
水青岡 *Fagus*
| 山毛櫸 Beech | Beech Tree | Beechwood | Bok | Boke | Buche | Buk | Buke | Faggio | Fagos | Faggots | Faya | Haya | Hetre |

🔯 象徵意義
戀人幽會；個人財務 。

🧴 魔法效果
創造力；賭博；金錢；繁榮；祈望。

📖 軼聞
帶著水青岡的樹葉或一塊木材，以促進或增強創造力。要許願的話，將它刻在一根水青岡的木棍上，然後埋起來，那麼願望就會實現。

No. 371
南伊朗阿魏 *Ferula assa-foetida*
| Asafetida | Asafoetida | Asant | Assyfetida | Devil's Dung | Ferula assafoetida | 眾神的食物 Food of the Gods | 巨型茴香 Giant Fennel | Hilteet | Hing | Ingu | Ingua | Kaayam | Perungayam | Stinking Gum | Ting | Ungoozeh |

🔯 象徵意義
趕走邪惡；趕走魔鬼；幸運；正能量；臭。

🧴 魔法效果
避免鬼神；詛咒；驅魔；喚起魔鬼的力量並束縛它們；魚餌；保護；防魔；預防疾病；淨化；驅邪；狼餌。

📖 軼聞
南伊朗阿魏被認為會破壞靈魂的狀態。南伊朗阿魏具有所有草本植物中最可怕的一種氣味，單單聞到氣味就會引起嘔吐。

No. 372
麝香阿魏 *Ferula moschata*
| Euryangium | Ferula sumbul | Jatamansi | Moschuswurzel | Musk Root | Muskroot | Ofnokgi | Ouchi | Racine de Sumbul | Sum'bul | Sumbul | Sumbul Radix | Sumbulwurzel |

🔯 象徵意義
效率；忠誠；強韌 。

🧴 魔法效果
健康；愛意；運氣；通靈能力。

📖 軼聞
隨身帶著一塊麝香阿魏以吸引愛情。

No. 373
榕樹 *Ficus*
| 無花果樹 Fig Tree |

🔯 象徵意義
一個吻；多產 。

📖 軼聞
根據聖經的傳說，上帝就是用榕樹葉來遮蓋赤裸的亞當與夏娃。

No. 374
孟加拉榕 *Ficus benghalensis*

| Aalamaram | Arched Fig | Banyan | Bargad | Bengal
Fig | Borh | Ficus | Ficus indica | 印度榕樹 India
Fig | Indian Fig Tree | 印度神樹 Indian God Tree |
Nyagrodha | Peral | Strangler
Fig | Vada Tree | Wad |

🌹 象徵意義
冥想；自我投射；自我意識。

⚗ 魔法效果
幸福；運氣。

📖 軼聞
在一棵榕樹下結婚，會給這對夫婦帶來幸福和幸
運。坐在榕樹下或觀看榕樹都會帶來幸運。就一棵
樹所佔據的面積而言，榕樹可以覆蓋數英畝的土
地，毫無疑問，孟加拉榕是世界上最大的樹之一。

No. 375
無花果 *Ficus carica*

| Chagareltin | Common Fig | Doomoor | Dumur | Fico |
Mhawa |

🌹 象徵意義
爭論；渴望；長壽；長生。

⚗ 魔法效果
占卜；生育力；愛意。

📖 軼聞
在聖經創世紀中，無花果的樹葉被留給亞當和夏娃
當成衣服。古往今來在許多裸體的藝術作品中，無
花果樹的葉子常被用來遮掩私密處。對男性或女性
來說，帶著一小片雕刻陽具的無花果木片，能夠增
加生育力，並增加性吸引力。

No. 376
菩提樹 *Ficus religiosa*

| 缽樹 Bo Tree | Bo-Tree | 菩提樹 Bodhi | 畢缽羅樹
Peepal | Pipul | 神聖榕樹 Sacred Fig | 聖樹 Sacred Tree |

🌹 象徵意義
覺醒；明亮的能量；啟蒙；生育能力；祝你幸運；

幸福；靈感；長壽；冥想；和平；
繁榮；宗教；紀念；聖樹；神聖；
終極潛能；智慧。

⚗ 魔法效果
啟發；生育力；冥想；保護；智慧。

📖 軼聞
傳說喬達摩‧悉達多 (Siddhartha Gautama) 悟道時就
正坐在菩提樹下，他在樹下坐了整整六年。這棵特
別的樹的直系後代，現在被供奉在印度菩提伽耶的
摩訶菩提寺內，是佛教朝聖者的常去之地。一棵菩
提樹要完全長大需要約 102 至 500 年。菩提樹有非常
獨特的心形葉子，可以在佛教的相關藝術品上找到
菩提樹的葉子。菩提樹的葉子通常被視為神聖的寶
藏。繞著菩提樹走幾圈，能驅散邪惡。

No. 377
西克莫榕樹 *Ficus sycomorus*

| Fig-Mulberry | 梧桐樹 Sycamore | Sycamore Fig |
Sycamore |

🌹 象徵意義
好奇；悲傷。

📖 軼聞
西克莫榕樹是聖經中少數被提到的樹木之一，西克
莫榕樹在舊約中被提及七次。為了保護樹木，大衛
王還派兵仔細看管這些西克莫榕樹。西克莫榕樹在
古埃及時，於大災難期間被寒冰凍死。榕樹是基庫
尤人的聖樹。

No. 378
旋果蚊子草 *Filipendula ulmaria*

| 新娘草 Bridewort | Dollof | 草地淑女 Lady of the
Meadow | 草地女王 Meadow Queen | 甜草 Meadow
Sweet| Meadowsweet | Meadow-Wort | Meadsweet | 草

地的驕傲 Pride of the Meadow | Queen of the Meadow |
Ulmaria |

◎ 象徵意義
有用；無用。

🜔 魔法效果
占卜；幸福；愛意；和平。

📖 軼聞
旋果蚊子草是伊莉莎白一世首選的草皮
用草。有證據顯示，旋果蚊子草的灰燼，最早能夠
一路追溯到威爾斯的青銅時代。

No. 379
網紋草 *Fittonia argyroneura* ☠

| Adelaster | Fittonia | 神經草 Nerve Plant | Silver
Nerve Plant | 白神經草 White Nerve
Plant |

◎ 象徵意義
不要緊張；你讓我很緊張。

📖 軼聞
網紋草上漫長的葉脈就像是神經分佈一樣。

No. 380
繖形花 *Foeniculum*

| 茴香 Fennel | 馬拉松
Marathron | Samar | Sheeh |
甜茴香 Sweet Fennel | 野茴
香 Wild Fennel |

◎ 象徵意義
迷人特質；勇氣；欺騙；耐
力；奉承；力量；悲傷；療
癒；長命；保護；淨化；值得所有的讚美。

🜔 魔法效果
勇氣；驅魔；療癒；不朽；長壽；保護；淨化；驅
邪；力量；陽剛。

📖 軼聞
用繖形花籽塞住鑰匙孔，可以防止鬼魂進入。在
門窗上懸掛繖形花可以防止邪靈進入。帶著繖形
花種子，能讓邪惡遠離你。

No. 381
連翹 *Forsythia*

◎ 象徵意義
期待。

📖 軼聞
連翹會在春天開花，開朗的黃花盛開在冬天過後
是相當受歡迎的景象。

No. 382
金柑 *Fortunella japonica*

| Citrus japonica | Citrus sensu lato
| Cumquat | Fortunalla | Gām-Gwāt
| 金橙 Golden Orange | Golden
Tangerine | Jangsu Kumquat |
Kim Quất | Kinkan | Kumquat |
Marumi Kumquat | Morgani | Muntala |
圓橙 Round Kumquat | Somchíd |

◎ 象徵意義
幸運；最大的幸運；吉祥如意；虛有其表。

🜔 魔法效果
財富。

📖 軼聞
金柑的果皮具有甜香氣味，但果肉其實很酸，對收
到或是送花的人來說可能都暗喻著「虛有其表」。

No. 383
野草莓 *Fragaria vesca*

| 高山草莓 Alpine Strawberry | European Strawberry
| Fraises des Bois | Fressant | Jordboer | Poziomki |
Tchilek | 野生歐洲草莓 Wild European Strawberry |
野生莓子 Wild Strawberry | Woodland Strawberry |

◎ 象徵意義
完美的卓越。

🜔 魔法效果
愛意；運氣。

📖 軼聞
帶著野草莓葉子以祈求幸運。

No. 384
草莓 *Fragaria x ananassa*
| Common Strawberry | 花園草莓 Garden Strawberry
| Strawberry |

🌸 **象徵意義**
卓越；完美。

⚗️ **魔法效果**
愛意；運氣。

🌿 **草莓花**
愛意；運氣。

No. 385
鴛鴦茉莉 *Franciscea latifolia*
| Brunfelsia latifolia | 快吻我 Kiss Me Quick |
Yesterday-Today-Tomorrow |

🌸 **象徵意義**
提防假朋友；你有一個假朋友。

📖 **軼聞**
鴛鴦茉莉的花剛開始是紫色的，逐漸變成淡紫色，然後是白色。

No. 386
歐洲白蠟樹 *Fraxinus excelsior*
| Ash | 梣樹 Ash Tree | Ashe | Common Ash | 歐洲梣樹 European Ash | Fraxinus |

🌸 **象徵意義**
擴張；宏偉；偉大；成長；健康；高階視角。

⚗️ **魔法效果**
療癒；愛意；繁榮；保護；海洋祭。

📖 **軼聞**
在北歐神話中，一種名為「Yggdrasil」的白蠟樹被認為是世界的中心，它的根在冥界，用智慧和信仰澆灌；樹幹支撐大地，樹冠接觸蒼穹。出海的時候，帶著一個由白蠟木雕刻而成的太陽十字，以防溺水。放置在門窗上的白蠟木，能夠用於抵禦巫術。燃燒白蠟樹的聖誕柴，能夠求財。帶著白蠟樹葉，能夠獲得異性的愛。將白蠟樹葉放在枕頭下，被認為可以增加做預知夢的機率。在房屋附近的四個方向，散佈白蠟樹葉，能保護房屋及其周圍的整個區域。將新鮮的白蠟木葉子放在床邊的一碗水中過夜，然後在早上丟棄，據說可以預防疾病。

No. 387
小蒼蘭 *Freesia*

🌸 **象徵意義**
幼稚；忠於四季；保真度；不成熟；無罪；愛的光榮品格；相信。

🎨 **花色的意義**：粉紅色：母愛。

🎨 **花色的意義**：紅色：激情。

🎨 **花色的意義**：白色：純真；純淨。

🎨 **花色的意義**：黃色：喜悅。

📖 **軼聞**
小蒼蘭在開花前其實可以長得跟劍蘭一樣高，莖的頂部開花的時候幾乎會彎折九十度碰到地面。不像其他市場上賣的切花，買來的時候多半已經泡在水裡，如果放進水之前，就先修剪小蒼蘭的莖，會加速花朵凋亡。這是因為莖本身會釋放出強烈的乙烯氣體。為避免小蒼蘭快速消亡，請勿將其放置在任何水仙花旁邊。

No. 388
花貝母 *Fritillaria imperialis*
| Crown Imperial | 王冠花貝母 Crown Imperial Lily | Imperial Fritillary | 王貝母 Imperial Lily | 凱薩王冠 Kaiser's Crown |

🌸 **象徵意義**
傲慢；威嚴；權力；驕傲；與生俱來的驕傲。

🎨 **軼聞**

在春天，盛開的花貝母會向齧齒動物和其他小動物散發出一種狐臭的氣味，可以有效地驅趕牠們。

No. 389

花格貝母 *Fritillaria meleagris*

| Checkered Daffodil | Checkered Fritillary | Chequered Fritillary | Chess Flower | Fritillary | Frog-Cup | Guinea-Hen Flower | Kockavica | Kungsängslilja | Lazarus Bell | Leper Lily | 蛇頭花 Snake's Head | 蛇頭貝母 Snake's Head Fritillary |

🏵 **象徵意義**

迫害。

📖 **軼聞**

在英格蘭，野生花格貝母的自然棲地僅限於過去長期放置乾草的位置。

No. 390

倒掛金鐘 *Fuchsia*

| Fuchia | Fuchias | Fuchsias | 女士耳墜 Lady's Ear-Drop |

🏵 **象徵意義**

和藹可親；傾訴愛情；忠誠；虛弱；節儉；好品味；卑微的愛；愛的祕密；品嚐；折磨自己的愛。

📖 **軼聞**

倒掛金鐘倒掛的花朵，懸吊著有如精巧的耳環。

No. 391

墨角藻 *Fucus vesiculosus*

| 黑唐 Black Tang | Black Tany | Bladder Fucus | Bladder Wrack | Bladderwrack | 海藻 Cut Weed | Cutweed | Dyers Fucus | Red Fucus | 岩藻 Rockweed | Rock Wrack | 海橡樹 Sea Oak | 海精 Sea Spirit |

🏵 **象徵意義**

向海風尋求幫助。

⚗ **魔法效果**

金錢；保護；通靈能力 。

📖 **軼聞**

墨角藻是不列顛群島海岸邊最常見的海藻，也在波羅的海以西、北海、大西洋和太平洋有其蹤跡。墨角藻也是醫療用碘的原始來源。在海上或海上旅行時帶著墨角藻，能成為護身符，作為保護。

No. 392

毬果紫堇 *Fumaria*

| 熏煙草 Fumewort | Fumitory |

🏵 **象徵意義**

膽；仇恨；不自在；長壽；脾。

⚗ **魔法效果**

驅魔；金錢。

No. 393
雪花蓮 *Galanthus nivalis*

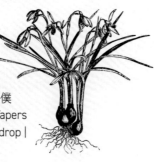

| Candlemas Bells | 教堂花 Church Flower | 雪花蓮 Common Snowdrop | 叮噹叮噹 Dingle-Dangle | Fair Maid of February | February Fairmaids | 二月女僕 Maids of February | Mary's Tapers | Perce Neige | 雪花蓮 Snowdrop | Snow Piercers |

象徵意義
安慰；患難中的朋友；患難之交；希望；希望在悲傷中；純潔和希望。

軼聞
有一種迷信認為，將雪花蓮帶入家中是不吉利的，據說僅僅看到花園中有雪花蓮生長，就預言著即將發生的災難。

No. 394
銀河葉 *Galax urceolata*

| 甲蟲草 Beetle Weed | Beetleweed | Galax | 魔杖花 Wand Flower | Wandflower | 魔杖草 Wand Plant |

象徵意義
對婚姻的挑戰；愛意。

軼聞
由於銀河葉的葉子是心形，因此常用來表達愛意，或成為婚禮用花。因為過度採收，野生的銀河葉多半長在阿帕拉契山脈森林深處相對較高的位置。

No. 395
山羊豆 *Galega officinalis* ☠

| 法國金銀花 French | Honeysuckle | 法國丁香 French Lilac | Galega bicolor | Goat's Rue | Goats Rue | Italian Fitch | Lavamani | Professor-Weed | Rutwica |

象徵意義
講理。

花色的意義：紫色：初戀；一見鍾情。

魔法效果
驅魔；療癒；健康；保護。

軼聞
有些人相信，將山羊豆的葉子放入鞋子中可以預防風濕病。

No. 396
原拉拉藤 *Galium aparine*

| Catchweed | Cleavers | Clivers | 馬車草 Coachweed | 鵝草 Goosegrass | Robin-run-the-hedge | Stickyjack | Stickyleaf | Stickyweed | Stickywilly |

象徵意義
執著；不要放棄；緊緊握住；黏。

原拉拉藤毛刺
抓緊我。

魔法效果
連結；承諾；保護；關係；韌性。

No. 397
香豬殃殃 *Galium odoratum* ☠

| Asperula odorata | Herb Walter | 木材大師 Master of the Woods | Sweet Woodruff | Waldmeister | 野孩子的呼吸 Wild Baby's Breath | 漂流者之木 Wood Rove | Woodruff | Wuderove |

象徵意義

謙遜。

魔法效果

金錢；保護；勝利。

軼聞

帶著香豬殃殃，能夠吸引金錢。帶著香豬殃殃以防止受傷。帶著一株香豬殃殃，能幫助你在運動或任何類型的戰鬥中，取得勝利。

三花拉拉藤 *Galium triflorum*

| Cudweed | Fragrant Bedstraw | Sweet-scented Bedstraw |

象徵意義

舒緩；甜美的夢。

魔法效果

愛意。

軼聞

隨身帶著一株三花拉拉藤有助於增加桃花運。

蓬子菜 *Galium verum*

| 拉拉藤 Bedstraw | Cheese Rennet | Cheese Renning | Frigg's Grass | Gul Snerre | 女士的拉拉藤 Lady's Bedstraw | 女僕的頭髮 Maid's Hair | Our Lady's Bedstraw | Petty Mugget | 黃拉拉藤 Yellow Bedstraw |

象徵意義

愛意；欣喜若狂；魯莽。

軼聞

傳說蓬子菜是伯利恆馬槽裡用的乾草，是耶穌在新生兒時被放置的地方。在過去，蓬子菜常被當成床墊填充物，因為它被認為也是一種相當有效的跳蚤殺蟲劑。佩戴或帶著一株蓬子菜來提升桃花運。

梔子花 *Gardenia jasminoides*

| 海角茉莉花 Cape Jasmine | Cape Jessamine | Common Gardenia | Gardenia |

象徵意義

迷魂藥；情感支持；振奮人心；祝你幸運；康復；我太高興了；我在暗中愛你；喜悅；愛；溫柔；淨化；純淨；精緻；祕密的愛；靈性；甜蜜的愛；短暫的快樂；運輸；歡樂的交通工具；你是可愛的。

魔法效果

療癒；愛意；和平；靈性。

軼聞

由於梔子花具有極高的靈性共振能力，可以將花瓣撒在一碗清水或是房間裡，能夠增加內在的平靜並增強靈性。

冬綠樹 *Gaultheria procumbens*

| 美國冬青 American Wintergreen | 箱莓 Boxberry | 加拿大茶樹 Canada Tea | Checkerberry | 鹿莓 Deerberry | Eastern Teaberry | Ground Berry | Groundberry | Hill Berry | Hillberry | 山茶樹 Mountain Tea | Partridge Berry | Partridgeberry | 辣莓 Spice Berry | Spiceberry | Spicy Wintergreen | 春冬青 Spring Wintergreen | 茶莓 Teaberry | Wax Custer | Wintergreen |

象徵意義

和諧。

魔法效果

破除符咒；療癒；保護

軼聞

在小孩子的枕頭底下放一株冬綠樹，能夠保護孩子且增加福氣。

No. 402

白珠樹 *Gaultheria shallon*

| Gaultheria | 檸檬葉 Lemon Leaf |
Salal | Shallon |

象徵意義

熱情。

軼聞

白珠樹的分枝與葉子受到園丁們的熱愛，又稱這種
植物為「檸檬葉」。

No. 403

勛章菊 *Gazania rigens*

| Gazania | Gazania splendens | Gorteria
rigens | Melanchrysum | Othonna
rigens | 金錢花 Treasure Flower |

象徵意義

看著我；富有；剛硬；僵硬；財富。

軼聞

對光敏感的勛章菊在黑暗的時候，花朵會闔上，陰
天的時候則會微微打開。

No. 404

卡羅萊納茉莉 *Gelsemium sempervirens* ☠

| 卡羅萊納茉莉 Carolina Jasmine | Carolina Jessamine
| Clinging Woodbine | 牛癢草 Cow Itch | 夜晚喇叭
花 Evening Trumpetflower | Gelsemium | Jessamine |
Woodbine | 黃茉莉 Yellow Jasmine | Yellow Jessamine |

象徵意義

優雅；兄弟情；恩典；
恩典與優雅；風度與口
才；謙虛；分離。

軼聞

黃色茉莉花全株有毒，
孩子常常會因為想吃花
上的蜜滴，而誤食卡羅萊納茉莉。目前已知，卡羅
萊納茉莉對蜜蜂有毒。

No. 405

龍膽 *Gentiana*

| 苦根 Bitter Root | Gentian
| Hochwurzel |

象徵意義

愛。

魔法效果

應用知識；星界；破除詛咒；控制底層的原則；
找到失物；愛意；對抗邪惡；權力；再生；不再
憂鬱；肉慾；揭開祕密；勝利。

No. 406

瓶裝龍膽 *Gentiana andrewsii*

| 瓶裝龍膽 Bottle Gentian | Closed
Bottle Gentian | Closed Gentian |

象徵意義

祝你好夢；願你一覺好夢；甜蜜
的夢。

軼聞

瓶裝龍膽花一直都是闔上的，像是在花苞中
一樣。

No. 407

龍膽草 *Gentianopsis crinita*

| 藍色龍膽草 Blue Gentian | 流蘇龍膽 Fringed
Gentian |

象徵意義

秋天；仰望天堂；內在價值。

魔法效果

破除詛咒；愛意；權力。

No. 408

天竺葵 *Geranium*

| Cranesbill | Hardy Geranium | 真正天竺葵 True
Geranium |

象徵意義
有空；堅貞；欺騙；忌妒；生育力；愚蠢的事情；友誼；挫折消失；文雅；健康；喜悅；偏好；保護；歸來時的歡喜；愚蠢；真朋友。

魔法效果
療癒；愛意；和平；靈性。

軼聞
有人迷信認為蛇和蒼蠅並不會接近白色的天竺葵。

No. 409
老鸛草 *Geranium maculatum*

| 明礬花 Alum Bloom | 明礬根 Alum Root | Crowbill | Crow-foot | Crowfoot | Crows-bill | 天竺葵 Geranium | 老女僕睡帽 Old Maid's Nightcap | 斑點鶴嘴 Spotted Cranesbill | 野生鶴嘴 Wild Cranesbill | 野生天竺葵 Wild Geranium |

象徵意義
忌妒；文雅；堅定的虔誠信仰。

魔法效果
平衡身體；平衡心靈；幸福；振奮精神；克服消極態度；克服消極思想；保護；驅蟲。

No. 410
黑天竺葵 *Geranium phaeum*

| 黑寡婦 Black Widow | 暗色天竺葵 Dark Geranium | Dusky Cranesbill | 哀悼的寡婦 Mourning Widow |

象徵意義
文雅；憂鬱；悲傷。

軼聞
黑天竺葵的花色是相當深的紫色，花瓣向後捲，顏色看起來幾乎就像是黑色。

No. 411
筆型天竺葵 *Geranium versicolor*

| Pencilled Crane's-bill | Pencilled Geranium | 脈紋天竺葵 Veiny Geranium |

象徵意義
健康。

魔法效果
文雅；獨創性。

No. 412
大丁草 *Gerbera*

| 非洲雛菊 African Daisy | Barberton Daisy | Gerbera Daisy | Transvaal Daisy |

象徵意義
清白；純潔；純潔與力量；力量。

軼聞
大丁草看似飽滿的莖其實是空心的，而且相當脆弱。

No. 413
木路邊青 *Geum urbanum*

| Assaranaccara | Avens | Bennet | 祝福藥草 Blessed Herb | Clove Root | Cloveroot | Colewort | 金星 Golden Star | Goldy Star | Harefoot | Herb Bennet | Minart | Minarta | Pesleporis | Star of the Earth | 聖班尼迪克藥草 St. Benedict's Herb | Way Bennet | Wood Avens | Yellow Avens |

象徵意義
作為一個禱告者。

魔法效果
驅邪；驅魔；愛意；淨化。

📖 **軼聞**

如果把木路邊青當護身符帶著，可以保護你遠離野獸、狗和凶猛的毒蛇。

No. 414
銀杏 *Ginkgo biloba*

| Gingko | Ginkgo | Ginnan | Icho | In Xìng | Maidenhair Tree | 生命之樹 Tree of Life |

🌹 **象徵意義**

年齡；老年；記憶；生存；體貼；真正的生命之樹。

⚗️ **魔法效果**

催情劑；生育力；療癒；極度 專注；長壽；愛意；精神敏銳。

No. 415
唐菖蒲 *Gladiolus*

| 玉米百合 Corn Lilies | Glad | 劍百合 Sword Lily |

🌹 **象徵意義**

角鬥士之花；慷慨；讓我休息一下；我是真誠的；迷戀；正直；一見鍾情；道德操守；全副武裝；紀念；力量；力量性格的；性格堅強；活力；你刺穿我的心。

📖 **軼聞**

沿著非洲海岸的聖地有許多野生的唐菖蒲，數量多到讓人以為它們就是耶穌在山上寶訓中提到的「滿地的百合」。

No. 416
金錢薄荷 *Glechoma hederacea* ☠️

| Alehoof | Cat's Foot | 貓腳 Catsfoot | 攀爬查理 Creeping Charley | Creeping Charlie | 攀爬珍妮 Creeping Jenny | Field Balm | Gill-Over-the-Ground | 伏地常春藤 Ground Ivy | Ground-Ivy |

| Haymaids | Hedgemaids | Lizzy-Run-Up-the-Hedge | Nepeta glechoma | Nepeta hederacea | Robin-Run-in-the Hedge | 逃跑羅賓 Run-Away-Robin | Runnaway Robin | Tunhoof |

🌹 **象徵意義**

自信；堅持。

⚗️ **魔法效果**

占卜。

📖 **軼聞**

要找出誰在使用負面魔法與你作對，你可以從星期二開始，用金錢薄荷包圍一根黃色蠟燭，然後點燃蠟燭，你自然會知道是誰。歐洲的拓荒者最終成功地將金錢薄荷的種子和插枝帶到了世界各地。

No. 417
美國皂莢 *Gleditsia triacanthos*

| Green Locust Tree | 蜜塊 Honey Locust |

🌹 **象徵意義**

超越生死的情感；優雅；死後的愛；超越生死的愛。

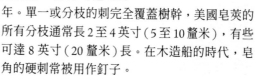

📖 **軼聞**

美國皂莢是一種非常高大、多刺的開花樹，樹冠寬闊，壽命可達 100 年。單一或分枝的刺完全覆蓋樹幹，美國皂莢的所有分枝通常長 2 至 4 英寸（5 至 10 釐米），有些可達 8 英寸（20 釐米）長。在木造船的時代，皂角的硬刺常被用作釘子。

No. 418
大岩桐 *Gloxinia*

| Gloxinia speciosa | Sinningia speciosa |

🌹 **象徵意義**

一見鍾情。

📖 **軼聞**

大岩桐要用常溫的水澆灌，因為他們對於冷水相當敏感。

No. 419
光果甘草 *Glycyrrhiza glabra* ☠

| Glycyrrhiza glandulifera | Lacris | Licorice | Licourice | Liquorice | Lycorys | Mulaithi | Reglisse | 甜根 Sweet Root |

🌹 象徵意義
支配；愛；回春。

⚗ 魔法效果
商業交易；警告；聰明；溝通；創造力；信念；忠實；啟蒙；啟動；聰明；學習；愛意；情慾；回憶；謹慎；科學；自我保護；正確的判斷；竊盜；智慧。

📖 軼聞
隨身帶著光果甘草根來吸引愛情。一般認為光果甘草是一種很好的魔杖材質。

No. 420
鼠麴草 *Gnaphalium*

| 美國鼠麴草 American Cudweed | 貓爪 Cat's Paw | Cudweed | 澤西鼠麴草 Jersey Cudweed |

🌹 象徵意義
我想你了。

📖 軼聞
鼠麴草的葉子可以撐過寒冬時的凍結。

No. 421
濕鼠麴草 *Gnaphalium uliginosum*

| 摩擦草 Chafe Weed | 常青 Everlasting | Field Balsam | Indian Posy | Marsh Everlasting | 老野香脂 Old Field Balsam | 甜味常青 Sweet Scented Life-Everlasting | 白色香脂 White Balsam |

🌹 象徵意義
永不停止的記憶；永不停止的紀念；永恆的回憶。

⚗ 魔法效果
長壽；療癒；健康。

📖 軼聞
在家中帶著或是留著濕鼠麴草，以預防疾病發生。

No. 422
千日紅 *Gomphrena globosa*

| 學士鈕釦 Bachelor Button | Bozu | Globe Amaranth | Globe amaranthus | Lehua Moa Loa | Lehua Pepa | Saam Pii | Sennichisou | Supadi Phool | Vadamalli |

🌹 象徵意義
無止境的愛；永世的愛；不朽；愛；不可改變。

⚗ 魔法效果
治療；保護。

📖 軼聞
千日紅常常被用在夏威夷的花圈中，因為千日紅的花即便在乾燥後還能保持顏色和形狀。

No. 423
棉 *Gossypium*

| 棉花樹 Cotton Plant | Cotton Shrub | Erioxylum | Ingenhouzia | Lint Plant | Notoxylinon | Selera | Stutia | Thuberia | Ultragossypium |

🌹 象徵意義
我感受到我的義務；義務。

⚗ 魔法效果
釣魚；療癒；運氣；保護；雨。

📖 軼聞
在房子附近灑一些棉花或是種植棉花能夠讓鬼

魂離開。如果你希望你的衣服有某些魔法效果的話，棉質的衣服是你的第一選擇。燃燒棉花有祈雨的效果。糖果碗中的一片棉花，會帶來幸運。在右肩膀往後丟一團棉花，會帶來一整天的幸運。將浸過白醋的棉花球擺在窗臺上，能夠驅邪。

No. 424
麥 Grain

🌹 **象徵意義**
能量；成長；生命；營養有限。

⚗ **魔法效果**
保護。

No. 425
銀樺 Grevillea ☠

| Silky-Oak | 蜘蛛花
Spider Flower | 牙
刷木 Toothbrush |
Toothbrush Plant |

🌹 **象徵意義**
跟我私奔；愛的衝動。

📖 **軼聞**
銀樺的花沒有花瓣，但花萼很長，看起來像是牙刷的刷毛。

No. 426
斯金納葛麗亞蘭
Guarianthe skinneri

| Cattleya deckeri |
Cattleya laelioides | Cattleya
pachecoi | Cattleya skinneri |
Epidendrum huegelianum | Flor
de San Sebastian |

🌹 **象徵意義**
成熟魅力。

📖 **軼聞**
哥斯大黎加的國花就是斯金納葛麗亞蘭。

No. 427
石頭花 Gypsophila ☠

| 嬰兒的呼吸 Baby's Breath | Gyp | 快樂節日 Happy
Festival | 愛的粉筆 Love Chalk | 肥皂草 Soap Wort |

🌹 **象徵意義**
持久的愛；清白；謙虛；純潔的心；純潔；甜美。

📖 **軼聞**
由於石頭花的花形相當小巧纖細，一直以來都是新娘的最愛。

No. 428
北美金縷梅
Hamamelis

| Hamamelis virginiana |
Snapping Hazelnut | 斑
檔木 Spotted Alder |
Ulmus glabra | Wice Hazel
| Winterbloom | 女巫榛木
Witch Hazel | Witch-Hazel |
Wych Elm |

🌹 象徵意義
魔咒；咒語；我身上的咒語；可改變的；貞潔。

⚗ 魔法效果
占卜；保護。

📖 軼聞
北美金縷梅是最有感染力的占卜道具。帶著一串北美金縷梅能夠治療受傷的心。

No. 429
希比花 *Hebe speciosa*

| Napuka | 紐西蘭希比花 New Zealand Hebe | 雪希比
花 Showy Hebe | Showy-Speedwell | Titirangi | Veronica
speciosa |

🌹 象徵意義
我不敢；為我留著；為我留著這個。

📖 軼聞
每朵盛開的希比花會沿著長長的、豔麗的花朵，伸出兩根長長的雄蕊。

No. 430
常春藤 *Hedera helix*

| Bindwood | Common Ivy | 英國常春藤 English Ivy |
Gort | Hedera acuta | Hedera arborea | Hedera baccifera
| Hedera grandifolia | Ivy | Ivy Vine | Lovestone | 淚滴
Teardrop | Tree Ivy |

🌹 象徵意義
情感；仰賴；耐力；忠實；友誼；婚姻中的友誼與
真誠；快樂的愛情；婚姻；綿密的愛意。

🌿 常春藤的枝
渴望。

🌿 常春藤卷鬚
情感；急著討好；殷勤取悅

⚗ 魔法效果
療癒；保護

📖 軼聞
過去認為女性帶著常春藤能帶來幸運。常春藤在非基督徒和基督徒中都是長生的象徵。人們認為如果在聖誕節時，將常春藤與冬青混合，可以為夫妻雙方帶來安寧。常春藤可以爬上樹冠生長得非常茂密，以至於樹木會因為過重而倒下。雖然常春藤覆蓋小屋的想像很浪漫，但實際上，常春藤的氣生根會強行插入石頭堆、弱化水泥結構、推開或穿過木板，具有相當大的破壞力。在常春藤生長或散佈的地方，它將保護該地區免受災害和負能量的影響。

No. 431
紅花黃耆 *Hedysarum coronarium*

| 雞冠頭 Cock's Head | 法國忍冬
French Honeysuckle |

🌹 象徵意義
質樸之美。

📖 軼聞
紅花黃耆的豆莢表面有刺。

No. 432
堆心菊 *Helenium*

| 噴嚏草 Common Sneezeweed | Helenium
autumnale | 大花噴嚏草 Large-Flowered
Sneezeweed | Sneezeweed |

象徵意義

眼淚。

魔法效果

驅除邪靈。

軼聞

打噴嚏的行為給了噴嚏草力量，藉由打噴嚏將邪靈排出某人的身體之外。

No. 433

矮向日葵
Helianthella parryi

| 帕里的矮向日葵 Parry's Dwarf-Sunflower |

象徵意義

崇拜；你虔誠的崇拜者。

軼聞

矮向日葵是生產蜂蜜時重要的花卉。

No. 434

向日葵 *Helianthus*

| Corona | 祕魯萬壽菊 Marigold of Peru | 年度女王 Queen of Annuals | Solis | Solo Indianus | 太陽花 Sunflower |

象徵意義

野心；恆常；奉獻；虛偽；虛假的財富；靈活；幸運；傲慢；療癒；致敬；靈感；崇高的思想；忠誠；滋養；機會；力量；自豪；純潔；純潔崇高的思想；精神成就；不幸的愛情；活力；溫暖；財富。

魔法效果

堅貞；深深的忠誠；生育力；幸福；健康；長壽；忠誠；滋養；權力；寄託；溫暖；智慧；許願的魔法；祈望。

軼聞

1532 年，皮薩羅回報，他看到祕魯的印加人崇拜巨大的向日葵花，其圖案也在印加女祭司的長袍上用黃金製成。如果在花園裡種植向日葵，園丁會很幸運。人們相信，如果你在床底下放一朵向日葵，你會夢到任何你想知道真相的事情。向日葵的花會一直向著太陽。美洲住在平原的原住民，會在他們死去的親人的墳墓上，放上一碗向日葵種子作為貢品。有個有趣的愛情占卜，是一個女孩將三顆向日葵種子放在她的背上後，她將嫁給她遇到的第一個男孩。有些人相信，將向日葵的種子串成項鍊，可以保護佩戴者免於感染天花。有些人相信，如果你在日落時分，一邊許願一邊割著向日葵的莖，第二天日落前，你的願望就會實現。

No. 435

大向日葵 *Helianthus giganteus*

| 巨型向日葵 Giant Sunflower | 高大向日葵 Tall Sunflower |

象徵意義

智識上的偉大；崇高的思想；堅持；燦爛；輝煌；純潔；純潔而崇高的思想。

魔法效果

生育力；幸福；健康；寄託；智慧；許願的魔法；祈望。

No. 436

菊芋 *Helianthus tuberosus*

| 伏地蘋果 Earth Apple | 耶路撒冷菜薊 Jerusalem Artichoke | 洋薑 Sunchoke | Sunroot | Topinambour |

象徵意義

樂觀的人生觀。

魔法效果

療癒。

軼聞

不管它最常見的名字是什麼，向日葵與耶路撒冷沒有實際的關係，會有這樣的名字，可能與帶著根要種植的北美拓荒者，希望新世界將成為他們的「新耶路撒冷」有關。

No. 437
永久花 *Helichrysum*

| 永生花 Everlasting | 不凋
花 Immortelles | 生命永續 Life
Everlasting | 紙雛菊 Paper Daisy |
Strawflower |

象徵意義
一致；堅貞；持續幸福；康復；健
康；長壽。

軼聞
永久花的精油聞起來就像是焦糖和火腿的混合
氣味。

No. 438
蠟菊 *Helichrysum italicum*

| 咖哩草 Curry Plant | Helichrysum
angustifolium | Immortelle | 義大利星花
Italian Starflower | Scaredy-cat Plant |

象徵意義
轉身。

魔法效果
驅魔；保護。

軼聞
雖然蠟菊跟咖哩的香料一點關係都沒有，但這種
植物的氣味聞起來很像咖哩。

No. 439
赫蕉 *Heliconia*

| 假天堂鳥 False Bird-of-Paradise | 龍
蝦爪 Lobster-Claws | Wild Plantains |

象徵意義
豐厚回報。

軼聞
赫蕉的名字是為了紀念希臘的赫利
孔山，這裡是神話中文學、科學和
藝術的起源地。

No. 440
天芥菜 *Heliotropium* ☠

| 櫻桃派 Cherry Pie | 花園天
芥菜 Garden Heliotrope | 神的
草藥 God's Herb | Heliotrope |
Heliotropium arborescens | 愛的藥
草 Herb of Love | Hindicum | Marine
Heliotrope | Princess Marina |
Turnsole |

象徵意義
奉獻；永恆的愛；我崇拜你；有毒的愛；保持真
實的自我；成功。

魔法效果
驅魔；療癒；隱形；預知夢；財富。

軼聞
如果你的東西被偷了，你可以將天芥菜放在白色
棉製或絲質的小包包，放在枕頭下，就可以知道
是誰做的。你會在夢中看到小偷的樣貌。

No. 441
香水草 *Heliotropium peruvianum* ☠

| Peruvian Heliotrope |

象徵意義
崇拜；奉獻；忠誠；我愛……；
痴心；我轉向你。

魔法效果
驅魔；療癒；預知夢；財富。

No. 442
鐵筷子 *Helleborus* ☠

| 聖誕烏頭 Christmas Aconite | 聖誕玫瑰 Christmas
Rose | Hellebore | Lenton Rose |

象徵意義
焦慮；誹謗；寬慰；減輕我
的焦慮；醜聞；平息我的焦
慮；智慧。

魔法效果
保護。

軼聞

雖然鐵筷子全株都極其有毒，人們一度相信如果你在充滿負能量的室內插上一束鐵筷子，會將這些不愉快的氣氛排擠出去，換得寧靜。

No. 443

臭鐵筷子 *Helleborus foetidus* ☠

| 熊掌 Bear's Foot | 臭草 Dungwort | Stinking Hellebore |

🌹 **象徵意義**

騎士精神；騎士；厭世。

📖 **軼聞**

臭鐵筷子全株有毒，這也就是為什麼臭鐵筷子不適合用來做任何事情。

No. 444

黑根鐵筷子 *Helleborus niger* ☠

| 黑鐵筷子 Black Hellebore | 聖誕玫瑰 Christmas Rose | Melampode | 冬玫瑰 Winter Rose |

🌹 **象徵意義**

焦慮；和平；醜聞；寧靜。

⚗️ **魔法效果**

靈魂投射；驅魔；隱形；和平；保護；寧靜。

📖 **軼聞**

黑根鐵筷子全株有劇毒，因此不適用於任何用途。一般認為，亞歷山大大帝曾經用黑根鐵筷子來治病，結果死於嚴重的毒性。

No. 445

萱草 *Hemerocallis*

| Common Daylily | Day Lily | Daylily |

🌹 **象徵意義**

撒嬌。

📖 **軼聞**

萱草在希臘文中的意義是「一日美女」，因為萱草的花只開一天。

No. 446

萱草 *Hemerocallis fulva*

| Ditch Lily | 橙色萱草 Orange Daylily | Outhouse Lily | 鐵路萱草 Railroad Daylily | Roadside Daylily | Tawny Daylily | 老虎萱草 Tiger Daylily |

🌹 **象徵意義**

撒嬌；多元；韌性。

📖 **軼聞**

源於中國和韓國的萱草，由歐洲來的移民帶入北美。因為萱草的花苞可以在無須種植的狀態維持數週，所以它們能夠被跨海或經由馬車運送，現在在路邊和鐵軌旁都能看到。萱草的花只會開整整一天。

No. 447

檸檬萱草 *Hemerocallis lilioasphodelus*

| Gum Jum | Hemerocallis flava | 萱草 Husan T'sao | 檸檬萱草 Lemon Day-Lily | 檸檬百合 Lemon Lily | Pinyin | Tawny Lily | 黃色萱草 Yellow Day-Lily | Yellow Daylily |

🌹 **象徵意義**

撒嬌；健忘；母性。

⚗️ **魔法效果**

忘卻悲傷。

No. 448

獐耳細辛 *Hepatica*

| Edellebere | 心葉 Heart Leaf | Herb Trinity | 肝葉 Liverleaf | 甘草 Liverweed | Liverwort | Trefoil |

象徵意義

信心；堅貞；信任。

魔法效果

愛意；保護。

軼聞

對女性來說，帶著獐耳細辛可以隨時抓住男人的愛。

No. 449

歐亞香花芥 *Hesperis matronalis*

| 大馬士革紫羅蘭 Damask Violet |
Dame's Gilliflower | Dame's Rocket
| Dame's Violet | Dames-Wort |
Julienne des Dames | 夜之母
Mother-of-the-Evening | 夜香石
竹 Night Scented Gilliflower | 女
王石竹 Queen's Gilliflower | 火箭
Queen's Rocket | Rogue's Gilliflower
| 夏季紫丁香 Summer Lilac | 甜火箭
Sweet Rocket | 冬日石竹 Winter Gilliflower |

象徵意義

時尚；你是風情萬種的女神；小心。

花色的意義：白色：不絕望；神無所不在。

No. 450

朱槿 *Hibiscus rosa-sinensis*

| 大花 Bunga Raya | Chemparathy |
Chijin | 中國桑槿 Chinese Hibiscus |
Erhonghua | Flor de Jamaica | Fosang
| 扶桑 Fusang | Graxa | Gumamela |
Hibiscus | Hongfusang | Hongmujin
| Huohonghua | Jaba | Jaswand |
Jiamudan | Kembang Sepatu | Kharkady | Mamdaram |
Mondaro | 熱帶花卉女王 Queen of Tropical Flowers | Rjii
| Sangjin | Sembaruthi | 鞋花 Shoe Flower | Shoeflower |
Songjin | Tuhonghua | Tulipan | Wada Mal | Zhaodianhong
| Zhongguoqiangwei |

象徵意義

美麗；細膩；細膩之美；和平與幸福；罕見的美。

魔法效果

態度；野心；清晰思考；占卜；和諧；加深理解；邏輯；愛；情慾；物質形態的顯化；靈性；思想過程。

軼聞

朱槿又被稱為「鞋花」，因為花瓣可以用來擦鞋。在太平洋群島，女性佩戴朱槿以表達她們的戀愛意願。如果戴在左耳後面，則表示她想要一個情人。如果在右耳後面，她已經有情人了。如果在雙耳後各戴一朵朱槿，則表示她有情人，但還想要另一個情人。在熱帶國家，朱槿被塞進結婚花環中，作為結婚典禮的裝飾品。

No. 451

木槿 *Hibiscus syriacus*

| Althaea frutex | Mugunghwa |
無窮花 Rose of Althea | Rose of
Sharon | Shrub Althea | Syrian
Ketmia | 敘利亞錦葵 Syrian
Mallow |

象徵意義

被愛消耗著；持續地愛；說服。

魔法效果

驅魔；愛意；保護。

No. 452

野西瓜苗 *Hibiscus trionum*

| Ajannäyttäjä | Bladder Hibiscus |
Bladder Ketmia | Bladder Weed
| 一小時之花 Flower of
an Hour | Flower-of-an
Hour | 謙虛花 Modesty
| Puarangi | Rosemallow
| Shoofly | Venetian
Mallow | 威尼斯錦葵
Venice Mallow |

象徵意義

精緻之美；虛弱。

軼聞

野西瓜苗的花通常是白色或黃色，中間帶有紫色。

No. 453

山柳菊 *Hieracium*

| Hawkweed |

◎ 象徵意義

附著度；快速瞄一眼。

📖 軼聞

山柳菊常常會被以為是蒲公英。

No. 454

毒芭樂 *Hippomane mancinella* ☠

| Hippomane aucuparia | Hippomane biglandulosa |
Hippomane cerifera | Hippomane dioica | Hippomane
fruticosa | Hippomane glandulosa | Hippomane
horrida | Hippomane ilicifolia | Hippomane mancanilla |
Hippomane spinosa | Hippomane zeocca| 死亡小蘋果
Little Apple of Death | Machineal Tree | Manchineel Tree
| Machioneel | Mancanilla | Mancinella |Manzanilla del la
Muerte | Marzanilla |

◎ 象徵意義

背叛；謊言；虛假。

📖 軼聞

毒芭樂常會在沿海海灘附近可以
看到，是世界上最毒的樹之一。全株都有劇毒。
探險家胡安·龐塞·德萊昂（Juan Ponce de León）
被佛羅里達州聖彼得堡附近露營的印第安人用一
枝沾有毒芭樂汁液的箭射中後，幾天便死亡。古
老的加勒比人和卡盧薩印第安人喜歡一種殺死俘
虜的方式，將受害者簡單地綁在毒芭樂樹的樹幹
上，讓有毒的樹皮來執行骯髒的任務。一滴毒芭
樂的乳白色汁液與一滴雨水或露水混合在一起，
落到皮膚上就會起水疱，所以任何理由都不要躲
在這種樹的下面。燃燒毒芭樂產生的煙霧會導致
失明。在大多數地方，這些樹通常不會被標記為
有毒，但你可能會在樹幹上看到諸如紅色記號、
距地面幾英尺高的紅帶或各種警告標誌，表示這
棵樹極其危險，要遠離它。

No. 455

大麥 *Hordeum vulgare*

| Akiti | Barley |

◎ 象徵意義

生命穀粒；愛意。

🧪 魔法效果

療癒；愛意；保護。

📖 軼聞

大麥是在近東馴養的第一種穀類植
物，其歷史可以追溯到大約西元前
1500 – 891 年間。野生大麥的證據目前可以追溯到
大約西元前 8500 年。大麥在古代中東、希臘和埃
及時代的宗教儀式中相當重要。在中世紀，一種
使用大麥製成的蛋糕的占卜，經常被用來確定有
罪或無罪。這種方式被稱為 alphitomancy（大麥算
命法）；如果要分清一群犯罪嫌疑人，會們讓他們
吃下用大麥製成的蛋糕或麵包。據說，消化不良
的人就是有罪的一方。將大麥散佈在你家附近的
地面上，以防止邪惡和消極情緒接近。

No. 456

玉簪 *Hosta* ☠

|科孚百合 Corfu Lily | 萱草 Day
Lily | Funkia | Funkiaceae
| Giboshi | Hostaceae |
Plantain Lily | Urui |

◎ 象徵意義

奉獻。

📖 軼聞

玉簪的葉子又大又寬，花形像極了百合，開在高
大的莖上，對光的需求不高，耐寒且容易種植，
因此成為了園丁的最愛。

No. 457

美耳草 *Houstonia caerulea*

| Azure Bluet | Houstonia | 貴格會女士
Quaker Ladies |

◎ 象徵意義

滿足；清白。

📖 軼聞

美耳草常被誤認為是五片花瓣的勿忘我，美耳草
只有四片花瓣。

No. 458
球蘭 Hoya ☠

| Madangia | Micholitzia | 五角花 Pentagram Flowers | 五角草 Pentagram Plant | 蠟花 Waxflower | Waxplant | 蠟藤 Waxvine |

象徵意義
滿足；雕塑；易感性。

魔法效果
權力；保護。

軼聞
在房子裡種植球蘭，能夠提供保護。把乾燥的球蘭當成護身符，能提供力量與保護。

No. 459
臺灣球蘭 Hoya carnosa ☠

| Asclepias carnosa | Carnosa | Hindu Rope | 蜂蜜草 Honey Plant | Hoya | 瓷花 Porcelain Flower | Porcelainflower | 蠟草 Wax Plant | 蠟藤 Waxvine |

象徵意義
如此甜蜜；攀上星星；我看透了你；保護；財富。

軼聞
臺灣球蘭是一種爬藤植物，半透明星狀的花朵甚至會滴出蜂蜜來。

No. 460
蛇麻 Humulus lupulus ☠

| 啤酒花 Beer Flower | 蛇麻草 Common Hop | Flores de Cerveza | Hop |

象徵意義
不公正；歡笑；驕傲與熱情。

魔法效果
療癒；睡眠。

軼聞
睡在塞滿乾燥蛇麻的枕頭上，能夠增進睡眠品質。

No. 461
藍鈴花 Hyacinthoides non-scripta

| 藍鈴 Bluebell | Common Bluebell | 英國藍鈴花 English Bluebell |

象徵意義
堅貞；靈敏；感激；謙遜；仁慈；運氣；寂寞；悔恨；真理。

軼聞
氣味令人相當愉悅的藍鈴花，是英國許多香水與沐浴用品的愛用材質。

No. 462
風信子 Hyacinthus orientalis

| Common Hyacinth | 荷蘭風信子 Dutch Hyacinth | 花園風信子 Garden Hyacinth | Hyacinth |

象徵意義
仁慈；堅貞；信念；遊戲；遊戲和運動；自然的溫柔；幸福；衝動；嫉妒；愛；克服悲傷；玩耍；保護；魯莽；運動。

花色的意義：藍色：一致性。

花色的意義：粉紅色：無害的惡作劇；玩耍；嬉戲的喜悅。

花色的意義：紫色：對不起；嫉妒；請原諒我；悔恨；悲哀；悲傷。

花色的意義：紅色：無害的惡作劇；玩耍；嬉戲的喜悅。

花色的意義：白色：我會為你祈禱；可愛；為有需要的人祈禱；不顯眼的可愛。

花色的意義：黃色：嫉妒。

魔法效果
死亡和復興；延遲性成熟；幸福；愛；保護。

軼聞
聞一下新鮮的風信子花能夠舒緩憂鬱和哀傷。將風信子放在花盆裡，種在臥室，能夠避免噩夢。

No. 463

雜交永生玫瑰
Hybrides remontants

| Hybrid Perpetuals | 雜交長青玫
瑰 Hybrid Perpetual Rose | 永生玫瑰
Perpetual Rose | Rosa Perpetua |

◎ 象徵意義

不朽的美貌。

📖 軼聞

法國皇后約瑟芬在她鬱鬱蔥蔥的馬爾邁森花園
中，種植雜交永生玫瑰，促進了這樣花卉的發展。

No. 464

雜交茶香月季 *Hybrid Tea*

| Hybrid Tea Rose | 茶玫瑰 Tea Rose |

◎ 象徵意義

永遠可愛；渴望；恆久的渴望；我會永遠記得。

📖 軼聞

雜交茶香月季是花卉師在創作胸花時最常使用的
材料。

No. 465

繡球 *Hydrangea*

| Hortensia | 七樹皮 Seven
Barks |

◎ 象徵意義

吹噓者；粗心大意；奉
獻；虛榮心；冷淡；感恩；
衷心的讚美和讚賞；無
情；自豪；記住；無情；謝謝你的
理解；不交叉；虛榮；你很冷淡。

🧪 魔法效果

破除詛咒。

📖 軼聞

在家中帶著或四處撒繡球花的樹皮以打破魔咒。

No. 466

金印草 *Hydrastis canadensis* ☠

| 眼霜 Eye Balm | Eye Root | 金印 Golden Seal | 伏地
樹 Ground Raspberry | 印第安染料 Indian Dye | Indian
paint | 膽根 Jaundice Root | 橙根 Orange Root | Orange-
Root | Orangeroot | 薑黃根 Tumeric Root | Warnera | 野
生薑黃 Wild Curcurma | Yellow Puccoon | 黃根 Yellow
Root |

◎ 象徵意義

淨化。

🧪 魔法效果

療癒；金錢。

📖 軼聞

野生的金印草因為過度採收，瀕臨滅絕。

No. 467

火龍果 *Hylocereus undatus*

| 夜之美女 Belle of the Night | Buah Naga | Cactus triangularis
var. aphyllus | Cardo-ananaz | Cato-barse | Cereus triangularis
major | Cereus tricostatus | Cereus undatus | Cierge-Lézard |
Conderella Plant | Distelbirne | Drachenfrucht | Dragonfruit
| Flor de Caliz | 火龍果 Fruit du Dragon | Huolóngguo |
Hylocereus tricostatus | Junco | Junco Tapatio | Kaeo Mangkon
| 月神花 Luna Flower | Lunar Flower | 月花 Moon Flower
| Night Blooming Cereus | Nightblooming Cereus | Panini-
O-Ka-Puna-Hou | Panini o Kapunahou | Pitahaya Orejona
| Pitahaya Roja | Pitajava | Poire de Chardon | Princess of
the Night | Punahou Cactus | 夜之女王 Queen of the Night
| Rainha da Noite | 紅色火龍果 Red Pitahaya | Red Pitaya
| Reina de la Noche | Röd Pitahaya | Skogskaktus | 草莓梨
Strawberry Pear | Tasajo | Thanh Long |

◎ 象徵意義

月光下的美女；瞬息之美。

📖 軼聞

1836 年，一位名為賓漢夫人的女士在檀香山的普

納胡學校種植許多的火龍果，據說它是夏威夷幾乎所有火龍果的母株，已經開採了一個多世紀。

翹被認為可能保護房屋免受火災、閃電和風暴等災害的影響。

No. 468
天仙子 *Hyoscyamus niger* ☠

| 黑茄 Black Nightshade | Cassilago | Cassilata | Deus Caballinus | 魔鬼之眼 Devil's Eye | Hebenon | Henbane | Henbells | Hogsbean | Isana | Jupiter's Bean | Jusquiame | 毒菸草 Poison Tobacco | 臭茄 Stinking Nightshade | Symphonica |

◎ 象徵意義
瑕疵；缺點；過錯；不完美。

⚗ 魔法效果
死亡；愛意；巫術。

📖 軼聞
天仙子的所有部分都有劇毒，也因為這個原因，任何理由使用這種植物都相當危險。為了獲得女性的愛，要在清晨由一個只用一隻腳站立的孤獨裸男收集天仙子。

No. 469
貫葉連翹 *Hypericum perforatum* ☠

| 琥珀 Amber | 追逐魔鬼 Chase Devil | Chase-Devil | 聖約翰草 Common Saint John's Wort | Fuga Daemonum | 山羊草 Goat Weed | Herba John | John's Wort | Klamath Weed | 聖約翰草 Saint John's Wort | Scare Devil | Sol Terrestis | St. John's Wort | Tipton Weed | Tipton's Weed |

◎ 象徵意義
敵意；簡約；迷信。

⚗ 魔法效果
勇氣；占卜；驅魔；幸福；健康；愛意 占卜；金錢 咒語；權力；保護；力量。

📖 軼聞
貫葉連翹被認為對惡靈相當有效，一聞到就會迫使它們魂飛魄散。曾有人認為，女孩在枕頭底下放貫葉連翹可以驅邪，並夢到自己未來的丈夫。曾有人相信如果貫葉連翹不開花，就會有人死亡。把貫葉連翹作為護身符佩戴，應該可以抵禦邪惡。貫葉連

No. 470
白色桃金孃 *Hypocalymma angustifolium*

| Koodgeed | Kudjidi | Leptospermum angustifolium | White Myrtle |

◎ 象徵意義
愛意；缺少的愛。

📖 軼聞
白色桃金孃是一種脆弱的灌木，如果不種在受到保護的地方，風很容易就會吹壞它。

No. 471
嫣紅蔓 *Hypoestes phyllostachya*

| 雀斑臉草 Freckle Face Plant | Hypoestes sanguinolenta | 麻疹草 Measles Plant | 波爾卡圓點草 Polka Dot Plant | Polka-dot Plant |

◎ 象徵意義
雀斑；奇思妙想。

📖 軼聞
嫣紅蔓的葉子上有許多斑點，看起來充滿活潑的奇思，相當愉快的樣子。

No. 472
神香草 *Hyssopus officinalis*

| Herb Hyssop | 聖藥草 Holy Herb | Hyssop | Hyssop Herb | Hyssopus | 牛溪草 Hyssopus decumbens | Isopo | Ysopo | Yssop |

◎ 象徵意義
潔淨；聖潔。

⚗ 魔法效果
療癒；保護；淨化；淨靈；清除邪靈。

📖 軼聞
聖經中多次提及神香草，從古代以來就已經被認為是相當神聖的植物，是最常用的神聖淨化草本植物。將神香草掛在家中以驅除邪惡和消極情緒。耶穌在十字架上受苦時，有一塊沾了醋的海綿，被用神香草的枝幹放在他的嘴邊喝。

1

No. 473
屈曲花 *Iberis*

| Candytuft |

🌹 象徵意義
建築；冷漠。

📖 軼聞
屈曲花是葡萄牙斑紋白蝶幼蟲的食物。

No. 474
白蜀葵 *Iberis sempervirens*

| 常青屈曲花 Evergreen Candytuft
| Everlasting Candytuft | Perennial
Candytuft |

🌹 象徵意義
冷漠。

📖 軼聞
很少有地被植物能像白蜀葵那樣在春天盛開時，如此鬱鬱蔥蔥且美麗。

No. 475
歐洲冬青 *Ilex aquifolium* ☠

| 水楊花 Aquifolius | Bat's Wings | 聖誕冬青 Christmas
Holly | Christ's Thorn | English Holly | 歐洲冬青
European Holly | Holly | Holly Bush | 聖藥草 Holly Herb
| 聖樹 Holly Tree | Holm Chaste | Hulm | Hulver Bush |
Ilex | 墨西哥冬青 Mexican Holly | Tinne |

🌹 象徵意義
我是否被遺忘；勇氣；防禦；艱難的勝利；家庭幸福；夢想；魅力；預報；遠見；加油；幸運；善意；看著；男人的象徵；保護；發問；潛意識；一個人的象徵；人的象徵；警覺；智慧。

🌿 歐洲冬青的莓果
聖誕喜悅。

🧴 魔法效果
抗雷擊；吸引和排斥能量；夢幻魔法；不朽；運氣；保護；防止夢中的傷害；防止巫術；防止邪惡之眼。

📖 軼聞
冬青被男人帶著的話可以帶來幸運。古代德魯伊人曾相信，在櫟樹還沒有葉子的時候，正是冬青使得地球如此美麗。在那個時候，德魯伊人的牧師們會剪下對他們來說是神聖的檞寄生，戴在他們的頭髮上。在中世紀的歐洲，冬青被種植在住宅附近，能保護這些房屋免受雷擊並帶來好運。在英國，人們認為在床柱上插一枝冬青會帶來美夢。在威爾斯，人們認為如果在聖誕節前將冬青樹帶進家中，會引起家庭爭論。人們還認為，如果在第十二夜之後留下冬青作為裝飾品，將會發生不幸，其數量與留在屋內的冬青葉和樹枝的數量有關。人們認為將冬青樹帶到朋友家中會導致死亡。還有一種迷信是，如果保留一株用於教堂聖誕裝飾的冬青樹，將帶來全年的幸運。如果是在聖誕節那天摘的冬青樹，可以很好地抵禦惡靈和女巫。一種使用冬青樹的占卜方法是，將小蠟燭放在冬青樹葉上，然後使它們漂浮在水面上。如果冬青樹的葉子浮在水面上，許願者心目中的祈願就會成功。但是，如果任何樹葉下沉導致蠟燭熄滅，則表示最好不要做期望的事比較好。人們相信向野生動物投擲冬青樹，會使這些野獸遠離，即便實際上並未被植物的任何部分接觸到，也有效果。一個過去經常被高度重視的天氣占卜是，如果冬青樹的漿果過多，則表示冬天將相當嚴酷。德魯伊人認為，在冬天將冬青帶入他們的住所是一項重要的安全措施，可以為與人類同住以躲避嚴寒的精靈和仙女提供庇護。

No. 476
巴拉圭冬青
Ilex paraguariensis ☠

| Erva Mate | Erva-Mate | Mate | 巴拉
圭茶樹 Paraguay Tea | Yerba | Yerba
Mate | Yerba Maté | Yerva Mate |

I

🌀 象徵意義

愛意；伴侶；浪漫。

🧴 魔法效果

連結；建築；死亡；忠實；歷史；知識；限制；愛意；情慾；阻礙；時間。

📖 軼聞

戴著一株巴拉圭冬青能夠吸引異性。噴灑一點冬青的液體，來切斷過去的羅曼史。

No. 477

八角 *Illicium verum* ☠

| Badian | Badian Khatai | Badiana | Badiane | Bunga Lawang | 中國星茴香 Chinese Star Anise | 八角 Eight-Horn | Khata | 星茴香 Star Aniseed | Thakolam |

🌀 象徵意義

幸運；運氣。

🧴 魔法效果

好運的符咒；通靈能力

📖 軼聞

在口袋裡放一些八角可以祈求運氣。用八角做成項鍊來增加通靈能力。可以將八角綁在線上，做出強而有力的鐘擺。

No. 478

鳳仙花 *Impatiens*

| 香脂 Balsam | Balsamine | Bang Seed | Beijo de Frade | Fen Hsien | Garden Balsam | Hosen-ka | Impatiens balsamina | Impatient | Jewelweed | Ji Xing | Kina Cicegi | Pop Weed | Rose Balsam | Spotted Snapweed | Snapweed | 勿碰我 Touch-Me-Not |

🌀 象徵意義

熱切的愛；沒耐性；沒耐性解決；勿碰我；要我等很難。

🎨 花色的意義：紅色：沒耐性解決；別碰我。

🎨 花色的意義：黃色：沒耐性。

No. 479

非洲鳳仙花 *Impatiens walleriana*

| 香脂 Balsam | Busy Lizzy | Impatiens | Impatiens sultanii | 耐心的露西 Patient Lucy | Sultana |

🌀 象徵意義

沒耐性。

📖 軼聞

非洲鳳仙花是少數會在陰涼處開花的植物。

No. 480

土木香 *Inula helenium*

| Alantwurzel | Alycompaine | Aunee | Elecampane | Elf Dock | Elfwort | Horse-Heal | Marchalan | 護理療癒 Nurse Heal | Scabwort | Velvet Dock | 野生向日葵 Wild Sunflower |

🌀 象徵意義

眼淚。

🧴 魔法效果

愛意；保護；通靈能力。

📖 軼聞

戴上土木香以保護自己或是求桃花。

No. 481

牽牛花 *Ipomoea* ☠

| Acmostemon | Batatas | Bindweed | Bonanox | Calonyction | Calycantherum | Convolvulus | Diatremis | Dimerodisus | Exogonium | Flying Saucers | Glory Flower | 天堂藍 Heavenly Blue | Homoeos | Indian Jasmine | Mina | 晨之美 Morning Glory | Parasitipomoea | Pharbitis | Quamoclit | Wormweed |

🌀 象徵意義

情感；依附；連結；賣弄風情；死亡；死亡與重生；尊敬；擁抱；光彩奪目；謙遜；我依附於你；

I

白費的愛；夜晚；固執；休息；她愛你；自發性；不確定；一廂情願的承諾。

🎨 **花色的意義**：粉紅色：值得用明智和溫柔的感情來維持。

🏺 **魔法效果**

幸福；和平。

📖 **軼聞**

如果在花園裡種植天藍牽牛花，會帶來和平和幸福。枕頭下放著牽牛花的種子，據說可以停止所有的噩夢。

No. 482

月光花 *Ipomoea alba* ☠

| 月藤 Moon Vine | 月花 Moonflower | 月花藤 Moonflower Vine | 夜花晨之美 Night-Blooming Morning Glory |

🌹 **象徵意義**

夢見愛情；夜晚；今晚。

📖 **軼聞**

不像其他帶有藍色和粉紅色的牽牛花在早晨開花，月光花非常白、帶有淡淡的香味、外型稍圓一點，只在夜間開花。

No. 483

番薯 *Ipomoea batatas* ☠

| Canoe Plant | Kumara | 甜番薯 Sweet Potato | Tuberous Morning Glory | Ubi | Uwi | Yam |

🌹 **象徵意義**

依戀；艱苦時刻；我依戀著你。

📖 **軼聞**

根據紐西蘭的傳說，當番薯的塊莖埋在地下時，它的威力極為強大，以至於敵人可能會被逼瘋，甚至逃跑。

No. 484

橙紅蔦蘿 *Ipomoea coccinea*

| 墨西哥晨之美 Mexican Morning Glory | Quamoclit | Quamoclit coccinea | 紅色晨之美 Red Morning Glory | 紅色之星 Red star |

🌹 **象徵意義**

忙碌的人；一見鍾情。

📖 **軼聞**

橙紅蔦蘿有著相當豔麗的紅色以及金橙色。

No. 485

牽牛花 *Ipomoea cordatotriloba* ☠

| Convolvulus major | 小花紫色晨之美 Little Violet Morning Glory | 紫色牽牛花 Purple Bindweed |

🌹 **象徵意義**

卓越；破滅的希望。

📖 **軼聞**

牽牛花看起來非常漂亮，而且可以緊緊地纏繞在附近的植物上，蓋過或是絞住原生的物種。

No. 486

牽牛花 *Ipomoea jalapa* ☠

| 征服者約翰 High John the Conqueror | John de Conquer | John the Conker | John the Conquer | 征服者約翰根 John the Conquer Root | John the Conqueror | John the Conqueroo |

🌹 **象徵意義**

成就；征服；毅力；佔上風。

🏺 **魔法效果**

破除詛咒；信心；幸福；健康；愛意；金錢；性；力量；成功。

📖 軼聞

帶著牽牛花能夠抑制憂鬱，帶來愛情並保護你遠離沒遇到的各種咒語，破解身上已經有的詛咒、魔法、咒語，避免你被再次下咒。

No. 487

金魚花 *Ipomoea lobata* 💀

| 異國風味的愛藤 Exotic Love Vine | 火藤 Fire Vine | 爆竹藤蔓 Firecracker Vine | Ipomoea versicolor | Mina lobata | Quamoclit lobata | 西班牙旗幟 Spanish Flag |

🏵 **象徵意義**

異國戀情。

📖 **軼聞**

金魚花會長在拱形的花莖上，看起來就像是一排旗子一樣。

No. 488

圓葉牽牛花 *Ipomoea purpurea* 💀

| 晨之美 Common Morning Glory | Common Morning-glory | 紫色晨之美 Purple Morning Glory | 高大晨之美 Tall Morning Glory | Tall Morning-glory |

🏵 **象徵意義**

戀情；愛；致命的；哀悼；復活；生命苦短；單戀。

📖 **軼聞**

圓葉牽牛花會在一天之內開花，然後凋亡。在中國的傳說中，圓葉牽牛花象徵著牛郎與織女在七夕的時候相見的日子。

No. 489

蔦蘿松 *Ipomoea quamoclit* 💀

| 紅衣主教 Cardinal Creeper | 紅衣主教藤 Cardinal Vine | Cypress Vine | Cypressvine Morning Glory | 蜂鳥藤 Hummingbird Vine | Star Glory |

🏵 **象徵意義**

忙碌的人；保護。

📖 **軼聞**

蔦蘿松鮮豔的紅色管狀花朵在盛開的時候，會吸引蜂鳥前來。蔦蘿松的葉子相當蓬鬆，使盛開時的藤蔓顯得更加美麗。

No. 490

鳶尾花 *Iris* 💀

| Flag | 劍鳶尾花 Sword Flag |

🏵 **象徵意義**

信息；勇氣；信念；火；友誼；好消息；優雅；希望；我陷入熱戀；慾火焚身；點子；我有個訊息要給你；訊息；我的讚美；開心的訊息；承諾；愛的承諾；真心；純潔；彩虹；旅行；勇氣；征服、勝利但痛苦；你的友情對我很重要；智慧。

🏺 **魔法效果**

權力；信念；療癒；魔法；專一的魔法與能量；力量；保護你遠離邪靈；淨化；投胎；智慧。

📖 **軼聞**

鳶尾花是神聖的象徵，自五世紀以來就常用於皇室各種具有保護意涵的圖像。在某個區域擺上一瓶新鮮的鳶尾花，能夠淨化空間。鳶尾花象徵著信念、智慧與勇氣。

No. 491

德國鳶尾花 *Iris germanica* 💀

| 鬚鳶尾花 Bearded Iris | Florentine Iris | German Iris | 伊莉莎白女王根鳶尾花 Queen Elizabeth Root Iris |

🏵 **象徵意義**

火焰。

🏺 **魔法效果**

淨化；智慧。

🌿 **根部**

占卜；愛意；保護。

📖 **軼聞**

在日本，鳶尾根被認為可以抵禦邪惡的靈魂，會掛在家裡的屋簷上。有一種有趣且特別的占卜靈擺，可以使用整個德國鳶尾花的塊莖懸掛在繩索上。

I

No. 492
黃菖蒲 *Iris pseudacorus* ☠

| 火菖蒲 Flame Iris | Flaming Iris |
Fleur-de-lis Iris | 黃色旗幟 Yellow Flag
| Yellow Iris |

象徵意義
火焰；熱情。

魔法效果
淨化；智慧。

No. 493
變色鳶尾花 *Iris versicolor* ☠

| 美國藍旗花 American Blue Flag | 藍旗 Blueflag | 藍
旗鳶尾花 Blue Flag Iris | Blueflag Iris | Dagger Flower
| Flag Lily | Harlequin Blueflag | 更大的藍旗花 Larger
Blue Flag | 多色藍旗花 Multi-Colored Blue Flag | 北方藍
旗花 Northern Blue Flag | 毒旗花 Poison Flag | 蛇百合
Snake Lily | 水旗花 Water Flag |

象徵意義
勇氣；信念；智慧。

魔法效果
金錢；事業成功；財富。

軼聞
在收銀機裡擺上一個變色鳶尾花根，
能夠增加生意。

No. 494
菘藍 *Isatis tinctoria* ☠

| Asp of Jerusalem | Isatis
indigotica | Woad |

象徵意義
謙遜的美德。

軼聞
古埃及時，菘藍曾作為布料的染劑。一般認為，
皮克特人用菘藍來將他們的身體戰略性地染成藍
色，使他們站在山頂時能與天空的顏色融為一體。

No. 495
非洲玉米百合
Ixia

| African Corn Lily | 玉
米百合 Corn Lily | Ixia
polystachya |

象徵意義
幸福。

軼聞
小鳶尾花的葉子看起來像劍一樣尖銳，而花朵看
起來像是六芒星。

No. 496
龍船花 *Ixora* ☠

| Bunga Jarum | 燃燒的愛 Burning Love | Chann
Tanea | 森林之火 Flame of the Wood | Bora coccinea
| Jarum-Jarum | Jungle Flame | Jungle Geranium |
Kheme | 針花 Needle Flower | Pan | Ponna | Rangan |
Santan | Techi | 西印度茉莉 West Indian Jasmine |

象徵意義
熱情。

魔法效果
療癒；靈感。

No. 497
藍花楹 *Jacaranda mimosifolia*

| Blue Jacaranda | Jacaranda |
Jacaranda acutifolia |

象徵意義
帝國；權力。

藍花楹的花形相當長、下垂、成簇發展，花色有藍紫色、金黃色或鮮紅色，使藍花楹成為相當美麗的開花植物。

No. 498

素馨花 *Jasminum grandiflorum*

| Anbar | 加泰隆尼亞茉莉 Catalonian Jasmine | Chameli | Jessamin | 林中的月光 Moon Light on the Grove | 皇家茉莉花 Royal Jasmine | 西班牙茉莉花 Spanish Jasmine | Yasmin |

象徵意義
肉慾。

魔法效果
愛意；金錢；預知夢。

軼聞
素馨花能夠吸引精神上的愛戀。素馨花的香味也有助於睡眠。

No. 499

素方花 *Jasminum officinale*

| 茉莉花 Common Jasmine | Jasmine | Jessamine | 詩人茉莉 Poet's Jasmine | Yeh Hsi Ming | Yeh-hsi-ming |

象徵意義
和藹可親；快樂；愚蠢的事情；高興；物質上的財富；謙虛；膽怯；財富。

魔法效果
生意；占卜；夢想中的魔法；情感；擴張；生育力；世代；榮譽感；靈感；直覺；領導力；愛意；金錢；政治；權力；預知夢；通靈能力；大眾好評；責任；忠誠；海洋；潛意識；成功；浪潮；隨波飄搖；財富。

軼聞
素方花能夠吸引精神上的愛。素方花的香氣有助睡眠。

No. 500

胡桃 *Juglans regia* ☠

| 上帝的堅果 A Nut Fit for a God | Carpathian Walnut | 高加索核桃 Caucasian Walnut | 核桃 Common Walnut | 英國核桃 English Walnut |

象徵意義
不孕；智慧；智力；勇氣。

魔法效果
健康；神智清醒；精神力；祈望。

軼聞
如果有人送你一袋胡桃作為禮物，你的所有願望都會實現。

No. 501

堅被燈心草 *Juncus tenuis*

| 野生燈心草 Field Rush | Path Rush | Slender Rush | Slender Yard Rush | 鐵絲草 Wiregrass |

象徵意義
順從。

軼聞
堅被燈心草是一種長得很茂盛且密集的植物，能夠防蟲，而且草食動物相當不喜歡吃。

No. 502

刺柏 *Juniperus*

| Enebro | Gemeiner Wachholder | Geneva | Gin Berry | Ginepro | Gin Plant | 松杜 Juniper |

象徵意義
協助；庇護；愛意；救助。

魔法效果
豐裕；進展；防盜；連結；建築；有意識的祈望；破解魔咒；死亡；遠離蛇；能量。

軼聞
掛在門上的刺柏保護家庭免受邪惡勢力的侵害。

No. 503

小蝦花 *Justicia brandegeeana*

| Beloperone guttata | False Hop | Justicia | Justicia brandegeana |

象徵意義
自由；完美的女性魅力。

軼聞
小蝦花非常的小，從五彩的鏈狀苞片中長出來。

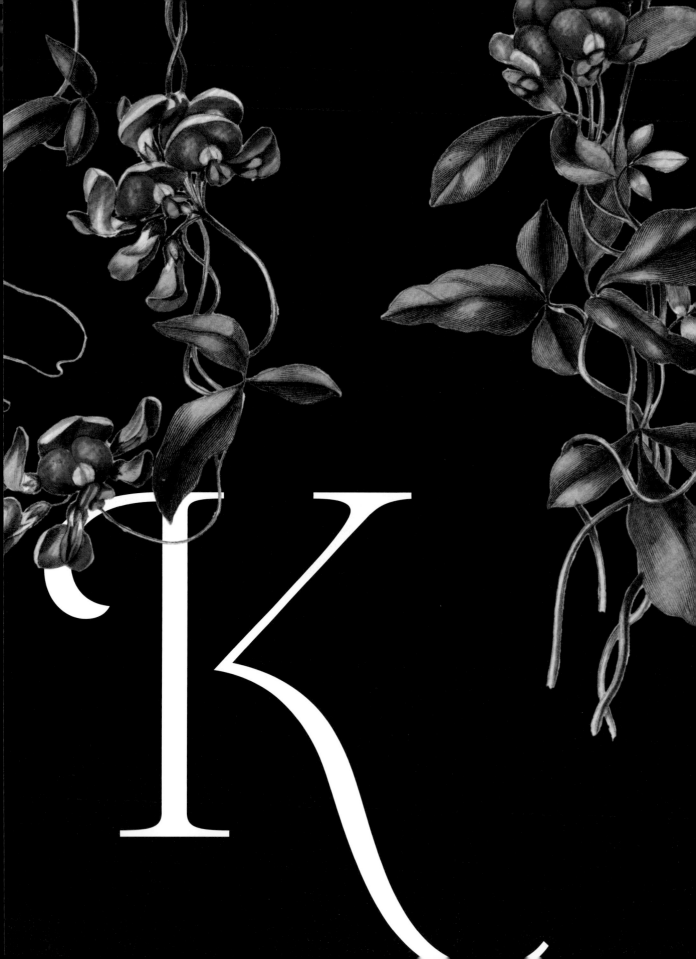

K

No. 504
伽藍菜 *Kalanchoe*

| Kalan Chau | Kalanchauhuy | Kalanchoe | 長壽花 Kalanchöe | Kalanchoë |

◎ 象徵意義
耐力；永恆的愛；持久的戀情；愛不釋手；你的脾氣太急躁了。

📖 軼聞
所有開花的伽藍菜都會開花八週。

No. 505
山月桂 *Kalmia latifolia* ☠

| Calico Bush | Clamoun | Ivybush | Lambkill | 山月桂 Mountain Laurel | 羊月桂 Sheep Laurel | 湯匙木 Spoonwood |

◎ 象徵意義
野心；英雄的野心；榮耀；背信忘義；勝利；甜蜜的話也可能是謊言。

📖 軼聞
山月桂的枝條可以製成經久耐用的形狀，例如做成花圈和裝飾。

No. 506
澳洲珊瑚藤 *Kennedia*

| 珊瑚藤 Coral Vine | Kennedia coccinea | Kennedya | Scarlet Runner |

◎ 象徵意義
知性美；內在美。

📖 軼聞
澳洲珊瑚藤原產於澳大利亞，在攀緣藤蔓上有鮮豔的猩紅色豌豆大小的花朵。

No. 507
欒樹 *Koelreuteria paniculata*

| 中國之樹 China Tree | 金雨樹 Golden Rain Tree | Goldenrain Tree | 中國之光 Pride of China | Pride-of China | 印度之光 Pride of India | Pride-of-India | Varnish Tree |

◎ 象徵意義
分歧。

📖 軼聞
欒樹成熟到可以開花時，整棵樹會開滿金黃色的花朵。

K

No. 508

扁豆 *Lablab purpureus* ☠

| 澳洲豆 Australian Pea | Bataw | Bonavist Bean | Bonavist-bean| Bonavist Pea | 黃油豆 Butter Bean | Dolichos | Dolichos Bean | 埃及腎豆 Egyptian Kidney Bean | 風信子豆 Hyacinth Bean | 印度豆 Indian Bean | Lablab | Lablab Bean | Lablab-bean | 木瓜豆 Papaya Bean | Poor Man Bean | 紫色風信子豆 Purple Hyacinth Bean | Seim Bean | Tonga Bean |

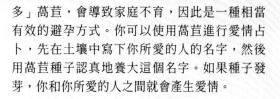

◎ 象徵意義
生動可愛。

📖 軼聞
扁豆的豆莢是紫色的。

No. 509

毒豆 *Laburnum anagyroides* ☠

| Common Laburnum | Cytisus laburnum | 金鏈 Golden Chain | 金雨 Golden Rain | Laburnum vulgare |

◎ 象徵意義
黑暗；拋棄；沉思之美。

📖 軼聞
儘管毒豆全株都致命有毒，但毒豆全株金黃色蘭花般的花朵懸掛成一簇簇，相當美麗。

No. 510

萵苣 *Lactuca sativa*

| 花園萵苣 Garden Lettuce | Lattouce | Lettuce | 睡草 Sleep Wort |

◎ 象徵意義
貞潔；冷淡；冷漠。

🏺 魔法效果
催情劑；生育；避孕；占卜；愛意；愛情占卜；保護；睡眠。

📖 軼聞
萵苣原產於地中海地區，是地球上最古老的蔬菜之一。英國曾一度認為，如果花園中種植「太多」萵苣，會導致家庭不育，因此是一種相當有效的避孕方式。你可以使用萵苣進行愛情占卜，先在土壤中寫下你所愛的人的名字，然後用萵苣種子認真地養大這個名字。如果種子發芽，你和你所愛的人之間就會產生愛情。

No. 511

蒲瓜 *Lagenaria* ☠

| Adenopus | 葫蘆 Gourd | Sphaerosicyos |

◎ 象徵意義
一大批；延伸；不求回報的愛。

🏺 魔法效果
保護。

📖 軼聞
如果將蒲瓜掛在家裡的前門，將提供一些防止魔法的保護。帶著一塊蒲瓜以抵禦邪惡。用蒲瓜做成撥浪鼓可嚇跑惡靈。用蒲瓜製成的碗，裝滿乾淨的水，可用於占卜。

No. 512

紫薇 *Lagerstroemia*

| Common Crape Myrtle | Crape Myrtle | Crepe Myrtle | 眾神之花 Flower of the Gods | 印度紫薇 Indian Lagerstroemia | Lagerstroemia indica | 女王的紫薇 Queen's Crape Myrtle |

◎ 象徵意義
口才。

🏺 魔法效果
貞潔。

📖 軼聞
紫薇在幾個世紀以來一直深受中國皇帝的青睞。在容易生長的地區，紫薇被當成街道旁的路樹。在中世紀，紫薇常用於新娘花環。相傳若夢中出現紫薇，預示長壽、吉祥。在前門兩側種植紫薇，能為家庭帶來和平與愛。

No. 513
錦葵 *Lagunaria patersonii* ☠

| 牛癢樹 Cow Itch Tree | Lagunaria | Norfolk Island Hibiscus | Primrose Tree | 金字塔樹 Pyramid Tree |

🌹 象徵意義
無常。

📖 軼聞
錦葵是一種美麗的樹，原產於澳大利亞，但其豆莢和纖維不僅會使牛發癢，而且會刺痛地穿透皮膚且難以去除。蜜蜂喜歡錦葵。

No. 514
粉紅荷包牡丹
Lamprocapnos spectabilis

| 學士 Bachelor | 流血之心 Bleeding Heart | 男孩與女孩 Boys and Girls | 蝴蝶旗 Butterfly Banners | Dicentra spectabilis | Diclytra spectabilis | Dutchman's Britches | 荷蘭人的褲子 Dutchman's Trousers | Eardrops | Fumaria spectabilis | 小貓 Kitten | 洗澡的女士 Lady in a Bath | Little Boy's Breeches | Lyre Flower | Lyre-flower | 僧侶的頭 Monk's Head | 老派的流血心 Old Fashioned Bleeding Heart | Old-Fashioned Bleeding-heart | 軍人帽 Soldier's Cap | 松鼠玉米 Squirrel Corn | 火雞玉米 Turkey Corn | Venus' Car | White Hearts |

🌹 象徵意義
和我一起飛；愛意。

🏺 魔法效果
愛意。

📖 軼聞
如果你壓碎了一朵粉紅荷包牡丹，而且它的汁液是紅色的，你的愛就會得到回報；如果汁液是白色的，那麼你愛的人並不愛你。如果要在室內種

粉紅荷包牡丹，則在土壤中放入一便士的銅幣，以驅除負能量。

No. 515
馬纓丹
Lantana camara ☠

| Baho-Baho | Coronet | Coronitas | 放屁花 Fart Flower | Lantana | Lantana aculeata | Lantana armata | 紅色鼠尾草 Red Sage | 臭花 Smelly Flower | 西班牙旗幟 Spanish Flag | Utot-Utot | West Indian Lantana | 野生鼠尾草 Wild Sage | 黃色鼠尾草 Yellow Sage |

🌹 象徵意義
嚴謹；嚴重性。

📖 軼聞
盛開時的馬纓丹是一種常見的熱帶和亞熱帶野生植物，會生成一團混合色的花朵。

No. 516
智利風鈴草 *Lapageria rosea*

| 智利風鈴草 Chilean Bellflower | Copihue | Lapageria |

🌹 象徵意義
世間沒有完全的善；沒有純然的善。

📖 軼聞
智利風鈴草以狂熱的植物收藏家，法國約瑟芬皇后的名字命名。

No. 517
落葉松 *Larix*

| Larch |

🌹 象徵意義
大膽。

🏺 魔法效果
防火；防盜；保護。

📖 **軼聞**

落葉松的木材堅韌、耐用且耐腐，足以用於建造遊艇。由於針葉短，落葉松常被選擇用於製作盆景樹。與針葉樹不同，落葉松屬落葉樹，在秋季落針。

No. 518

寬葉山黧豆 *Lathyrus latifolius* ☠

| 常春豆 Everlasting Pea | Perennial Pea | Perennial Peavine |

◎ **象徵意義**

約定會面；不要走開；持久的快樂；你願意跟我走嗎？

📖 **軼聞**

寬葉山黧豆是多年生攀緣藤本植物，花朵沒有香味，到了夏末，整株植物看起來變得雜亂無章。

No. 519

香豌豆 *Lathyrus odoratus* ☠

| 甜豌豆 Sweet Pea | Sweetpea |

◎ **象徵意義**

一次會面；幸福的快樂；貞潔；美味；離開；再見；我想你；謝謝你的美好時光。

🧪 **魔法效果**

貞潔；勇氣；友誼；力量。

📖 **軼聞**

在身上佩戴香豌豆以獲得力量。為了讓某人保持貞潔，放一束香豌豆花在他們的臥室中。新鮮的香豌豆花有助於結交朋友。手拿一朵香豌豆花，鼓勵人們將真相告訴你。

月桂 *Laurus nobilis*

| Bai | Bay | Bay Laurel | 月桂樹 Bay Tree | Grecian Laurel | Laurel | Laurel Tree | Laurus | 月亮月桂 Moon Laurel | 羅馬月桂 Roman Laurel | 甜月桂 Sweet Bay | 真正月桂 True Laurel |

◎ **象徵意義**

不朽的情意；名氣；榮耀；我在死亡中改變；不朽；愛；至死不變；知名度；稱讚；繁榮；名聲；基督復活；力量；成功；榮耀的象徵；詩人的象徵；勝利。

🌿 **月桂葉**：我在死亡中改變。

🌿 **月桂花圈**：名望；榮耀；功勳獎勵；功德獎賞

🧪 **魔法效果**

豐富；進步；千里眼；有意識的意志；活力；友誼；生長；康復；誘發預言夢；喜悅；領導；生命；光；自然力量；身體和精神上的清洗；保護；抵禦邪靈；雷暴時的保護；精神力量；淨化；力量；成功；避邪；抵禦邪惡的魔法；避雷；避免消極情緒；智慧。

📖 **軼聞**

在古希臘，詩人、英雄、獲獎運動員和受人尊敬的領導人都戴著由月桂樹葉製成的花環。「桂冠詩人」一詞源於為尊敬的詩人加冕的習俗。在古羅馬，月桂花環掛在病人的門上能保護他們。結果，當新的博士合格，被月桂花環加冕時，「學士」的博士學位就正式有效了。先知們在預言未來時，曾手持月桂樹的樹枝。特別用來保護上戰場的皇帝和武士。在家附近種植月桂樹，將保護其居民免受疾病侵害。為確保愛情持久，一對夫婦會折斷月桂樹細枝，然後將其折成兩半，各保留一根。將願望寫在月桂樹葉上，然後埋在陽光充足的地方，能讓願望成真。將月桂葉放在枕頭下，會誘發預言夢。根據傳說，如果你站在一棵月桂樹旁，就不會被閃電擊中，也不會受到女巫的影響。在月桂樹葉上寫下一個願望，然後燒掉以實現願望。帶著月桂葉作為護身符，以抵禦任何形式的邪惡和負面情緒。將月桂樹護身符放在房子的窗戶上以防雷擊。

No. 521
狹葉薰衣草 *Lavandula angustifolia*

| Common Lavender | Elf | Elf Leaf | 英國薰衣草 English Lavender | 薰衣草 Lavandula | Lavandula officinalis | Lavandula pyrenaica | Lavandula spica | Lavandula vera | Lavendula | 甘松 Nard | Nardus | 窄葉薰衣草 Narrow-leaved Lavender | 官方薰衣草 Official Lavender | 刺棘 Spike | 真正薰衣草 True Lavender |

🌹 象徵意義
堅貞；奉獻；不信任；信念；忠誠；謙遜；愛意。

🧪 魔法效果
對抗邪惡之眼的符咒；商業交易；商業；呼喚好神；警告；貞潔；聰明；溝通；創造力；擴張；信仰；幸福；康復；榮譽；照明；誘導睡眠；引發；內視；智力；領導；學習；長壽；愛；魔法；記憶；和平；政治；力量；保護；謹慎；大眾好評；淨化；責任；版稅；科學；自我保護；睡覺；良好的判斷力；成功；偷竊；財富；智慧。

🌿 狹葉薰衣草與迷迭香
貞潔；提倡正直。

📖 軼聞
自古以來，薰衣草就用來讓房間、床單和自己保持清新。一小株薰衣草曾被送給臨產的婦女捧著，用手擠壓它會釋放出鎮靜的香味來緩解她們的痛苦。家中的薰衣草被認為可以帶來安寧。送給新婚夫婦一小支薰衣草，被認為會給他們帶來幸運。人們認為聞薰衣草的香味可以看到鬼魂。穿著帶有狹葉薰衣草花香味的衣服會吸引愛情。在用狹葉薰衣草花香的紙上寫情書會吸引愛情。在家中撒狹葉薰衣草的花，以營造寧靜氛圍，並消除環境中的壓抑感。

No. 522
花葵 *Lavatera*

| 三月花葵 Annual Mallow | Anthema | 錦葵 Axolopha | Navaea | Olbia | 芙蓉 Rose Mallow | 皇家錦葵 Royal Mallow | Saviniona | Steegia | Stegia | 錦葵樹 Tree Mallow |

🌹 象徵意義
甜美的性格。

🧪 魔法效果
尊敬死者；愛意；保護。

No. 523
指甲花 *Lawsonia inermis* ☠

| 散沫花 Camphire | Henna | Hina | Hinna | 木犀草 Mignonette Tree |

🌹 象徵意義
欺騙；香氣；你不只是好看而已。

🧪 魔法效果
情緒；生育力；世代；緩解頭痛；康復；健康；靈感；直覺；愛；預防疾病；免受邪眼的傷害；通靈能力；海；潛意識；潮汐；乘水而行。

📖 軼聞
在心的附近戴上一株指甲花，能夠吸引到愛情。

No. 524
枯葉 *Leaves (Dead)*

🌹 象徵意義
憂鬱；我的愛終結了；悲傷。

No. 525
獅齒菊 *Leontodon*

Hawkbit | Hawkbits | Scorzoneroides

🌹 象徵意義
老鷹一樣的視覺。

📖 軼聞
獅齒菊與蒲公英屬於同一類的植物，看起來非常相似。中世紀有一種神話信仰，認為老鷹吃獅齒菊的花來強化鳥類的視力。

No. 526

積雪雪絨草
Leontopodium nivale

| 雪絨花 Edelweiss | Floare de Colt | Floarea Reginei | Gole-yax | 小白花 Ice Flower | Leontopodium alpinum | 高山花之后 Queen of Alpine Flowers |

🌹 象徵意義

大膽；貴族；高尚的勇氣；高貴純潔。

🏺 魔法效果

防彈；勇氣；大膽；隱形；力量。

📖 軼聞

積雪雪絨草是一種受保護的花，因此嚴禁採摘活的積雪雪絨草。人們相信，如果將積雪雪絨草製成花環然後佩戴，它會使佩戴者隱形。為了找到你的心願，可以細心地種植和照顧積雪雪絨草。

No. 527

灰白益母草 *Leonurus cardiaca*

| 獅子耳 Lion's Ear | 獅子尾巴 Lion's Tail | 益母草 Motherwort | Throwwort |

🌹 象徵意義

暗戀；創造力；想像力；祕密的愛。

📖 軼聞

灰白益母草最初被引入北美以吸引蜜蜂，現在已經歸化為一種野生植物，棲息在空地、垃圾場、廢棄物收集區以及路邊。

No. 528

家獨行菜 *Lepidium sativum*

| Chandrashoor | 水芹 Cress | 花園獨行菜 Garden Cress | 花園胡椒草 Garden Pepper Cress | Mustard and Cress | Pepper Cress | Pepper Grass | Pepperwort | 窮人的胡椒 Poor Man's Pepper |

🌹 象徵意義

永遠可靠；權力；巡迴；穩定。

🏺 魔法效果

催情劑；勇氣；大膽；隱形；權力。

📖 軼聞

神奇的是，家獨行菜被認為是一種土星位於金牛座的草本植物，可與性愛魔法中其他魔法指定植物結合使用。由於能夠從地面吸收毒素，因此在選擇種植家獨行菜的地點時要格外小心。

No. 529

花環花 *Leschenaultia splendens*

| Leschenaultia | Lechenaultia splendens | 燦爛的猩紅色花環花 Splendid Scarlet-flowered Leschenaultia |

🌹 象徵意義

你真迷人。

📖 軼聞

花環花是一種矮小的灌木，只比一個拇指大，相當適合種在一個罐子中。

No. 530

法國菊 *Leucanthemum vulgare*

| 公牛雛菊 Bull Daisy | 奶油雛菊 Butter Daisy | Button Daisy | Chrysanthemum leucanthemum | Dog Blow | 狗雛菊 Dog Daisy | Dun Daisy | Dutch Morgan | Field Daisy | Golden Marguerites | Herb Margaret | 馬雛菊 Horse Daisy | Horse Gowan | 小雛菊 Marguerite | 苦艾草 Maudlinwort | Midsummer Daisy | 月雛菊 Moon Daisy | 月花 Moon Flower | Moon Penny | Ox Eye | 牛眼雛菊 Ox-Eye Daisy | Oxeye Daisy | Poorland Daisy | Poverty Weed | 白人的草 White Man's Weed |

🌹 象徵意義

代幣；歡呼；失望；信仰；清白；忠誠的愛；耐心；純潔；簡單。

🏺 魔法效果

占卜；占卜愛情。

📖 軼聞

法國菊已被用於好幾代人的愛情占卜，摘取花瓣時，總會伴隨著「他（她）愛我、他（她）不愛我」的呢喃，最後一片花瓣就是問題的答案。整個中東地區的許多古代裝飾品、繪畫和陶瓷上都發現了法國菊。古代的凱爾特人相信國菊是出生時死去的嬰兒的靈魂。春天夢見法國菊是幸運；在秋天或冬天則是厄運。

No. 531
歐當歸 *Levisticum officinale*

| 中國當歸 Chinese Lovage | Deveseel | Italian Lovage | 義大利香芹 Italian Parsley | Lavose | Lestyán | Leustean | Levistico | Libbsticka | Libecek | Liebstöckel | Livèche | Lovage | 愛的草藥 Love Herb | Love Herbs | Love Parsley | Love Rod | 愛之根 Love Root | Love Sticklet | Loving Herbs | Lubczyk | Lubestico | Lyubistok | Maggikraut | Maggiplant | 海之巴西里 Sea Parsley |

🌹 **象徵意義**

帶來愛；愛意。

⚗ **魔法效果**

吸引力；愛意。

📖 **軼聞**

人們相信，外出結識新朋友之前，在洗澡水中加入歐當歸會增加你的吸引力。

No. 532
麒麟菊 *Liatris spicata*

| 熾熱之星 Blazing Star | Blazing-Star | 鈕釦蛇根 Button Snakeroot | 鹿舌草 Deerstongue | 蛇鞭菊 Gay-Feather | Gayfeather | 狗舌草

Hound's Tongue | 堪薩斯蛇鞭菊 Kansas Gay Feather | 紫色撲克 Purple Poker | Spire | Spike | 香草葉 Vanilla Leaf | 野香草 Wild Vanilla |

🌹 **象徵意義**

極樂；幸福；喜悅。

⚗ **魔法效果**

情慾；通靈能力。

📖 **軼聞**

無論是帶著還是戴上麒麟菊都會吸引到男士。佩戴麒麟菊，有助於增強精神力量。將麒麟菊放在床底下以吸引男性。

No. 533
女楨 *Ligustrum*

| 水蠟樹 Privet |

🌹 **象徵意義**

入侵；溫和；禁止。

⚗ **魔法效果**

女楨通常是園藝家的首選樹種，用在花園中將其塑造成簡單而奇特的人物。在家附近種植女楨，可以促進和支援交流。用一株女楨展示你的意圖，以促進你自己和與你有衝突的人之間的和諧，然後將它放在你們物品中的某個地方，以便在一天內解決爭論。

No. 534
歐洲女楨 *Ligustrum vulgare* ☠

| Common Privet | European Privet | 野女楨 Wild Privet |

🌹 **象徵意義**

厄運；禁止。

⚗ **魔法效果**

唯一原生且常見的不列顛群島「女楨」樹籬是歐洲女楨。許多伊莉莎白時代的花園都種上了歐洲女楨。

No. 535
百合花 *Lilium* ☠

| Hleri | Hreri | Hrrt | Hrry | Krinon | Leírion | 百合 Lily |

🌹 象徵意義
美麗;生育;奉獻;神;崇高而不可接近;榮譽;謙遜、壯麗;威嚴;謙虛;宗教;自豪;純淨;心清淨;最高;甜蜜和謙卑;心的統一。

🎨 **花色的意義**:橙色:慾望;不喜歡;仇恨;熱情;復仇。

🎨 **花色的意義**:猩紅色:高級;高尚;高尚的野心。

🎨 **花色的意義**:白色:慶祝;和你在一起真是太棒了;威嚴;謙虛;純淨;社交性;甜美;童貞;青春。

🎨 **花色的意義**:黃色:錯誤;謬誤;歡樂;輕快;感激;幸福;我欣喜若狂;謊言;俏皮的美。

🧴 魔法效果
打破愛情魔咒;驅魔;擋住鬼魂;讓不受歡迎的訪客遠離;保護;淨化;驅除消極情緒;真相。

📖 軼聞
在花園裡種植百合以抵禦鬼魂,以及抵禦邪惡。佩戴或帶著百合以打破特定人士對你施放的愛情魔咒。將一塊舊皮革包著百合放在床裡面,以找出過去一年犯罪的線索。

No. 536
天香百合 *Lilium auratum* ☠

| Goldband Lily | 日本金線百合 Golden Rayed Lily of Japan | 山百合 Mountain Lily | 東方百合 Oriental Lily | Yamayuri |

🌹 象徵意義
山百合;真心。

📖 軼聞
天香百合是「真正的」百合,香氣濃郁,是所有百合中最高大且花開得最茂盛的種類。

No. 537
加拿大百合 *Lilium canadense* ☠

| Canada Lily | Field Lily | 草地百合 Meadow Lily | 野生黃百合 Wild Yellow Lily | Wild Yellow-Lily |

🌹 象徵意義
謙遜。

📖 軼聞
加拿大百合將長成 3 到 8 英尺(1 到 2.4 米)高的美麗野百合花。

No. 538
聖母百合 *Lilium candidum* ☠

| 瑪丹娜百合 Madonna Lily |

🌹 象徵意義
純潔。

📖 軼聞
聖母瑪利亞在中世紀時的圖像經常顯示她手持這種百合,因此得名「聖母百合」。在所羅門王的聖殿中,柱子和洗禮盆上都有聖母百合的圖像。

No. 539
哥倫比亞百合 *Lilium columbianum* ☠

| Columbia Lily | 虎皮百合 Tiger Lily |

🌹 象徵意義
財富;驕傲;繁榮。

🧴 魔法效果
保護。

No. 540
麝香百合 *Lilium longiflorum* ☠

| 百慕達百合 Bermuda Lily | 復活節百合 Easter Lily
| 雅各之淚 Jacob's Tears | Japanese Easter Lily | 天堂之梯 Ladder to Heaven | 長筒白百合 Longtubed White Lily | 瑪莉的眼淚 Mary's Tears | 11 月的百合 November Lily | 雪皇后 Snow Queen | 鐵炮百合 Teppouyuri | 喇叭百合 Trumpet Lily | 白喇叭百合 White Trumpet Lily |

象徵意義
純潔。

魔法效果
就業；賭博；運氣；權力；保護。

軼聞
麝香百合記載在日本最古老的園藝書籍，其歷史可以追溯到 1681 年。傳說當夏娃離開伊甸園時，夏娃悔改的眼淚掉到哪裡，哪裏就會長出百合。古老的米諾斯文化在三千五百年前就消失了，當時麝香百合就經常出現在他們的陶瓷作品上。比米諾斯文化本身更古老的是希伯來語中的「百合」，即「shusan」。

No. 541
君王百合 *Lilium regale* ☠

| 聖誕百合 Christmas Lily | Regal Lily | 皇家百合 Royal Lily |

象徵意義
皇室之美。

軼聞
君王百合的香氣在夜晚最香。

No. 542
鹿子百合 *Lilium speciosum* ☠

| 中國百合 Chinese Lily | 日本百合 Japanese Lily |

象徵意義
幸運；永遠在愛中；你不能欺騙我。

軼聞
提到可愛的鹿子百合，就要提到中

國古代哲學中的諺語：「如果你有兩個麵包，最好是賣掉一個，用來買朵百合。」

No. 543
沼澤百合 *Lilium superbum* ☠

| 美國老虎百合 American Tiger Lily | 沼澤百合 Swamp Lily | Turban Lily | Turk's Cap Lily |

象徵意義
騎士精神；騎士；厭世；驕傲；財富。

魔法效果
保護。

No. 544
補血草 *Limonium*

| 星辰花 Marsh-Rosemary | 海洋薰衣草 Sea Lavender | Statice |

象徵意義
我想念你；喜悅；永遠美麗；銘記；成功；同理心。

軼聞
補血草寬闊的葉子、深紫色到淺色的花，使補血草成為佈置花材中，受歡迎的新鮮切花或乾燥花。

No. 545
石茲蓉 *Limonium caspia*

| 小石茲蓉 Caspia | 平葉礦松 German Statice | Limonium | Misty | 海泡 Seafoam |

◎ 象徵意義

喜悅。

📖 軼聞

石蓯蓉的花莖顏色較淺，常被花藝師用來填充盆栽，花莖頂上小小的花朵們，讓整株花看起來像是一團白棉花。

No. 546

水茫草 Limosella

| 泥草 Mudwort |

◎ 象徵意義

寧靜。

📖 軼聞

水茫草在世界各地通常被種植在泥濘地中。

No. 547

亞麻 Linum usitatissimum

| Aazhi Vidhai | Agasi | Akshi | Alashi | Avisalu | Common Flax | Flax | Javas | Jawas | Linaza | Linseed | 胡麻 Sib Muma | Tisi |

◎ 象徵意義

美麗；恩人；國內產業；命運；天才；康復；我感受到你的好處；我感受到你的善意；仁慈；錢。

🌿 乾燥亞麻

實用。

🔮 魔法效果

美麗；療癒；健康；運氣；金錢；保護；通靈能力；淨化。

📖 軼聞

亞麻是歷史上最古老的纖維植物之一，自古埃及時代就開始種植和加工，在喬治亞州的一個史前洞穴中也發現了染色的史前亞麻纖維，經科學確認，至少有 三萬年。早在新石器時代，北歐就使用亞麻纖維製作布料。在口袋裡放幾枚硬幣和亞麻會吸引錢。佩戴亞麻花以抵禦巫術。將亞麻種子與紅辣椒混合，放入盒子中以保護家裡。將亞麻的種子放入護身符，佩戴在身上以防止惡意魔法。為了擺脫貧困，可以將亞麻籽放入鞋子、口袋或錢包中。閃亮的硬幣和亞麻放在家裡的祭壇上以抵禦貧窮。

No. 548

楓香樹 Liquidambar

| American Storax | 液體琥珀 Liquidamber | 紅色膠樹 Red gum | Satin-walnut | 甜膠樹 Sweetgum | Voodoo Witch Burr | Witch Burr |

◎ 象徵意義

流動；液體。

🔮 魔法效果

保護。

📖 軼聞

楓香樹通常又被稱為「甜膠樹」，其中的樹脂汁被稱為「液體琥珀」，而圓形、黏黏的種子莢被稱為「女巫球」。

No. 549

鵝掌楸 Liriodendron

| Canoewood | Ko-Yen-Ta-Ka-Ah-Tas | Liriodendron tulipifera | Saddle Leaf Tree | Tulip Poplar | 鬱金香樹 Tulip Tree | 白木 White Wood | Yellow Poplar |

◎ 象徵意義

聲望；農村的幸福。

📖 軼聞

鵝掌楸的花非常大，像是鬱金香。作為北美東部最高的樹木之一，地球上最高的鵝掌楸樹高約 200 英尺（61 米）。

No. 550
生石花 *Lithops*

| 開花石 Flowering Stone | 活石 Living Stones | 鵝卵石植物 Pebble Plants | Stone Face | 石草 Stone Plant |

象徵意義
藏在顯眼處；堅毅；生存。

軼聞
生石花原產於非洲沙漠，非常奇怪，它的形狀、大小和顏色都像是石頭。大部分的莖都埋在土壤下，球狀的生石花葉成對生長，看起來像融合在一起，它們之間只有很小的空間打開以允許光線進入。生石花很少有超過一對的葉子，多的葉子會枯死，讓新的一對從中心長出來。由於生石花天生具有很好的偽裝性，因此仍在繼續發現生石花的新品種。

No. 551
半邊蓮 *Lobelia* ☠

| 祛痰草 Asthma Weed | Bladderpod | Enchysia | Gagroot | Haynaldia | 印第安菸草 Indian Tobacco | Isolobus | Laurentia | Mezleria | Neowimmeria | Parastranthus | Pukeweed | Rapuntium | Tupa | Vomitwort |

象徵意義
惡意。

魔法效果
停止風暴；療癒；愛意。

軼聞
人們認為向正在形成的風暴撒半邊蓮的粉末，能夠阻止風暴成形。

No. 552
紅花山梗菜 *Lobelia cardinalis* ☠

| 紅衣主教花 Cardinal Flower | 印地安石竹 Indian Pink | Lobelia fulgens | 猩紅色半邊蓮 Scarlet Lobelia |

象徵意義
永遠可愛；厭惡；不喜歡；區別；升遷；輝煌。

魔法效果
傷害；癒合。

No. 553
黑麥草 *Lolium*

| Rye Grass | Ryegrass | 稗子 Tares |

象徵意義
多變的性格；副手。

軼聞
黑麥草不應與穀物裸麥搞混。

No. 554
毒麥 *Lolium temulentum* ☠

| Cheat | Cockle | Darnel | Ivraie | Lolium annuum | Lolium berteronianum | Lolium cuneatum | Lolium gracile | 毒大麥 Poison Darnel | Ray Grass | Rye Grass | Tare | Tares |

象徵意義
缺席；虛榮是缺乏品德的美麗；副手。

軼聞
長久以來，毒麥被誤以為是唯一有毒的草。

No. 555
蔓生盤葉忍冬 *Lonicera caprifolium*

| 珊瑚忍冬 Coral Honeysuckle | 荷蘭忍冬 Dutch Honeysuckle | 山羊葉 Goat's Leaf | Italian Woodbine | Perfoliate Honeysuckle | Woodbine |

◎ 象徵意義

我愛你；性格甜美；我的命運色調。

⚱ 魔法效果

增強對心理印象的理解；錢；保護；精神力量。

📖 軼聞

將蔓生盤葉忍冬放在家中的花瓶以吸引金錢。戴在額頭上可增強精神力量。如果你在家裡附近種植它，則會帶來幸運。

No. 556

金銀花 *Lonicera japonica*

| Er Hua | Geumeunhwa | 日本忍冬 Japanese Honeysuckle | 金銀花 Jin Yín Hua | Jinyinhua | Ren Dong Téng | 雙花 Shuang Hua | Suikazura |

◎ 象徵意義

情感；愛的連結；忠誠；豐盛

⚱ 魔法效果

金錢；保護；通靈能力。

No. 557

歐洲忍冬 *Lonicera periclymenum*

| 忍冬 Common Honeysuckle | 歐洲忍冬 European Honeysuckle | 忍冬 Honeysuckle |

◎ 象徵意義

感情；愛的聯繫；虔誠的愛；家庭幸福；慷慨的愛；慷慨而忠誠的愛；無常；我不會倉促回答；持久的愉悅；永久性；恆久和堅定；堅定不移。

⚱ 魔法效果

忠實；慷慨；幸福；錢；保護；精神力量；精神願景。

No. 558

木骨忍冬 *Lonicera xylosteum*

| 矮忍冬 Dwarf Honeysuckle | European Fly Honeysuckle | Fly

Honeysuckle | Fly Woodbine | Lonicera | 野忍冬 Wild Honeysuckle |

◎ 象徵意義

愛的連結；虔誠的愛；家庭幸福；無常；持久的愉悅；恆久和堅毅。

⚱ 魔法效果

金錢；保護；通靈能力。

No. 559

百脈根 *Lotus corniculatus*

| 鳥足三葉草 Birdfoot Deervetch | Bird's-Foot Trefoil | Butter and Eggs | Deer Vetch | 蛋與培根 Eggs and Bacon |

◎ 象徵意義

放棄；報應；復仇。

No. 560

龍牙 *Lotus maritimus*

| 龍牙 Dragon's Teeth | Dragon's Tooth | 碗豆蓮 Pea Lotus | 海龍 Sea Dragon | Tetragonolobus maritimus |

◎ 象徵意義

保護者。

⚱ 魔法效果

保護。

No. 561

銀扇草 *Lunaria*

| 誠實 Honesty | Lunary | 金錢草 Money Plant | 緞帶花 Satin Flower | 銀幣草 Silver Dollar Plant |

◎ 象徵意義

我忘了嗎？；著迷；健忘；誠實；擊退怪物；祕密的愛；真誠。

魔法效果

金錢；保護。

軼聞

有一種將錢拉向你的方法，就是將一顆銀扇草的種子放在燭台的插座上，在上面放一根綠色蠟燭，然後將蠟燭燒到底。另一種將錢向你拉近的方法是在錢包或口袋中帶著一顆銀扇草的種子。

No. 562

羽扇豆 Lupinus ☠

| Altramuz | Blue Pea | Lupin | Lupine | Lupini | 老婦的帽子 Old Maid's Bonnet | Quaker Bonne | Sundial | Wild Bean | 野生碗豆 Wild Pea | Wolf's Tale |

象徵意義

沮喪；想像力；貪婪。

軼聞

有人認為野生的羽扇豆，是通往童話世界的門戶。

No. 563

德克薩斯羽扇豆 Lupinus texensis ☠

| Bluebonnet | 水牛三葉草 Buffalo Clover | Texas Bluebonnet | 狼花 Wolf Flower |

象徵意義

寬恕；自我犧牲；生存。

花色的意義：粉紅：回憶逝者；掙扎生存。

軼聞

德克薩斯羽扇豆在德州的盛行，是由野花愛好者和美國第一夫人詹森夫人（Ladybird Johnson）所發起的，她對所有開花植物長久以來的喜愛，促進了美國公路美化法案，在高速公路中間持續種植各種花草，該法案也被暱稱為「瓢蟲法案」。

No. 564

皺葉剪秋羅 Lychnis chalcedonica

| 燃燒的愛 Burning Love | Common Rose Campion |

Constantinople Campion | Cross of Jerusalem | Dusky Salmon | 火球 Fireball | 布里斯托之花 Flower of Bristol | Flower of Bristow | Flower of Constantinople | 園丁的喜悅 Gardener's Delight | 園丁之眼 Gardener's Eye | Great Candlestick | Jerusalem Cross | 騎士十字 Knight's Cross | 倫敦的驕傲 London Pride | Maltese Cross | Meadow Campion | Nonesuch | 紅色羅賓 Red Robin | 猩紅閃電 Scarlet lightning | Scarlet Lychnis | 基督的眼淚 Tears of Christ |

象徵意義

宗教狂熱；雙眼炯炯有神。

軼聞

當花園裡需要漂亮的鮮紅色花朵時，皺葉剪秋羅是一種不錯的選擇。

No. 565

剪秋羅 Lychnis flos-cuculi

| 布穀鳥花 Cuckoo Flower | Meadow Lychnis | Meadow Pink | 仙翁花 Ragged Robin |

象徵意義

智慧。

軼聞

剪秋羅是一種獻給使徒聖巴拿巴的野花。

No. 566

石松 Lycopodiopsida

| Club Moss | 狐狸尾巴 Foxtail | Ground Pine | Lycopod | Moririr-Wa-Mafika | Selago | Vegetable Sulfur | 狼爪 Wolf Claw |

象徵意義

保護。

魔法效果

商業交易；聰明；溝通；創造力；智慧；回憶；權力；保護；科學；偷竊。

No. 567

石蒜 *Lycoris radiata* ☠

| Mañjusaka | Manjushage | 紅蜘蛛百合 Red Spider Lily |

象徵意義

背棄；來世之花；未來看似有希望，實則悽慘的戀人；失去回憶；不再見面。

魔法效果

引導死者進入下一個輪迴。

No. 568

圓葉珍珠菜 *Lysimachia nummularia*

| 攀爬珍妮 Creeping Jenny | Goldilocks | Goldylocks | Herb Twopence | Lysimachia zawadzki | 金錢草 Moneywort | 兩便士草 Twopenny Grass |

象徵意義

萎靡不振；像一枚硬幣；締造和平；擺脫紛爭。

魔法效果

金錢；和平；安心。

No. 569

千屈菜 *Lythrum*

| 開花莎莉 Blooming Sally | Loosestrife | 千禧花 |

Lythrum | partyke | Peplis | 紫柳草 Purple Willow Herb | 彩虹草 Rainbow Weed | Sage Willow | Salicaire | Salicaria |

象徵意義

自負。

魔法效果

和平；保護。

軼聞

送給朋友一株千屈菜以解決彼此的紛爭。在家中撒一些千屈菜可以製造出和平的氛圍，並阻止邪惡。

No. 570

短瓣千屈菜 *Lythrum salicaria*

| Purple Loosestrife | 紫千屈菜 Purple Lythrum | Qian Qu Cai | Salicaire | Spiked Loosestrife |

象徵意義

自負。

魔法效果

友誼；和諧；和平；保護。

軼聞

為了促進和諧，可以在房間的各個角落放一些短瓣千屈菜。

M

No. 571
四葉澳洲堅果 *Macadamia tetraphylla* ☠

| Bauple Nut | Boombera | Bush Nut | 黃瓜樹 Cucumber Tree | Gyndl | Jindilli | Mac Nut | Macadamia| 澳洲堅果 Macadamia Nut | Maroochi Nut | Queen of Nuts | 昆士蘭堅果 Queensland Nut |

◎ 象徵意義
獨創性。

🏺 魔法效果
催情劑；生育力。

📖 軼聞
四葉澳洲堅果的外殼非常堅硬，必須用鈍器（如錘子）將其打開。紫蘭金剛鸚鵡是極少數能夠僅使用其強大的喙來剝堅果的動物之一。

No. 572
黃瓜木蘭 *Magnolia acuminata*

| Blue Magnolia | 黃瓜玉蘭 Cucumber Magnolia | 黃瓜樹 Cucumber Tree | Cucumbertree |

◎ 象徵意義
果決；尊嚴。

🏺 魔法效果
耐力。

📖 軼聞
黃瓜木蘭是最耐寒的木蘭，也是最大的木蘭之一。

No. 573
荷花玉蘭 *Magnolia grandiflora*

| 大玉蘭 Big Laurel | Bull Bay | 常青玉蘭 Evergreen Magnolia | 大花玉蘭 Large-flower Magnolia | Laurel Magnolia | 南方玉蘭 Southern Magnolia |

◎ 象徵意義
美麗；果決；凝重；尊嚴；熱愛大自然；壯麗；貴族；絕世高傲；毅力；甜美；你是一個熱愛大自然的人。

🏺 魔法效果
忠實。

📖 軼聞
荷花玉蘭又名為「南方」木蘭，原產於美國東南部。化石證明，這種植物在恐龍時代就已經存在，荷花玉蘭被認為是世界上最古老的開花植物之一。將荷花玉蘭放在床底下以確保伴侶的忠誠。

No. 574
白玉蘭 *Magnolia splendens*

| Laurel Magnolia | 月桂葉玉蘭 Laurel-leaved Magnolia | Laurel Sabino | 閃亮的玉蘭 Shining Magnolia |

◎ 象徵意義
尊嚴。

🏺 魔法效果
忠實。

📖 軼聞
白玉蘭是氣味芬芳的木材。

No. 575
甜木蘭 *Magnolia virginiana*

| 河狸樹 Beaver Tree | 沼澤木蘭 Swamp Magnolia | Swampbay | Sweetbay | Sweetbay Magnolia | White bay |

◎ 象徵意義
喜愛大自然；毅力。

📖 軼聞
甜木蘭是 1600 年代後期在英國所種下的第一棵木蘭樹。

No. 576

中國玉蘭花 Magnolia x soulangeana

| Chinese Magnolia | Saucer Magnolia |

🌀 象徵意義
喜愛大自然；自然。

📖 軼聞
有些人認為，用中國玉蘭花製成的魔杖，將使魔術師更能發揮古老地球的核心魔法和靈力。將中國玉蘭花放在床下以確保伴侶的忠誠。

No. 577

奧勒岡葡萄 Mahonia aquifolium

| Berberis aquifolium | 加州小檗 California Barberry |
Oregon Grape | Oregon-Grape | Oregongrape | 奧勒岡聖葡萄 Oregan Grape-holly | Oregan Holly-grape | Oregon Holly Grape | Oregon Grape Root | Rocky Mountain Grape | Tall Oregon-grape | Trailing Grape | Wild Oregon Grape |

🌀 象徵意義
脾氣暴躁的美女。

🏺 魔法效果
金錢；繁榮。

📖 軼聞
帶著奧勒岡葡萄的根，以吸引資金並確保財務安全。隨身帶著奧勒岡葡萄的根，以增加人氣。

No. 578

蘋果 Malus domestica ☠

| Apple | 蘋果樹 Apple Tree |
| Orchard Apple Tree |

🌀 象徵意義
藝術；藝術和詩歌；愛永遠的和諧；永久和平協議；詩歌；誘惑；轉化。

🌿 蘋果花
多情；春藥；更好的事情來了；名聲很好；生育能力；福氣；他更喜歡你；醉人的愛；和平；偏愛；肉慾。

🌿 蘋果果實
纏綿的愛；母性；愛的存在；純淨；自制；節制；誘惑；美德。

🏺 魔法效果
祝福你的花園；花園魔法；療癒；不朽；愛意；轉變。

📖 軼聞
蘋果樹出現在許多宗教的著作中，最常見的是作為禁果。至少在十七世紀之前，宗教、民間故事和神話中常見對蘋果的擔憂。過去，「蘋果」一詞實際上可以用來描述各種水果，甚至是堅果的通用術語。因此，並不知道任何的「蘋果」是否實際上都是同一種水果或是完全不同的東西。使用蘋果果實來進行簡單占卜時，可以將蘋果切成兩半，然後檢查並計算有多少種子。如果是奇數，則許願者近期將保持未婚狀態。如果總數是偶數，很快就能結婚。如果其中一顆種子剛好被切到，關係就會變得不穩定；如果切開了兩粒種子，就預示著有守寡的可能。用於治療的話，可以在月虧時取一顆蘋果，將其切成三片，然後將每一片擦在有病的地方，然後把剩下的碎片埋起來。在吃蘋果之前，先揉搓表面以去除可能藏在其中的任何邪靈。

No. 579

多花海棠 Malus floribunda ☠

| Chokeberry | Japanese Crab |
Japanese Flowering Crabapple |
雪山楂 Snowy Crabapple |

🌀 象徵意義
不好的本性；壞脾氣。

📖 軼聞
春天，在多花海棠的葉子長出來前，整棵樹會佈滿粉紅色、盛開的花朵。

No. 580

麝香錦葵 Malva moschata

| Musk Mallow | Musk-mallow |

🌀 象徵意義
幼稚；不成熟。

📖 軼聞
芬芳的麝香錦葵，整個夏天都會開花。

No. 581
歐錦葵 Malva sylvestris

| Almindelig Katost | Amarutza |
Apotekerkattost | 藍錦葵 Blue
Mallow | 起司蛋糕 Cheese-
cake | Cheeses | 錦葵 Common
Mallow | Country-mallow | Crni
Slez | Ebegümeci | Erdei Mályva | Gozdni Slezenovec | Grande
Mauve | Groot | Groot Kaasjeskruid | 高錦葵 High Mallow
| Hobbejza Tar-Raba | Hocysen Gyffredin | Kaasjeskruid |
Kiiltomalva | Kultur-Käsepappel | Malba | Malva | Malva
ambigua | Malva Común | Malva de Cementiri | Malva erecta
| Malva gymnocarpa | Malva mauritiana | Malva silvestre |
Malvo granda | Mályva | Mamarutza | Marmaredda | Marva |
Mauve des Bois | Mauve Sylvestre | Méiba | Mets-kassinaeris
| Nalba | Nalba de Culturä | Nalba de Padure | Narbedda |
Papsajt | Pick-Cheese | Riondella | Rödmalva |Round Dock
| Slaz dziki | Sléz Lesní | Slez Lesny | Sljez Crni | Sljez Divlji
|Sotsal | Tall Mallow | Vauma | 野生錦葵 Wild Mallow | Wood
Mallow | Ziga | Zigiña |

🌹 象徵意義
被愛消耗；說服。

⚗️ 魔法效果
驅魔；愛意；保護。

📖 軼聞
中世紀以來，歐錦葵被編織成花環和花圈來慶祝
五一勞動節（5月1日）。

No. 582
錦葵 Malvaceae

| Mallow | Malva |

🌹 象徵意義
被愛消耗；戀人間的殘酷；細膩的
美麗；善良與仁慈；溫和；甜美。

⚗️ 魔法效果
驅魔；愛意；保護。

No. 583
智利素馨 Mandevilla

| Amblyanthera | Dipladenia | Eriadenia | Laseguea |
Mitozus | Salpinctes |

🌹 象徵意義
粗心大意；你太大膽了。

📖 軼聞
智利素馨藤需要陰涼的地方，所
以要種在非直接照明和遮光處。

No. 584
曼德拉草 Mandragora ☠

| Herb of Circe | 曼德拉草 Mandrake | 曼德拉根
Mandrake Root | Sorcerer's Root | 野檸檬 Wild Lemon
| Witches Mannikin | 女巫的假人 Witch's Mannikin |

🌹 象徵意義
稀罕的事情；恐怖；稀有；缺乏；尖叫；邪惡代替愛。

⚗️ 魔法效果
催情劑；黑魔法；警告；通過施法術構思；死亡；
驅魔；信念；生育力；健康；照明；引發；學習；
愛；情慾；神通；錢；效力；促進受孕；促進激
情；促進不育；保護；謹慎；自我保護；巫術；良
好的判斷力；猝死；智慧。

📖 軼聞
曼德拉草根長得像人類的外貌，是它一度被認為
是魔鬼的原因。據說，當被拔出地面時，會發出
可怕的尖叫聲，誰聽到就會死。女巫經常在施法
中使用曼德拉草根。許多迷信圍繞著曼德拉草根：
如果你擁有它會是幸運的，但必須在植物死前以
低於購買價的價格賣掉。免費得到一株曼德拉草
的人永遠不會自由，因為這個人會被魔鬼控制。

No. 585
葛鬱金 Maranta arundinacea

| Araru | Ararao | 葛根 Arrowroot |
百慕達葛根 Bermuda Arrowroot
| Obedience Plant | 禱告草 Prayer
Plant |

象徵意義

服從。

魔法效果

強化。

No. 586

竹芋 *Marantaceae*

| Maranta leuconeura | 禱告草 Prayer Plant | Prayer-Plant |

象徵意義

祈禱。

魔法效果

請願。

No. 587

歐夏至草 *Marrubium vulgare*

| 公牛血 Bull's Blood | 苦薄荷 Common Horehound | Even of the Star | Haran | Hoarhound | Horehound | Huran | Llwyd y cwn | Marrubium | Maruil | Seed of Horns | 士兵茶 Soldier's Tea | 白色苦薄荷 White Horehound |

象徵意義

火；療癒；模仿。

魔法效果

平衡；驅魔；神智清醒；精神力；保護；淨化。

軼聞

帶著歐夏至草能保護自己免受迷戀魔法和巫術的侵害。

No. 588

紫羅蘭 *Matthiola*

| Mathiola | Stock |

象徵意義

感情連結；持久的美麗；迅速；敏捷；你對我來說永遠是美麗的。

軼聞

紫羅蘭是一種非常芬芳的花，能在野外生長，因其香味和顏色，也被栽培在花園。

No. 589

紫羅蘭 *Matthiola incana*

| Hoary Stock | 一年生紫羅蘭 Ten Week Stock | Tenweeks Stock |

象徵意義

感情連結；持久的美麗；迅速；你對我來說永遠是美麗的。

軼聞

紫羅蘭在晚上最香。

No. 590

金魚藤 *Maurandya barclayana* ☠

| 天使喇叭藤 Angel's Trumpet Vine | Asarina barclayana | Maurandya barclaiana | 墨西哥毒蛇 Mexican Viper |

象徵意義

毒死。

軼聞

金魚藤是查爾斯·達爾文在他對藤類植物的深度研究「攀緣植物的移動與習性」中，所提到的其中一種植物。

No. 591

紫花苜蓿 *Medicago sativa*

| 苜蓿 Alfalfa | Jat | Qadb | Medick | 水牛藥草 Buffalo Herb | 南苜蓿 Burclover | 紫苜蓿 Purple Medic | 琉森草 Lucerne | Lucerne Grass |

象徵意義

存在；生命。

魔法效果

豐裕；對抗飢餓；聚財；金錢；繁榮；防止破產。

軼聞

將紫花苜蓿的灰散在房子周圍時，住在房子裡的人就可以免受貧困和飢餓的影響。將一個裝滿紫花苜蓿的小罐子放在食品儲藏室中，可以保持衣食無缺。

No. 592
帝王菊 *Melampodium*

| Alcina | 黑腳雛菊 Blackfoot Daisy | 奶油雛菊 Butter Daisy | Camutia | Cargila | Carnutia | Dysodium | False Calendula | 金牌花 Gold Medallion Flower | Melampodium americanum | Melampodium divaricatum | Melampodium leucanthum | Plains Blackfoot | 星雛菊 Star Daisy | Zarabellia |

⚙ 象徵意義

黑足；占卜者。

⚗ 魔法效果

占卜；算命；預言。

📖 軼聞

儘管不完全是同一種植物，但由於希臘神話中的一個傳說，使兩者的名字混淆，帝王菊是鐵筷子的古名。在這個傳說中，皮洛斯的算命師梅蘭普斯使用有毒的鐵筷子，強烈地淨化阿爾戈斯國王的女兒們，她們被狄俄尼索斯女神誘導到瘋狂，赤身裸體地在街上奔跑並尖叫。

No. 593
蜜花 *Melianthus major* ☠

| 巨型蜜花 Giant Honey Flower | 蜜花 Honey Flower | Kruidjie-roer-my-nie |

⚙ 象徵意義

慷慨的愛；甜蜜的祕密；祕密的愛；甜蜜而祕密的愛；性情甜美。

📖 軼聞

蜜花的葉子聞起來像是花生醬。

No. 594
香蜂花 *Melissa officinalis*

| 香脂 Balm | Balm Mint | Bee Balm | Blue Balm | Citronelle | 包治百病 Heal-All | Dropsy Plant | 萬靈丹 Elixir of Life | 花園香脂 Garden Balm | Gentle Balm | Harden Balm | 心之喜悅 Heart Delight | Honey Leaf | Lemon Balm | Lemon Balsam | Melissa | Oghoul | 甜香脂 Sweet Balm | 甜美瑪莉 Sweet Mary | Sweet Mary Balm | 甜美梅莉莎 Sweet Melissa | Tourengane | Zitronmelisse |

⚙ 象徵意義

帶來愛；治癒；笑話；幽默輕鬆；再生；社交；同理心；祈望會被滿足。

⚗ 魔法效果

療癒；愛意；成功。

📖 軼聞

伊莉莎白時期的倫敦人常常會帶著香蜂花，時不時就聞一聞，以對抗倫敦下水道的臭味。帶著香蜂花能夠找到愛。拿著香蜂草在新的蜂巢上摩擦，會留住舊的蜜蜂，並吸引新的蜜蜂。香蜂草有療癒的功效。

No. 595
薄荷 *Mentha*

| 好藥草 Good Herb | Hierbabuena | Hortel | Hortelā | 薄荷 Mint | Pudina | Yerba Buena |

⚙ 象徵意義

愛意；身心爽快；可疑；美德；美德與智慧；溫暖；溫暖的感覺；智慧。

⚗ 魔法效果

連結；建築；死亡；驅魔；療癒；歷史；知識；限制；情慾；金錢；阻礙；保護；保護你遠離疾病；時間；旅行。

No. 596
辣薄荷 *Mentha piperita*

| Brandy Mint | Lammint | Mentha balsamea | 辣薄荷 Mentha x piperita | 胡椒薄荷 Peppermint |

⚙ 象徵意義

親切；誠摯；愛；溫暖的感覺。

⚗ 魔法效果

療癒；愛意；通靈能力；淨化；睡眠。

📖 軼聞

睡前聞新鮮的辣薄荷葉，有助於睡眠。將辣薄荷葉放在枕頭下，也許可以做預言夢。將辣薄荷葉摩擦家裡附近的牆壁、家具等，以消除負能量。在手提包或錢包裡放一片薄荷葉，以提升金錢運。

No. 597
唇萼薄荷 Mentha pulegium ☠

| European Pennyroyal | Lurk-in-the-Ditch | 蚊子草 Mosquito Plant | Organ Broth | Organ Tea | Organs | 普列薄荷 Pennyroyal | Piliolerian | 布丁草 Pudding Grass | Run-by-the Ground | Squaw Mint | Tickweed |

象徵意義
逃跑；走開。

魔法效果
放逐；奉獻；驅魔；力量；
和平；保護。

軼聞
鞋中的唇萼薄荷葉被認為可以減輕旅行者的疲勞。戴上一株唇萼薄荷以抵禦邪惡之眼。在進行商業交易時，戴上一株唇萼薄荷葉以提供幫助。

No. 598
留蘭香 Mentha spicata

| Brown Mint | 花園薄荷 Garden Mint | 綠薄荷 Green Mint | Green Spine | 羔羊薄荷 Lamb Mint | Mackerel Mint | Mismin | Our Lady's Mint | Spear Mint | Spearmint | Spire Mint | Yerba Buena |

象徵意義
灼人的愛；溫暖的感覺；
溫暖的情懷。

魔法效果
催情劑；增添性感；療癒；謙虛的美
德；愛意；神智清醒；精神力；熱情；美德。

軼聞
在古希臘羅馬時期，留蘭香被認為會增加做愛的慾望。留蘭香在古希臘羅馬時期，被當成好客的象徵，會被用來擦在宴會桌上。聞留蘭香可以增強你的智力。在古羅馬，學者們被鼓勵戴上留蘭香編成的頭冠以激發思考。

No. 599
睡菜 Menyanthes trifoliata ☠

| Bitterklee | Bog-Bean | 公羊豆 Buckbean | Fieberkless |

象徵意義
平靜安息；冷靜；安靜的；休息。

軼聞
睡菜厚厚的根會在沼澤中大量生長，有助於形成大泥潭。

No. 600
山靛 Mercurialis

| Cynocrambe | Discoplis | 水星 Mercury | Synema |

象徵意義
良善。

魔法效果
輔助靈化；占卜；雷雨。

No. 601
龍鬚海棠 Mesembryanthemum ☠

| 松葉菊 Fig Marigold | 冰草 Ice Plant | Icicle Plant | Mesembrianthemum | 鵝卵石草 Pebble Plant | Vygies |

象徵意義
強調拒絕；心寒；冷淡；懶惰；你的樣子讓我心如止水。

軼聞
一些龍鬚海棠上的球狀細胞在陽光下閃閃發光，這使它有了「冰草」的名字。

No. 602
含羞草 Mimosa pudica

| 蟻草 Ant Plant | Ant-Plant | Chui-Mui | Chuimui | Dormilona | Hti Ka Yoan | 謙虛草 Humble Plant | Laza Lu | Lojjaboti | Makahiya | Mateloi | Mori-viví | Morívíví | Moving Plant | Pokok Semalu | Putri Malu | 敏感的草 Sensitive Plant | 含

羞草 Shameful Plant | 睡眠草 Sleeping Grass | Thotta-siningi | Thottavaadi | 勿碰我 Touch-Me-Not |

🌹 **象徵意義**

害羞的愛；害臊；細膩的感情；沮喪；謙遜；謙虛；感性；靈敏度；害羞；膽怯。

🗼 **魔法效果**

焦躁。

No. 603

粉豆花 *Mirabilis jalapa*

| Anthi Mandhaarai | Chandrakantha | 傍晚之花 Evening Flower | 四點之花 Four O'Clock Flower | Godhuli Gopal | Gulabaskhi | 祕魯的奇蹟 Marvel of Peru | Naalu Mani Poovu | 紫色茉莉花 Purple Jasmine | Rice Boiling Flower | Sandhyamaloti | 沐浴花 Shower Flower | 洗澡花 Xizao Hua | 煮飯花 Zhufàn Hu |

🌹 **象徵意義**

愛的火焰；膽怯。

📖 **軼聞**

粉豆花通常會在下午四點左右開放，因此得名「四點花」。粉豆花開花後，整個晚上聞起來的味道都會甜甜的。粉豆花會一次全開。

No. 604

蔓岩桐 *Mitraria*

| Chilean Mitre Flower | Mitraria coccinea |

🌹 **象徵意義**

沉悶；懶惰。

📖 **軼聞**

蔓岩桐是一種蔓生的藤蔓，上面有巨大的猩紅色花朵，可以很容易地將其厚厚地覆蓋在柵欄上，以形成密集的隱私屏障。

No. 605

貝殼花 *Moluccella laevis*

| 愛爾蘭之鐘 Bells of Ireland | Bells-of-Ireland | Molucca Balmis | 貝殼花 Shell Flower | Shellflower |

🌹 **象徵意義**

福氣；幸運；感激；運氣；奇妙的想法。

📖 **軼聞**

快速生長的一年生貝殼花，其高達 3 英尺（91 公分），引人注目的莖上覆蓋著標誌性的鐘形和貝殼狀淡綠色的圓形葉子，看起來就像它的花，很容易識別。貝殼花的莖很容易乾燥。

No. 606

蜂香薄荷 *Monarda didyma*

| 美國薄荷 American Bee Balm | Bee Balm | Beebalm | Bergamot Herb | Crimson Bee Balm | 大紅蜂香草 Crimson Beebalm | 黃金梅莉莎 Gold Melissa | Horsemint | Indian Nettle | Monarda | Oswego | Oswego Tea | 紅蜂香脂 Red Bee Balm | Red Bergamot | 大紅香蜂草 Scarlet Bee Balm | Scarlet Beebalm | Scarlet Monarda |

🌹 **象徵意義**

你的主意變得太多了；你的心血來潮令人難以接受；你的異想天開讓人難以接受。

📖 **軼聞**

就在波士頓的茶黨事件後，蜂香薄荷茶變成了一種相當熱門的替代品。一般認為蜂香薄荷能夠讓思考清晰，以釐清現在的處境，思考解決困境的方法。

No. 607

多刺掃帚荒地 *Monotoca scoparia*

| Prickly Broom Heath | Styphelia scoparia |

🌹 **象徵意義**

厭世。

🗼 **魔法效果**

占卜；保護；淨化；掃除咒語。

No. 608

龜背芋 *Monstera deliciosa*

| Balazo | Ceriman | 起司草 Cheese Plant | Costela-de-adão | Costilla de Adán | 水果沙拉草 Fruit Salad Plant | Fruit Salad Tree | 墨西哥麵包果 Mexican Breadfruit

| 怪獸果 Monster Fruit | Monstera | Monsterio Delicio | Penglai Banana | Piñanona | Plante Gruyère | Serangium | Split Leaf Philodendron | Split-leaf Philodendron | 瑞士起司草 Swiss-cheese Plant | Tornelia | Windowleaf |

🌹 象徵意義

長命；怪物；神祕；窒息。

📖 軼聞

龜背芋的西班牙俗名為「Costilla de Adán」或是「Costela-de-adáo」，此名稱得名自亞當的肋骨。龜背芋的氣根在墨西哥曾用來編籃子，在祕魯用來編繩子。

No. 609

白桑 Morus alba

| 中國桑椹 China Mulberry | 俄羅斯桑椹 Russian Mulberry | Silkworm Mulberry | Tuta | Tuti | 桑椹樹 Sang Shen Tzu | White Mulberry |

🌹 象徵意義

仁慈；謹慎；力量；智慧。

🏺 魔法效果

保護。

📖 軼聞

古代白桑樹形成的森林是最神聖的地方。中國大約從四千年前開始培養白桑樹，希望能用桑葉來養蠶。

No. 610

黑桑 Morus nigra

| 黑桑椹 Black Mulberry | 桑樹 Gelso | Morera | Shahtoot | Toot | Tut |

🌹 象徵意義

虔誠；我無法獨活；智慧。

🏺 魔法效果

保護；力量。

📖 軼聞

黑桑樹能保護你的資產免受雷擊。黑桑樹的木材是驅邪的強大武器，所以也很適合用來做魔杖。

No. 611

芭蕉 Musa

| 大蕉 Bacove | 香蕉 Banana | Maia | 小果野蕉 Musa acuminata | Musa acuminata x balbisiana | 野蕉 Musa balbisiana | Musa cliffortiana | Musa dacca | Musa paradisiaca | Musa x paradisiaca | Musa rosacea | Musa sapientum | Musa x sapientum | Musa violacea | Plantain | Sanging |

🌹 象徵意義

良善。

🏺 魔法效果

生育力；金錢；壯陽；繁榮。

📖 軼聞

在芭蕉樹下結婚會很幸運。直到 1819 年在夏威夷，都還嚴格禁止女性碰觸芭蕉，違反這一禁忌的懲罰是死刑。芭蕉的葉子、花朵和果實會用於金錢和保障生產的咒語，因為芭蕉是一種多產的植物。

No. 612

葡萄風信子 Muscari

| Common Grape Hyacinth | 葡萄水仙 Grape Hyacinth | Starch Hyacinth |

🌹 象徵意義

鼓勵浪漫；我在尋找浪漫。

🏺 魔法效果

浪漫。

📖 軼聞

親自收集一小叢葡萄風信子，並把它交給你喜歡的人，能夠促進你們戀情發芽。

No. 613

勿忘草 Myosotis

| 勿忘我 Forget-Me-Not | 鼠耳蠍草 Mouse-Eared Scorpion-Grass | 蠍子草 Scorpion-Grass |

🌹 象徵意義

執著於過去；不要忘了我；忠誠的愛；忠誠；勿忘我；謙遜；過去的連接；回憶；記住；真愛。

魔法效果
療癒；隱密。

軼聞
勿忘草是人們渴望忠誠的象徵。勿忘草也象徵了分享祕密。

No. 614
楊梅 Myrica

| Bayberry | 月桂樹 Bay-Rum Tree | 蠟燭莓 Candleberry | SweetGale | 蠟楊梅 Wax Myrtle | Wax-Myrtle |

象徵意義
紀律；指示。

魔法效果
愛意；年少。

軼聞
帶著一小塊楊梅木或是當成護身符佩戴著，讓你變得更加年輕迷人。你可以在準備愛情護身符時，戴著楊梅樹葉做成的帽子。將一片楊梅葉放入你佩戴的護身符中，以吸引愛情。

No. 615
肉豆蔻 Myristica fragrans

| Bicuiba Acu | Mace | Nutmeg | Qoust | Sadhika | Wohpala |

象徵意義
讓思考清晰的護身符。

魔法效果
催情劑；破除詛咒；忠實；健康；運氣；精神力；金錢；保護；通靈能力。

軼聞
帶著肉豆蔻的外殼來提高智力。帶著肉豆蔻能作為幸運符。

No. 616
南美槐 Myroxylon

| 祕魯香脂 Balsam of Peru | 吐魯香 Balsam of Tolu | Balsamo | Quina | Tolu | Xylosma |

象徵意義
治癒。

魔法效果
香氣；療癒。

No. 617
茉莉芹 Myrrhis odorata

| Cicely | Myrrh Plant | 甜茉莉芹 Sweet Cicely |

象徵意義
快樂。

魔法效果
豐裕；進展；連結；建築；意志；死亡；能量；驅魔；友誼；成長；療癒；歷史；喜悅；知識；領導力；生命；光；限制；自然力量；阻礙；保護；淨化；靈性；成功；時間。

No. 618
香桃木 Myrtus communis ☠

| Common Myrtle | 桃金孃 Myrtle | 香桃木 Myrtus | True Myrtle |

象徵意義
善行；衷心的愛；不朽；喜悅；愛；婚姻；伊甸園的記憶；歡笑；謙虛；金錢；和平；神聖的愛；伊甸園的香氣；來自伊甸園的紀念品；伊甸園的象徵；婚禮；青春。

魔法效果
協助；生育力；美好的回憶；和諧；獨立；愛意；物質上的富足；金錢；和平；堅持；穩定；力量；韌性；年少。

軼聞
香桃木被認為是一種神聖的植物，是伊甸園的象徵和香氣來源。維多利亞女王的新娘捧花中就插有一株香桃木，從那時起，皇家新娘捧花中就放進了一株香桃木。帶著香桃木以保持青春活力，並保存愛情。在房子的每一側種植香桃木，以促進家庭內的和平與愛。如果一個女人在窗臺花壇種植香桃木，她會很幸運。

No. 619
水仙花 Narcissus ☠

| Daffadown Dilly | Daffodil | Daffydowndilly | 大水仙花 Great Daffodil | Narcissus major |

象徵意義
報喜；欣賞誠實；美麗；俠義；思路清晰；滿意；虛偽的希望；利己主義；因戀愛而產生的能量；過度自愛；信仰；饒恕；坦率；致以崇高的敬意；誠實；希望；內在美；愛；新起點；應許永生；重生；看待；更新；尊重；復活與重生；自我概念；自尊；自愛；簡單的快樂；獨特的愛與騎士精神；像你一樣保持甜蜜；陽光；晴天；有你在，陽光燦爛；真相；不確定；單相思；沒有回報的愛；虛榮；虛榮與死亡；虛榮和利己主義；你是唯一的。

魔法效果
催情劑；生育力；愛意；運氣。

軼聞
水仙是冥界之花。動物不吃水仙花，因為其汁液中含有尖銳的晶體。在你的心上戴一朵水仙花以求幸運。在中世紀的歐洲，人們認為如果水仙在被注視時垂下，則是死亡的預兆。養雞戶很迷信，不允許水仙進入他們家，因為他們認為如果自己不走運，母雞會拒絕下蛋或阻止蛋孵化。在緬因州有一種迷信，如果你用食指指著水仙花，它就不會開花。中國人認為水仙是幸運的，如果在農曆新年間被迫開花，將帶來一整年的幸運。臥室花瓶裡的新鮮水仙花意味著有利於生育。

No. 620
長壽水仙 Narcissus jonquilla ☠

| 黃水仙 Jonquil | Jonquille |

象徵意義
親情回歸；慾望；願望實現；憐憫我的熱情；我渴望愛的回報；渴望；愛我；把我的戀情還來；同情；暴力的同情和慾望。

軼聞
這是英格蘭安妮女王最喜歡的花，她非常喜歡長壽

水仙，這激發了她創建肯辛頓宮花園（英格蘭第一個公共植物園）的靈感。

No. 621
白水仙 Narcissus papyraceus ☠

| 白紙 Paperwithe | 白水仙 Paperwhite Narcissus |

象徵意義
催情劑。

魔法效果
放鬆有意識的頭腦；舒緩神經。

No. 622
紅口水仙 Narcissus poeticus ☠

| Findern Flower | Nargis | 側金盞花 Pheasant's Eye | Pinkster Lily | 詩人水仙 Poet's Daffodil | Poet's Narcissus | Poets' Narcissus | 白水仙 White Narcissus |

象徵意義
利己主義；痛苦的回憶；紀念；自私；自愛；悲傷的回憶。

軼聞
紅口水仙因為能生產精油而在荷蘭種植，並被用於許多香水的配方中。

No. 623
甘松 Nardostachys grandiflora

| Muskroot | 穗甘松 Nard | Nardin | Nardostachys jatamansi | Pikenard | Spikenard |

象徵意義
保護。

軼聞
甘松被認為就是拉撒路的姐妹瑪麗在耶穌被釘十字架前，也就是逾越節六天前，用來抹耶穌腳的香料油膏的植物原料。此外，在耶穌死亡前兩天，一個姓名未知的婦女用從雪花石膏罐中取

出類似的香脂抹耶穌的頭。選擇在耶穌身上使用這種極其昂貴的香水，而不是以 三百第納里（大約相當於一年的工資）的價格賣掉，這正是促使加略人猶大背叛耶穌的原因，導致耶穌被捕且隨後被釘在十字架上。

No. 624

蓮花 *Nelumbo nucifera*

| Ambuja | Aravind | Arvind | Baino | 印度豆 Bean of India | 埃及蓮花 Egyptian Lotus | 印度與佛教徒之花 Flower of Hindus and Buddhists | Indian Lotus | Kamal | Kamala | Kunala | Lotus | Lotus Flower | Lotus-Flower | Nalin | Nalini | Neeraj | Nelumbium speciosum | Nymphaea nelumbo | Padma | Pankaj | Pankaja | 聖蓮花 Sacred Lotus | Saroja |

象徵意義

美麗；貞潔；神聖的女性生育能力；口才；在無明眾生的世界中開悟；疏遠的愛；隔閡；進化；遠離被愛的人；懷念過去；純潔；潛力；真實；復活；精神承諾；真相；正直。

魔法效果

開鎖；保護；靈性。

軼聞

蓮花在埃及、印度、希臘和日本被高度視為一種有意義的神聖植物，是生命、靈性和宇宙中心的神祕象徵。蓮花的生存能力令人難以置信，如果條件理想，有活力的種子可以持續生長很長的時間。至今在中國乾涸的湖床上發現一千五百年前的古老蓮花種子還能發芽。大多數亞洲宗教的神祇都坐在蓮花上。人們相信，任何吸入蓮花香氣的人都會受益於花的內在保護。帶著或佩戴蓮花植物的任何部分以獲得幸運和祝福。

No. 625

豬籠草 *Nepenthes*

| Anurosperma | Bandura | Phyllamphora | 瓶子草 Pitcher Plant | 熱帶瓶子草 Tropical Pitcher Plant |

象徵意義

不悲傷。

軼聞

豬籠草會主動引誘獵物落入顏色鮮豔、帶著甜美花蜜和通常非常吸引人的香味的捕籠中。豬籠草「瓶子」的形狀讓人聯想到保險套或香檳杯的形狀。昆蟲落入袋中被植物吸收作為唯一的肥料。最常被困在豬籠草中的昆蟲是螞蟻。最大的豬籠草有足夠大的捕蟲袋，甚至可以捕捉一隻好奇的老鼠。

No. 626

貓薄荷 *Nepeta cataria*

| Cat | Catmint | 貓穗草 Catnep | Catnip | Catrup | 貓草 Cat's Wort | Catswort | 連錢草 Field Balm | Nepeta | Nip |

象徵意義

勇氣；幸福。

魔法效果

吸引力；美麗；貓的魔法；友誼；餽贈；和諧；喜悅；愛意；喜樂；權力；肉慾；藝術品。

軼聞

用一個小袋子裝滿貓薄荷，然後給你的貓，能夠建立心靈上的連結。貓薄荷據說能吸引好心情和幸運。人們相信，如果你將貓薄荷握在手中直到變熱，然後再握住另一個人的手，那麼那個人將是你的朋友 —— 但前提是，你要將在這段友誼中使用的貓薄荷保存在安全的地方。貓薄荷的葉子據說是魔法書籍中最喜歡的書籤。

No. 627
夾竹桃 Nerium oleander ☠

| Adelfa | Ceylon Tree | 毒狗草 Dog Bane | Nerium indicum | Nerium odorum | Oleander | Rose Bay |

◎ 象徵意義
美麗;小心;警告;危險;不信任;恩典;我很危險。

⚗ 魔法效果
死亡;愛意。

📖 軼聞
在義大利,人們相信將夾竹桃的任何部分帶入家中肯定會帶來恥辱、各種不幸和疾病。

No. 628
黃花菸草 Nicotiana rustica ☠

| 馬合菸 Makhorka | Mapacho | Taaba | Tabacca | Taback | Thuoc Lao | 野生菸草 Wild Tobacco |

◎ 象徵意義
權力。

⚗ 魔法效果
療癒;祭品;淨化;力量。

📖 軼聞
黃花菸草長久以來,被許多美洲原住民和南美印第安部落視為一種神聖的植物。南美印第安人相信,吸食黃花菸草可以與靈魂交談。在水上旅行開始前,扔入水中的菸草會安撫水靈。

No. 629
黑種草
Nigella damascena

| 灌木中的魔鬼 Devil in the Bush | 獄中的傑克 Jack in Prison | love Entangle | 霧中的愛 love in a Mist | love -in-a-mist | 謎團中的愛 love -in-a-Puzzle | love in a Snarl | Ragged Lady |

◎ 象徵意義
靈敏;尷尬;吻我;困惑;你迷惑我。

⚗ 魔法效果
綁定一個詛咒;捆綁的愛;魅力魔法;愛情魔咒;變形。

No. 630
絲蘭 Nolina lindheimeriana

| 熊草 Beargrass | 魔鬼鞋帶 Devil's Shoestring | Devil's-shoestring | Lindheimer Nolina | 蕅草 Ribbon Grass |

◎ 象徵意義
新生;重生。

⚗ 魔法效果
雇用;賭博;運氣;權力;保護。

📖 軼聞
賭博、求職、工作中遇到困難或要求加薪時,在口袋裡放一株絲蘭會帶來幸運。

No. 631
花束 Nosegay

◎ 象徵意義
英勇。

📖 軼聞
送人一束花是相當勇敢的行為,但通過每一朵花傳遞的祕密資訊,呈現了整束花的整體象徵意義,因為事實上,一點點也可能意味著很多。

No. 632
堅果 Nuts

◎ 象徵意義
愚蠢。

⚗ 魔法效果
生育力;愛意;運氣;繁榮。

📖 軼聞
帶著任何種類的堅果來幫助生育。任何與其他堅

N

果一起生長形成連體雙堅果的堅果，都是非常幸運的象徵。

No. 633

白睡蓮 Nymphaea alba

| 歐洲白色睡蓮 European White Waterlily | Nenuphar |
白蓮花 White Lotus |

◎ 象徵意義

口才；謙虛；說服；純潔。

⚗ 魔法效果

催情劑；療癒；和平；喜樂；純潔；靈性啟發。

📖 軼聞

白睡蓮被認為是大英帝國最大的花朵。白睡蓮的香氣被認為具有療癒的能力。白蓮花能夠被用在所有想要減少性慾的咒語。

No. 634

黃色睡蓮 Nymphaea lutea

| 美國蓮花 American Lotus | 黃蓮花 Yellow Lotus |
Yellow Water Lotus |

◎ 象徵意義

漸行漸遠。

⚗ 魔法效果

保護；靈性。

No. 635

睡蓮 Nymphaeaceae

| Water Lily |

◎ 象徵意義

| 生育 | 死亡；口才；和諧；生命；謙虛；純潔；純潔的心；重生；安撫；太陽。

📖 軼聞

有個古埃及神話講述了太陽神是如何從睡蓮的花朵中誕生的，以照亮黑暗的世界。

No. 636

羅勒 *Ocimum basilicum*

| Albahaca | American Dittany | Arjaka | Balanoi | 巴西里 Basil | Brenhinllys | Busuioc | Common Basil | Feslien | 花園巴西里 Garden Basil | 國王藥草 Herb of Kings | 神聖巴西里 Holy Basil | Kiss Me Nicholas | L'herbe Royale | Luole | Njilika | Our Herb | Saint Josephwort | St. Joseph's Wort | 甜巴西里 Sweet Basil | 魔鬼草 The Devil's Plant | Tulsi | 女巫藥草 Witches Herb |

🌀 象徵意義

祝福；給我你的美好祝福；幸運；美好的祝福；仇恨；其他人的仇恨；像個王者；浪漫；神聖；財富。

🧴 魔法效果

事故；侵略；憤怒；肉慾；衝突；驅魔；飛行；愛意；情慾；機械性；繁榮；保護；搖滾樂；力量；掙扎；戰爭；財富；女巫飛行。

📖 軼聞

在你的口袋裡放一片羅勒葉，能給你帶來金錢。將羅勒葉放在已故的印度教徒身上，是他或她將到達天堂的保證。古希臘人認為羅勒是仇恨、不幸和貧困的強烈象徵。在西印度群島，羅勒被放置在商店周圍以吸引顧客。在世界其他地方，羅勒葉放置在收銀機和商店的入口處，不僅可以吸引顧客，還可以確保持續的財務成功。在義大利，羅勒是愛情的象徵，被廣泛用作愛情的信物。給一個男人一株羅勒的意思是：「小心，有人在密謀反對你。」根據猶太傳說，如果你在禁食時手持一株羅勒，將幫助你保持體力並決心繼續前進。在西班牙，窗臺上的一盆羅勒表示這是一座名聲不佳的房子。羅勒的香味據說能激起兩個冷漠的人的同情。作為禮物贈送的羅勒會為新家帶來幸運。已婚夫婦可以用同一片羅勒葉在他們的心上摩擦，以此來祈求他們的關係會受到忠誠的祝福。在印度，羅勒被認為是神聖的。如果你正在找工作，請在你要進入面試的建築物前面撒上羅勒。儘管面臨危險，但仍可帶著羅勒，讓你有安全感，積極向前邁進。

No. 637

印第安李 *Oemleria cerasiformis*

| 印第安李 Indian Plum | Nuttallia | Oemleria | Osmaronia | Osoberry |

🌀 象徵意義

匱乏；痛苦。

📖 軼聞

在太平洋西北部，印第安李是一種頑強的植物，當春天來臨，印第安李是最早重新生長和開花的植物之一。

No. 638

月見草 *Oenothera*

| Evening Primrose | Evening-Primrose | Oenothera biennis | Suncups | 待宵草 Sundrops |

🌀 象徵意義

快樂的愛；無常；默默地愛著。

📖 軼聞

原住民在外出打獵時，會使用月見草來掩蓋他們的人類氣味。

No. 639

月見草 *Oenothera flava*

| 待宵草 Evening Primrose | Long-tube Evening Primrose | Tree Primrose | Yellow Evening Primrose | 黃色大月見草 Yellow Evening-primrose | War Poison |

🌀 象徵意義

永恆的愛；回憶；甜美的回憶；年少。

🧴 魔法效果

狩獵。

軼聞

將月見草當成禮物，會讓深受喜愛的合作夥伴相當
歡迎。

No. 640

油橄欖 *Olea europaea*

| Mitan | 橄欖樹 Olive Tree | Olivier |

象徵意義

和平。

魔法效果

生育力；療癒；情慾；和平；壯陽；保護

油橄欖的枝

和平。

油橄欖的葉子

和平。

軼聞

將油橄欖的葉子散佈在房間內，營造出一種和平
氣息。在古代，油橄欖的油通常作為燈的燃料。
油橄欖的油會塗抹於接受這些油的人，用於治療
和祝福。古希臘的新娘傳統上會佩戴油橄欖做成
的花冠，祈禱她們能懷孕生子。在前門掛一根油
橄欖枝，以驅除邪惡並防止其進入家中。佩戴油
橄欖葉作為幸運符。

No. 641

紅豆草 *Onobrychis*

| 雞冠頭 Cock's Head | Dendrobychis
| Esparceta | Esparcette | Esparsett |
Esparsette | Espartet | Luzerne| Sain-
foin | Sainfoin | Saintoin | Sparceta |
Xanthobrychis |

象徵意義

焦躁；像頭驢般吞食；貪婪地吃；對
神信任。

軼聞

種植紅豆草的目的是為了要放
進放牧動物的食物中，讓牠們保
持健康。

No. 642

芒柄花 *Ononis*

| Anonis | Bonaga | Bugranopsis | Natrix
| Passaea | Rest-Harrow | Restharrow |

象徵意義

阻礙。

魔法效果

避免咒語；保護你遠離危險；保護你遠
離偷竊。

軼聞

將乾燥的芒柄花放在家門的門楣上，能保護家人
免受各種危險，包括事故、爭吵、咒語和盜竊。

No. 643

紅芒柄花 *Ononis spinosa*

| Ononis vulgaris | Restharrow | Spiny
Restharrow |

象徵意義

阻礙；發現疣。

No. 644

大翅薊 *Onopordum acanthium*

| Cotton Thistle | 蘇格蘭薊 Scotch Thistle | Scots
Thistle | Scottish Thistle |

象徵意義

警報；基督的拯救；努力工作；
報復；苦難。

魔法效果

協助；驅散憂鬱；生育能力；和
諧；獨立；物質利益；堅持；保
護；啟示；穩定；力量；韌性。

No. 645

蜂蘭 *Ophrys apifera*

| Arachnites apifera | Bee Orchid | Bee Orphrys |
Ophrys chlorantha | Ophrys insectifera | Orchis
apifera |

勤奮。

📕 **軼聞**

大自然為了要確認蜂蘭能夠充分地異花授粉，花朵的唇部對雄蜂來說，看起來就像一隻雌蜂。雄蜂會誤以為有交配意願。這有效地使雄蜂將花粉帶到另一朵花上，這大自然所設計的誘餌繼續吸引牠，然後又讓雄蜂失望地將花粉帶走。

No. 646

土蜂蘭 *Ophrys bombyliflora*

| Bumblebee Flower Eyebrow | 大黃蜂蘭 Bumblebee Ophrys | Bumblebee Orchid |

◎ 象徵意義

辛勤工作；勤奮；堅持。

📕 **軼聞**

土蜂蘭是大自然促進蘭花異花授粉時又一個聰明設計，它利用大黃蜂的交配本能來完成這項任務。

No. 647

蒼蠅蘭 *Ophrys insectifera*

| Epipactis myodes | Fly Ophrys | Fly Orchid | Malaxis myodes | Ophrys myodes | Orchis insectifera | Orchis myodes |

◎ 象徵意義

錯誤。

📕 **軼聞**

蒼蠅蘭是所有蘭花中最具欺騙性的模仿物之一，看起來像蟲子的光滑翅膀，將雄性黃蜂引誘到花朵上以幫助異花授粉。

No. 648

仙人掌 *Opuntia*

| Airampoa | Cactodendron | Cactus | Chaffeyopuntia | Clavarioidia | Ficindica | 梨果仙人掌 Indian Fig Opuntia

| Nochtli | Nopal | Nopalea | Nopales | Nopalli | Nostle | Paddle Cactus | Parviopuntia | Phyllarthus | Prickly Pear | Salmiopuntia | Subulatopuntia | Tuna | Tunas | Weberiopuntia |

◎ 象徵意義

我沒有忘記；我燃燒；諷刺。

📕 **軼聞**

仙人掌原產於美洲，西班牙人將這種植物帶回了西班牙，再從西班牙傳播到地中海和北非地區。阿茲提克人種植仙人掌的目的，是想收穫感染仙人掌的胭脂蟲鱗片，用它來生產最終價值超過黃金的紅色染料，這些染料最終用於織物的染色，這種猩紅色染料也用於英國士兵的紅制服上。

No. 649

蘭花 *Orchidaceae*

| Ballockwor | 蜂蘭 Ophrys | Orchid | Orchis | Satyrion |

◎ 象徵意義

美女；美麗的女士；美麗；在中國象徵多子；體貼；生育力；愛；壯麗；成熟的魅力；純情；精緻的美麗；優雅；體貼的回憶；體貼；理解；智慧。

🎨 **花色的意義**：粉紅色：純然的戀情。

🧪 **魔法效果**

愛意；通靈能力；浪漫。

No. 650

亞爾丁蘭 *Orchis mascula* ☠

| 亞當與夏娃根 Adam and Eve Root Plant | Early Purple Orchid | Hand of Power | 手型根 Hand Root | Helping Hand | 幸運之手 Lucky Hand | Salap |

◎ 象徵意義

帶來愛；再生；性愛。

魔法效果

雇用；運氣；金錢；旅行；保護。

📖 軼聞

一般認為，女巫使用了亞爾丁蘭的根來製作愛情魔藥。人們相信，如果要吸引愛情，應該帶著兩枝已縫在小袋中的亞爾丁蘭根。兩枝亞爾丁蘭的根是送給新婚夫婦的好禮物，以確保他們未來的幸福。

No. 651

巖愛草 *Origanum dictamnus*

| Cretan Dittany | Diktamo | Dittany of Crete | Erontas | 白蘚 Fraxinella | Hop Marjoram |

🌀 象徵意義

誕生；愛意。

🗿 魔法效果

催情劑；靈魂投射；商業交易；召喚靈魂；聰明；溝通；創造力；占卜；聰明；愛情靈藥；顯化；回憶；科學；靈魂召喚；偷竊。

📖 軼聞

由於在克里特島的岩石山坡和峽谷中採集野生巖愛草的極度危險，幾個世紀以來已有大量巖愛草採集者死亡的報導。

No. 652

墨角蘭 *Origanum majorana*

| 多節墨角蘭 Knotted Marjoram | 馬喬蘭 Marjoram | 馬鬱蘭 Majorana hortensis | 甜馬鬱蘭 Sweet Majoram |

🌀 象徵意義

臉紅；撫慰；安慰；喜悅；愛意。

🗿 魔法效果

幸福；健康；長壽；愛意；金錢；保護；撫慰焦慮；撫慰哀傷。

📖 軼聞

一般認為，在其他人睡覺前，在他們的身上用墨角蘭摩擦，他們會夢到未來的伴侶。古希臘人相信如果墨角蘭生長在某人的墳上，意味著他生前是個快樂的人。古希臘羅馬時代會用墨角蘭做成花環送給新人，作為愛、快樂和榮譽的象徵。

No. 653

奧勒岡葉 *Origanum vulgare*

| 魔法藥草 Herb of Magic | 牛至 Oregano | 野馬鬱蘭 Wild Marjaram |

🌀 象徵意義

安撫；驅散悲傷。

🗿 魔法效果

幸運；防毒；揭示使用黑魔法的祕密。

📖 軼聞

在二次世界大戰之前，美國幾乎還沒有人知道奧勒岡葉這種植物，直到當時駐紮在地中海的美國士兵將種子帶回家鄉。

No. 654

列當 *Orobanche*

| Broom-rape | Broomrape |

🌀 象徵意義

團結。

📖 軼聞

列當已被證明是一種毀滅性的寄生性雜草，對農作物造成了嚴重破壞，即使採取了積極的措施，種子仍可在土壤中存活數十年。

No. 655

水稻 *Oryza sativa*

| 糯米 Asian Rice | Bras | Dhan | Nirvara | 光稃稻 Oryza glaberrima | Paddy | 米 Rice |

🌀 象徵意義

生育力。

🗿 魔法效果

生育力；忠實；金錢；保護；雨水。

將水稻放在屋頂上，能夠保護房子免於不幸。將裝滿稻米的容器放在入口處附近，能保護房屋免受邪惡侵害。有些人認為，如果將水稻拋向空中會帶來雨水。長久以來人們相信對新婚夫婦拋灑米粒，能提高他們的生育能力。

No. 656

紫萁 *Osmunda regalis*

| 蕨類 Fern | Flowering Fern | Old World Royal Fern | 皇家蕨 Royal Fern |

象徵意義

信心；幻夢；著迷；我夢到你；魔法；遐想；庇護；真誠；智慧。

魔法效果

驅魔；健康；運氣；魔法；富有；保護。

No. 657

藍目菊 *Osteospermum*

| 非洲雛菊 African Daisies | 藍目菊 Blue Eyed Daisy | Cape Daisy | Daisybushes | 南非菊 South African Daisy |

象徵意義

我的骨子裡。

軼聞

藍目雛菊原生在充滿陽光和溫暖的南非。

No. 658

白花酢漿草 *Oxalis acetosella*

| Common Wood Sorrel | Common Wood Sorrel | Cuckowe's Meat | 仙女鐘 Fairy Bells | Shamrock | Sour Trefoil | Sourgrass | Sours | Stickwort | Stubwort | Surelle | 三葉草 Three Leaved Grass | Wood Sorrel | Wood-sorrel | Wood Sour |

象徵意義

喜悅；母性的溫柔。

魔法效果

幸運；療癒；健康。

軼聞

白花酢漿草的外觀有三片葉子，有時也被稱為「三葉草」，因此被廣泛使用，常常被保存起來或做成小盆栽在聖派翠克節相互贈送。在病房裡放一株活的或新鮮的酢漿草，能加快傷口癒合或復原。

No. 659

四葉酢漿草 *Oxalis tetraphylla*

| 四葉草 Four-Leaf Clover | Four-Leaf Sorrel | Four Leaved Clover | Four-Leaved Pink-Sorrel | 鐵十字 Iron Cross | 幸運草 Lucky Clover | Lucky Leaf |

象徵意義

做我自己；幸運；希望、信念、愛與運氣。

魔法效果

逃避兵役；識別女巫的能力；能夠看到無形的魔鬼；對抗危險生物的護身符（無論是真實的還是假想的怪物）；對抗蛇的護身符；對抗女巫的護身符；對抗魔鬼的護身符；使人看到仙子；運氣特別好；給予預知的能力；找到錢財的運氣；防止瘋狂。

軼聞

有個傳說認為正是夏娃帶著四葉酢漿草離開了伊甸園，以繼續維持她的運氣、希望、愛和信念。如果你想逃避兵役，帶著四葉酢漿草吧。四葉酢漿草將增強精神力量，讓你在佩戴它時能夠感應到其他神靈的存在。四葉酢漿草可以帶你獲得金錢和其他財富，尤其是寶藏和黃金。四葉酢漿草可防止發瘋。如果你想看到仙女，請將七粒小麥放在四葉酢漿草的葉子上。在你的鞋子裡放上一株四葉酢漿草，將幫助你遇到一個富有的情人。

No. 660

馬拉巴栗 *Pachira aquatica* ☠

| Bombax glabrum | Bombax macrocarpum | Carolinea | Carolinea marcrocarpa | French Peanut | Guiana Chestnut | Malabar Chestnut | 金錢樹 Money Plant | 發財 Money Tree | Pachira glabra | Pachira macrocarpa | Pochota | Provision Tree | Pumpo | Saba Nut |

◎ 象徵意義
財運亨通；福氣；幸運。

📖 軼聞
馬拉巴栗的莖常常被像是辮子一樣編起來，被當成小型灌木的室內植物出售，每根莖代表風水中的五種中國風水元素之一。馬拉巴栗經常用紅絲帶和其他中國吉祥符號加以裝飾。

No. 661

芍藥 *Paeonia officinalis*

| Common Peony | 歐洲芍藥 European Peony | Paeonly | Peony | Piney | Sho-Yo |

◎ 象徵意義
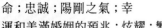
憤怒；催情劑；害羞；美麗；勇氣；同情；沒自信；愉快的生活；幸福的婚姻；康復；榮譽；生命；忠誠；陽剛之氣；幸運和美滿婚姻的預兆；炫耀；繁榮；富貴榮華；浪漫；恥辱；羞怯；未實現的願望；財富。

🏺 魔法效果
驅魔；愉快的生活；療癒；繁榮；保護；淨化。

📖 軼聞
芍藥的最早紀錄是在一個中國的古墓中發現，可以追溯到西元一世紀。佩戴芍藥能保護身體、思想、精神和靈魂。家中的芍藥花可以驅邪。在花園裡種植芍藥，保護家裡免受風暴和邪惡的侵襲。戴上用芍藥根和珊瑚珠製成的項鍊，來驅趕夢魘。帶著芍藥，用於治療精神錯亂。

No. 662

牡丹 *Paeonia suffruticosa*

| 帝國美人 Beauty of the Enpire | 花中之王 King of Flower | 牡丹 Tree Peony |

◎ 象徵意義

情感；貴族；美麗；女性美；榮譽；愛意；美麗的極致；財富。

📖 軼聞
儘管中國的政治意象已經改變，用梅花取代牡丹為國花，但牡丹仍然具有崇高的文化意義，所以被稱為花中之王。在中國的許多藝術和文學中，都出現過牡丹，在中國悠久的歷史中，比任何其他花卉出現的頻率都要多。

No. 663

人蔘 *Panax* ☠

| All-Heal | Ginnsuu | Ginseng | Jên Shên | Jîn-Sim | Man Root | Rénshen | Wonder of the World Root |

◎ 象徵意義
不朽；力量。

🏺 魔法效果
美麗；療癒；長壽；愛意；情慾；保護；性能力；祈望。

📖 軼聞
所有帶著人蔘的人將引來美麗、愛情、金錢、性慾和健康。有個有趣的許願方式是，把你的願望刻在人蔘上，然後把它扔進流水裡。

No. 664

柳枝 *Panicum capillare* ☠

| Agropyron repens | Common Couch | 茅草 Couch Grass | Couchgrass | 狗草 Dog Grass | Elymus repens | Elytrigia repens | Hairy Panic | Quack Grass | Quick Grass | Quitch | Quitch Grass | Scutch Grass | Triticum repens | Twitch | 女巫草 Witchgrass | Witch Grass |

象徵意義
消除詛咒；移除詛咒。

魔法效果
移除詛咒；驅魔；幸福；去除魔法；愛意；情慾。

軼聞
如果你想去除詛咒，柳枝是最好的選擇，而且不會將這個詛咒送回原來的地方。將詛咒反彈是很常見的效應，應該盡可能避免。

No. 665
鬼罌粟 *Papaver orientale* ☠

| Blind Buff | Blindeyes | Head Waak | Headaches | 東方罌粟 Oriental Poppy | Poppy | Scarlet Poppy | 白罌粟 White Poppy |

象徵意義
夢幻；永恆的睡眠；夢幻般的奢侈；想像力；遺忘。

花色的意義：紅色：喜樂。

花色的意義：白色：安慰；幻夢；和平。

魔法效果
生育力；豐產；隱形；愛；運氣；魔法；金錢；睡眠

軼聞
曾經有人將鬼罌粟的種莢鍍金後帶在身上，吸引財富。有個跟鬼罌粟有關的趣味占卜，可以用來回答一些令人困惑的問題，先用藍色墨水把問題寫在一張紙上，然後把它摺疊起來，塞進一個罌粟籽莢裡。睡前將豆莢放在枕頭下，以幫助你做一些夢來回答問題。

No. 666
罌粟花 *Papaver rhoeas*

| Common Poppy | Corn Poppy | Corn Rose | 虞美人 Field Poppy | Flanders Poppy | 紅罌粟 Red Poppy | Red Weed |

象徵意義
避免問題；安慰；短暫的魅力；永恆的安息；永恆的睡眠；愛玩；善與惡；想像力；生與死；光明與黑暗；愛；遺忘；樂趣；銘記。

魔法效果
野心；態度；思路清晰；生育力；豐收；和諧；高等理解；隱形；邏輯；愛；幸運；魔法；物質形態的顯化；錢；睡眠；精神觀念；思想過程。

軼聞
羅馬人相信罌粟花可以治癒愛情造成的傷口。距今約三千年前的埃及墓葬品中，就發現了罌粟花的證據。古希臘人相信，如果附近沒有種植罌粟花，玉米就不會生長。第一次世界大戰後，法蘭德斯田野中的炮坑，後來被罌粟花填滿。傳說這些花朵來自戰爭的鮮血，使紅色的罌粟花成為戰爭死者的官方紀念象徵。

No. 667
指甲草 *Paronychia*

| 繁縷 Chickweed | Nailwort | Whitlow-Wort |

象徵意義
我歸屬於你；愛意；會合；你會遇見我嗎？

魔法效果
生育力；忠實；愛意。

No. 668
五葉地錦 *Parthenocissus quinquefolia* ☠

| 恩格爾曼的常春藤 Engelmann's Ivy | 五指草 Five-finger | 五指常春藤 Five-leaved Ivy | 維吉尼亞爬行者 Virginia Creeper |

象徵意義

無論在日光下或陰影中我都會跟緊你；無論發生什麼事情我都會跟緊你。

軼聞

五葉地錦是一種高攀藤，除了乾燥的沙地之外，幾乎能在任何地方生長。五葉地錦曾經被用來作為箭上所沾的毒藥。

No. 669

藍花西番蓮
Passiflora caerulea

| 藍色熱情花 Blue Passion Flower | Christ's Story Flower | Common Passion Flower | Grandilla | 耶穌花 Jesus Flower | Maracoc | Maypops | Mburucuyá | 熱情花 Passion Flower | Passion flower | 熱情藤 Passion Vine |

象徵意義

信仰；信念與虔誠；信仰與苦難；我沒有任何要求；虔誠；原始自然；不裝模作樣；嚮往久違的天堂；你沒有任何要求。

魔法效果

增加更多友誼；增強性慾；和平；睡眠。

軼聞

藍花西番蓮是基督受難的有力象徵，甚至有自己的傳說。在有任何文字資料之前，經常被用作解釋基督教福音的視覺化教材。家中的蘭花西番蓮被認為可以平息麻煩、解決問題，以促進和平。帶著西番蓮花可以吸引友誼。在枕頭下放一片藍花西番蓮的葉子，以幫助你獲得安寧的睡眠。

No. 670

育亨賓樹 *Pausinystalia yohimbe* ☠

| Corynanthe yohimbe | Yohimbe |

象徵意義

充滿慾望的愛意。

魔法效果

催情劑；愛意；情慾。

軼聞

為了給婚姻愛情生活增添情趣，將一小片育亨賓樹皮放入一個由紅絲綢做成的小袋子中，然後將它塞進新婚床的床墊下。

No. 671

駱駝蓬 *Peganum Harmala*

| 非洲芸香 Africa Rue | Esphand | Harmal | Harmal Peganum | Harmal Shrub | Isband | Luotuo-pe | Ozallaik | Peganum | Steppenraute | 敘利亞芸香 Syrian Rue | Üzerlik | 野生芸香 Wild Rue | Yüzerlik |

象徵意義

多變的性格；順從；懊悔。

魔法效果

保護你對抗邪眼；保護你對抗陌生人的注視。

軼聞

在土耳其，將烘乾的駱駝蓬種子莢掛在家裡，用作抵禦邪眼的載體，相當常見。在中東，會唸著古老的祈禱詞，將駱駝蓬種子莢與其他成分混合，放在熱木炭上，直到冒出煙霧，然後繞著那些覺得自己正被陌生人或是邪眼注視的人頭部周圍移動。

No. 672

天竺葵 *Pelargonium crispum*

| 檸檬天竺葵 Lemon Geranium | Lemon-Scented Geranium |

象徵意義

文雅；意料之外的會面。

軼聞

所有類型的天竺葵，不管是用盆栽種植或作為切花帶入室內放進清水中，都具有保護作用。紅色天竺葵的盆栽為家庭和健康提供很多保護。所有天竺葵的果實和種子莢都是尖的，有點像鸛的喙。摩擦天竺葵的葉子，會散發出檸檬的香味。

No. 673

甜葉天竺葵
Pelargonium fragrans variegatum

| Nutmeg Geranium | 甜葉天竺葵 Sweet Leaved Geranium |

◎ 象徵意義

預期的會面；我預期有一場會面；我不應該見到他。

📖 軼聞

甜葉天竺葵有雜色的葉子和白色、紫色或粉紅色的小花，帶有一點辛辣的香味，讓人想起肉豆蔻。

No. 674

香葉天竺葵 *Pelargonium graveolens*

| Geranium terebinthinaceum | Old Fashioned Rose Geranium | Pelargonium | Pelargonium incrassatum | Pelargonium roseum | Pelargonium terebinthinaceum | 玫瑰天竺葵 Rose Geranium | Rose-scent Geranium | 玫瑰香天竺葵 Rose-Scented Geranium | Scented Geranium | Storksbill |

◎ 象徵意義

平靜；文雅；幸福；我更喜歡你；偏好；性靈上的愉快。

🏺 魔法效果

幸福；健康；生育力；愛意；繁榮；保護。

📖 軼聞

玫瑰天竺葵的精油，是從帶有玫瑰香氣的葉子蒸餾出來的。玫瑰天竺葵常常作為補充玫瑰香氛之用。

No. 675

猩紅天竺葵 *Pelargonium inquinans*

| 猩紅天竺葵 Scarlet Geranium | 野生錦葵 Wild Malva | Wilde Malva |

◎ 象徵意義

安撫；安慰；快樂；文雅；憂鬱；糊塗；荒唐。

🏺 魔法效果

生育力；健康；愛意；保護。

📖 軼聞

天竺葵開著鮮豔的猩紅色花朵，被認為是最早發現的天竺葵，隨後還有許多雜交種。

No. 676

天竺葵 *Pelargonium nubilum*

| 雲天竺葵 Clouded Geranium | Clouded Stork's-bill | Geranium nubilum |

◎ 象徵意義

憂鬱。

🏺 魔法效果

文雅；愛意；淨化。

No. 677

蘋果天竺葵
Pelargonium odoratissimum

| 蘋果天竺葵 Apple Geranium | 蘋果香天竺葵 Apple Scented Geranium |

◎ 象徵意義

靈巧；文雅；目前偏好。

🏺 魔法效果

生育力；健康；愛意；淨化。

📖 軼聞

蘋果天竺葵的葉子香氣充足，讓人想起新鮮的蘋果。

No. 678

盾葉天竺葵 *Pelargonium peltatum*

| Cascading Geranium | 常春藤天竺葵 Ivy Geranium | Ivy-Leaf Geranium |

◎ 象徵意義

新娘的恩惠；溫文儒雅；我約你跳下一支舞；下一支舞；你的下一支舞會和我一起跳。

魔法效果

生育力；健康；愛意；淨化。

軼聞

盾葉天竺葵能長得相當茂盛，在吊籃或窗口花壇形成漂亮的裝飾。

No. 679

橡木天竺葵 *Pelargonium quercifolium*

| 橡木天竺葵 Oak Geranium | Oak Leaf Geranium | Oakleaf Geranium |

象徵意義

憂鬱的心；屈尊微笑；友善；溫文儒雅；淑女；真正的友情。

魔法效果

生育力；健康；愛意；淨化。

軼聞

橡木天竺葵葉子的形狀，跟橡木長得很像。

No. 680

南非天竺葵 *Pelargonium sidoides*

| Kalwerbossie Geranium | 銀葉天竺葵 Silver Leaf Geranium | Silverleaf Geranium | Silver-Leaved Geranium | South African Geranium | Umca | Umcka | Umckaloabo |

象徵意義

文雅；回憶。

軼聞

有些科學研究正在瞭解南非天竺葵用於治療流感的可能。

No. 681

馬蹄鐵天竺葵 *Pelargonium zonale*

| 馬蹄鐵天竺葵 Horsehoe Geranium | Pelargonium x hortorum |

象徵意義

文雅；愚蠢。

魔法效果

生育力；健康；愛意；保護。

軼聞

馬蹄鐵天竺葵的葉子上有馬蹄形的黑色記號。

No. 682

五星花 *Pentas*

| 埃及星花 Egyptian Star Flower | Egyptian Starcluster | Neurocarpaea | Orthostemma | Pentas lanceolata | Vignaldia |

象徵意義

明星；你就是明星。

軼聞

純白色的五星花有五瓣星狀花朵，是該物種中最稀有的，特別適合用在「求財」咒語的花。

No. 683

草胡椒 *Peperomia* ☠

| 圓葉椒草 Baby Rubber Plant | Emerald Ripple Peperomia | Ornamental Peppercorn Plant | Peperomia argyeia | Peperomia caperata | Peperomia obtusifolia | 蔓性椒草 Radiator Plant | Watermelon Peperomia |

象徵意義

所有事情都會水到渠成；時間到了自然會實現。

軼聞

草胡椒大約有一千多種不同的植物，其中一些很容易當作室內植物。儘管大多數的草胡椒作為附生植物，生長在腐爛的木材上，但其中一些會在盆栽中長大，是人們喜愛的常見室內植物，例如銀紋的西瓜皮椒草；葉面大、光滑、有光澤的圓葉椒草；以及皺葉椒草，葉面顏色較深、葉子為心形，佈滿皺紋。

No. 684

酪梨 *Persea americana* ☠

| Abacate | Aguacate | Ahuacotl | Alligator Pear | Avocado | 牛油果 Butter Fruit | Butter Pear | Nahuatl |

Ahuacatl | Palta | Persea | Persea gratissima | Testicle Tree | Zaboca |

◎ 象徵意義
愛意；關係；浪漫；性關係

🧴 魔法效果
催情劑；美麗；愛意；情慾

📖 軼聞
吃下在家裡的盆栽中種下的酪梨，會將愛情帶到家裡。帶著一個酪梨果核會增進美麗。用酪梨木做成的魔杖會非常強大。

No. 685
紅月桂 *Persea borbonia*

| 紅月桂鱷梨 Red Bay | Redbay | Scrubbay | Shorebay | Swampbay | Tisswood |

◎ 象徵意義
回憶。

📖 軼聞
紅月桂木相當強韌，足以搭造一艘堅固的船。

No. 686
春蓼 *Persicaria*

| 粉紅草 Pink weed | 聰明草 Smart weed |

◎ 象徵意義
復原。

🧴 魔法效果
療癒。

No. 687
拳參 *Persicaria bistorta*

| Adderwort | Bistort | Bistora | Common Bistort | 龍蒿 Dragonwort | 復活節巨人 Easter Giant | Easter Ledger | Easter Ledges | Easter Magiant | Easter Man-Giant | Gentle Dock | Great Bistort | Osterick | Oysterloit | Passion Dock | Patience Dock | Patient Dock | 粉紅撲克 Pink Pokers | Pudding Dock | 布丁草 Pudding Grass | Red Legs | Snakeweed | Twice-Writhen | Water Ledges |

◎ 象徵意義
箭形；有刺的。

🧴 魔法效果
連結；建築；死亡；生育力；歷史；知識；限制；阻礙；通靈能力；時間。

📖 軼聞
如果你想要懷孕的話，可以帶著拳參。如果家中有搗蛋鬼的話，可以噴灑一些拳參的汁液，將其驅散。

No. 688
冬日葵 *Petasites fragrans*

| Sweet-scented Tussilage | Tussilago fragrans | Winter Heliotrope |

◎ 象徵意義
你的正義終得伸張。

📖 軼聞
冬日葵有分雌雄。在不列顛群島上，幾乎看不到雌性的冬日葵。

No. 689
歐芹 *Petroselinum crispum*

| Apium crispum | Apium Petroselinum | 魔鬼燕麥片 Devil's Oatmeal | Hamburg Parsley | 義大利巴西里 Italian Parsley | Parsley | Percely | Persil | Petersilie | Petroselinon | Petroselinum | Petroselinum crispum | Petroselinum crispumvar neapolitanum | Petroselinum crispum tuberosum | Rock Parsley | Selinon | Turnip rooted Parsley |

◎ 象徵意義
歡慶；善變；愛意

🧴 魔法效果
商業交易；警告；聰明；溝通；創造力；信念；啟蒙；啟動；智能；學習；情慾；回憶；保護；謹慎；淨化；科學；自保；正確的判斷；偷竊；智慧

軼聞

西元 300 年前，人們就已經開始使用歐芹。歐芹對女巫來說很有價值，因為人們相信它在發芽之前，去了冥界九次又回來。夢到歐芹是愛情的不祥之兆，表示做夢者會被戀人腳踏兩條船。一般認為，移植歐芹會帶來一整年的厄運。在中世紀，人們相信在說出敵人的名字的同時，拔出一株歐芹就可以殺死那個人。古羅馬人和希臘人都在餐盤上放置了歐芹，能保護食物，並避免在用餐時發生不幸。

No. 690
矮牽牛 Petunia

象徵意義
憤怒；蔑視；我並不驕傲；不像你那麼驕傲；怨恨；你的出現安慰了我。

魔法效果
創造力；馴化；擁抱安定的生活方式。

軼聞
新婚夫妻應該種下一株矮牽牛花，協助他們在新房子裡，以夫妻的身分長居久安。

No. 691
金絲雀虉草
Phalaris canariensis ☠

| Canary Grass |

象徵意義
果決；毅力。

No. 692
荷包豆 Phaseolus coccineus ☠

| 紅花菜豆 Scarlet Runner Bean |

象徵意義
豐富的美麗；多產的美麗。

軼聞
荷包豆鮮紅色且吸引蜂鳥的花朵，啟發了無數的花藝工作者，在他們的花園種植這種植物，而非為了要取得豆子。荷包豆是最早被人類培育出來的豆種，距今七千年前，在現今的墨西哥就已經出現蹤跡。

No. 693
菜豆 Phaseolus vulgaris ☠

| Alavese Pinto Bean | Alubia Pinta Alavesa Bean | Anasazi Bean | 黑豆 Black Bean | 黑龜豆 Black Turtle Bean | Borlotti Bean | Canary Bean | Cannellini Bean | Caparrones Bean | Caraota o Habichuela Negra Bean | Chili Bean | Common Bean | Cranberry Bean | Eléfantes Bean | Enola Bean | Feijão Preto Bean | Frijol Negro Bean | Frijol Pinto | Gígantes Bean | Habichuelas Rosada Bean | Haricot Bean | Kidney Bean | Mayocoba Bean | Mottled Bean | Pea Bean | Peruano Bean | 粉紅豆 Pink Bean | Pinquito Bean | Pinto Bean | Poor Man's Meat | Rajmah Bean | 紅豆 Red Bean | 羅馬豆 Roman Bean | Romano Bean | Sinaloa Azufrado Bean | Speckled Bean | Sulphur Bean | 白豆 White Bean | 白海軍豆 White Navy Bean | 黃豆 Yellow Bean | Zaragoza Bean |

象徵意義
陰莖；投胎；復活。

魔法效果
鎮壓邪惡；占卜；驅魔；愛意；壯陽；保護；和解；移除疣。

軼聞
在遙遠的東方，人們認為撒菜豆的花可以安撫魔鬼。如果豆莢中的一顆菜豆是白色而不是綠色，

英國的傳統會認為這菜豆與死亡有關。歐洲常見的用菜豆占卜的方法是將三個豆莢藏起來：一個維持原狀（財富）、一個半剝開（舒適）和一個完全剝開（貧窮）。看詢問者最先發現哪個菜豆莢，就預示未來的狀況。紅菜豆（紅豆）原產於美洲（每個部落都有自己稱呼這種豆子的名字與故事），被美洲原住民印第安人當成值得貿易的商品。在中世紀，如果向女巫的臉上吐一口菜豆，女巫的力量就會失效。古人會將菜豆放入口中，然後對著邪惡的巫師吐。帶著乾燥的菜豆，作為抵禦邪惡魔法和消極情緒的護身符。

No. 694

山梅花 *Philadelphus*

| Mock Orange | Mock-Orange |

🌀 象徵意義
仿冒；欺騙；兄弟情；回憶；不確定性。

📖 軼聞
山梅花是一種開著白色花朵的美麗灌木。聞起來像是橙花和茉莉花的混合體。山梅花因此得名「橙的模仿花」，因為第一眼看到時確實像柑橘的花。

No. 695

蔓綠絨 *Philodendron* ☠

| Mock Orange | Mock-Orange |

🌀 象徵意義
深愛大自然；喜愛大樹。

🧴 魔法效果
欣賞大自然。

No. 696

天藍繡球 *Phlox*

🌀 象徵意義
我們的靈魂將會一統；甜美的夢；一致；聯合之心；靈魂羈絆。

🧴 魔法效果
友誼的魔法；人際關係的魔法。

No. 697

椰棗 *Phoenix dactylifera*

| 波斯棗 Date Palm |

🌀 象徵意義
勝利。

🧴 魔法效果
生育力；壯陽。

📖 軼聞
有人認為帶著一片椰棗的葉子會增加生育力，放在家門口附近，能阻止來自四面八方的邪惡進到家裡。

No. 698

蘆葦 *Phragmites australis*

| Arundo phragmites | 蘆葦 Common Reed |
Phragmites altissimus | Phragmites berlandieri
| Phragmites communis | Phragmites dioicus |
Phragmites maximus | Phragmites vulgaris | Tambo |

🌀 象徵意義
傻事；輕率；音樂；歌聲；單方面的祝福。

🌿 單枝蘆葦
音樂。

🌿 分枝蘆葦
傻事；輕率。

🌿 帶著花的蘆葦
音樂。

No. 699
商陸 Phytolacca ☠

| Coakum | Cocan | Crowberry | Garget | Inkberry |
Ombú | 鴿子漿果 Pigeon Berry | Pircunia | Pocan | Poke
| Pokeberry | Pokeberry Root | Pokebush | Poke Root
| Pokeroot | Poke Sallet | Pokeweed | Polk Root | Polk
Salad | Polk Salat | Polk Sallet | Scoke | Virginian Poke |

◎ 象徵意義
勇氣。

⚗ 魔法效果
破除詛咒；勇氣。

📖 軼聞
帶著一株商陸能給你勇氣。

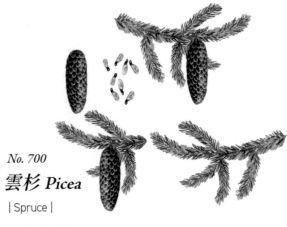

No. 700
雲杉 Picea

| Spruce |

◎ 象徵意義
告別；逆境中的希望。

📖 軼聞
在瑞典的菲呂（Fulufjället）山發現了一種雲杉的
活化石，稱為挪威雲杉，綽號為「老 Tjikko」。老
Tjikko 已有九千五百年的歷史，被認為是地球上
已知最古老的活樹。

No. 701
鏡面草 Pilea peperomioides

| 中國錢幣草 Chinese Money Plant | Lefse Plant | 鏡草
Mirror Grass | 修士草 Missionary Plant | Pancake Plant
| Pilea | 飛碟草 UFO Plant |

◎ 象徵意義
祝我幸運；幸運。

⚗ 魔法效果
友誼；運氣；金錢；金錢運。

📖 軼聞
由於極受歡迎，鏡面草宛如飛碟般可愛的葉子和
衛星般排列的生長習性，使這種植物的價格很高
且難以獲得。為滿足大眾的需求，近期開始廣泛
栽培，鏡面草只會在中國的自然環境中生長，在
中國也非常稀有，瀕臨滅絕。

No. 702
多香果 Pimenta dioica

| 多香果 Allspice | Clove Pepper | 牙買加胡椒 Jamaica
Pepper | Jamaican Pepper | Kurundu | Myrtle Pepper |
Newspice | 胡椒 Pepper | Pimenta | Pimento |

◎ 象徵意義
慈悲；萎靡不振；愛意；運氣。

⚗ 魔法效果
事故；侵略；憤怒；性慾；衝
突；療癒；愛意；運氣；情慾；
機械性；金錢；搖滾樂；力
量；掙扎；戰爭。

📖 軼聞
多香果常常被添加到多方的藥
草中，以吸引金錢或幸運。

No. 703
茴芹 Pimpinella anisum

| Anise | Aniseed | Anneys | Pimpinella | 甜孜然 Sweet
Cumin | Yanisin |

◎ 象徵意義
恢復青春精神活力和自信。

茴芹種子
恢復青春。

魔法效果
催情劑；商業；商業交易；招喚善靈；警告；機敏；溝通；創造力；擴張；信念；榮譽；啟蒙；啟動；聰明；領導力；學習；回憶；政治；權力；保護；謹慎；大眾好評；淨化；驅邪；責任；莊嚴；科學；自我保護；睡眠；正確的判斷；成功；偷竊；遠離邪眼；財富；智慧。

軼聞
在枕頭擺上一些茴芹的種子，可以擋掉不愉快的夢。新鮮的茴芹葉可以驅除邪惡，常用於魔法陣周圍，使邪惡的靈魂遠離魔法陣。在床上掛一株新鮮或乾燥的茴芹，以恢復你失去的青春。

No. 704
松 Pinus
| Pine |

象徵意義
大膽；勇氣；膽量；耐力；希望；長壽；忠誠；憐憫；時間。

魔法效果
事故；侵略；憤怒；性慾；衝突；驅魔；生育力；療癒；情慾；機械性；金錢；和平；保護；淨化；搖滾樂；靈力；力量；掙扎；戰爭。

軼聞
帶著松樹的毬果能保佑晚年還常保活力。帶著松樹的毬果以提高生育能力。由於松屬常綠植物，在日本，曾有在家庭入口處放置松樹枝以提供家中歡樂的習俗。用松針做一個十字架，並將其放置在壁爐附近，以防止邪惡通過煙囪進入家中。松樹是美洲原住民易洛魁聯盟的「和平之樹」。有人認為燃燒松針會將惡意的咒語，返回給發送咒語的人。

松果
歡樂。

No. 705
黑松 *Pinus nigra*
| 歐洲黑松 European Black Pine |

象徵意義
憐憫。

軼聞
黑松樹壽命很長，有些樣本的樹齡超過五百年。

No. 706
剛松 *Pinus rigida*
| 剛葉松 Pitch Pine |

象徵意義
信念；哲學；時間；時間與信念。

軼聞
在過去，剛松的樹脂汁有助於生產瀝青和木料，剛松被大量用在造船和鐵路枕木。美洲原住民經常用剛松建造獨木舟。

No. 707
歐洲赤松 *Pinus sylvestris*
| 銀松 Scotch Fir | 蘇格蘭松 Scots Pine |

象徵意義
提升。

軼聞
歐洲赤松是美國最常見的聖誕樹選擇。

No. 708
胡椒樹 *Piper*

| Anderssoniopiper | Arctottonia | Artanthe | Chavica | Discipiper | Lepianthes | Lindeniopiper | Macropiper | Ottonia | 胡椒樹 Pepper Plant | 胡椒藤 Pepper Vine | Pleiostachyopiper | Pleistachyopiper | Pothomorphe | Trianaeopiper |

象徵意義
忠實；破解法術；愛意。

魔法效果

事故；侵略；憤怒；性慾；衝突；情慾；機械性；搖滾樂；力量；掙扎；戰爭。

No. 709

蓽澄茄 *Piper cubeba*

| Cubeb | 爪哇胡椒 Java Pepper |
尾胡椒 Tailed Pepper | Vidanga |
Vilenga |

象徵意義

忠實；破解法術；愛意。

魔法效果

催情劑；驅魔；愛意；驅邪；擊退魔鬼；阻擋夢魘。

No. 710

卡瓦醉椒 *Piper methysticum* ☠

| Ava | Ava Pepper | Ava Root |
Awa | Awa Root | Intoxicating
Pepper | Kava | Kava-kava | Sakau
| Yaqona |

 象徵意義

忠實；破解法術；愛意。

魔法效果

靈魂投射；運氣；情慾；旅行安全；願景。

No. 711

胡椒 *Piper nigrum*

| 黑胡椒 Black Pepper | Marica
| Pepe | 胡椒 Peper | Pepper |
Pfeffer | Pipor | Pippali | Poivre |

象徵意義

忠實；破解法術；愛意。

魔法效果

能量；驅魔；保護。

軼聞

將少許胡椒粉裝在小袋中帶在

身上，能保護自己免受邪眼傷害。隨身帶著一個裝有胡椒粉的小袋，少許胡椒能保護自己免於持續產生嫉妒的想法。將等量的胡椒與天然海鹽混合，然後撒在你的房地產周圍，以驅除邪惡並防止邪惡再度重返。

No. 712

毒魚豆 *Piscidia erythrina*

| 毒魚豆樹 Fish Poison Tree |
Fishfuddle | 佛羅里達毒魚木 Florida
Fishpoison Tree | 牙買加山茱萸
Jamaica Dogwood | Jamaican Dogwood
| Piscidia | Piscidia piscipula |

象徵意義

保密。

魔法效果

保護；祈望。

No. 713

乳香黃連木 *Pistacia lentiscus*

| 乳香樹 Mastic Tree |

象徵意義

咀嚼；咬牙切齒。

魔法效果

豐裕；進展；意志；能量；友誼；成長；療癒；喜悅；領導力；生命；光；情慾；自然力量；通靈能力；成功。

軼聞

「乳香樹」的樹脂是「myron」甜油的重要成分，這是一些東正教儀式中使用的聖油。

No. 714

開心果 *Pistacia vera* ☠

| Pista | Pistacchio | 黃連木 Pistacia
| Pistachio | Pistáke | Pistákion |

象徵意義

福氣；幸福；健康。

魔法效果

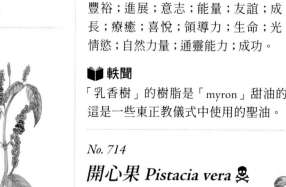

破解愛情魔咒。

📖 軼聞

為了讓殭屍擺脫恍惚狀態，並讓殭屍進入死亡狀態，請給殭屍染成紅色的開心果。西元前700年左右，根據猜測，巴比倫的「空中花園」中也展示了開心果樹。

No. 715
豌豆 *Pisum sativum*

| Pea | 糧用豌豆 Field Pea |
食粒菜豌豆 Garden Pea |

🌹 象徵意義

約定會面；尊重。

⚗️ 魔法效果

愛意；金錢。

📖 軼聞

剝開豌豆能帶來財富和利潤。有個有趣的愛情占卜，是讓未婚女性找一個裡面正好有九個種子的豌豆莢。如果她將這個豆莢掛在門上，第一個從門下走過的單身男人將是她未來的丈夫。

No. 716
車前草 *Plantago*

| 車前草 Cart Track Plant | Common Plantain | 布穀鳥麵包 Cuckoo's Bread | Dooryard Plantain | 英國人的足跡 Englishman's Foot | Healing Blade | Hen Plant | Lamb's Foot | 派翠克葉 Leaf of Patrick | Patrick's Dock | Plantain | 漣漪草 Ripple Grass | 路草 Roadweed | Roundleaf Plantain | Saint Patrick's Leaf | Slan-lus | Snakebite | 蛇草 Snakeweed | Soldier's Herb | 聖派翠克葉 St. Patrick's Leaf | The Leaf of Patrick | Watcher by the Wayside | Watcher-by-the-Wayside | Waybread | Wayside Plantain | Weybroed | White Man's Footprint |

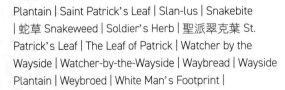

🌹 象徵意義

放心；放鬆

⚗️ 魔法效果

療癒；古代「九藥草」中的配方；保護；力量；遠離邪眼。

📖 軼聞

請不要跟食物用的車前草搞混，大車前草是在人行道縫隙和路邊的草，其力量可用於魔咒上。

No. 717
大車前草 *Plantago major*

| 寬葉車前草 Broad-leaved Plantain | Broadleaf Plantain | Greater Plantago | Greater Plantain | 白人的足跡 White Man's Foot |

🌹 象徵意義

永不絕望

📖 軼聞

北美首次被殖民後，美洲原住民印第安人開始將大車前草稱為「白人的足跡」和「英國人的足跡」，因為對他們來說，似乎白人走到哪裡，大車前草就會長到哪裡。之所以出現這種「現象」，是因為殖民者會將穀物作物種子帶到新世界，而大車前草的種子通常會跟著混入種子袋中。因此當殖民者種植穀類作物靠近他們居住的地方，大車前草也跟著生長並最終被馴化。將大車前草掛在車上以防止邪惡進入車內。

No. 718
懸鈴木 *Platanus*

| Plane | Plane Tree | 梧桐樹 Sycamore |

🌹 象徵意義

天才；恩典。

📖 軼聞

懸鈴木對古埃及人和原始遊牧部落來說，就像橡樹對古代的德魯伊人一樣神聖。傳說當約瑟和瑪利亞帶著還是嬰兒的耶穌從伯利恆逃往埃及時，他們曾在一棵梧桐樹的樹蔭下休息。

No. 719

美桐 *Platanus occidentalis*

| American Plane | 美國梧桐
American Sycamore | Buttonwood
Tree | Occidental Plane |

◎ 象徵意義

婚姻。

📖 軼聞

紐約證券交易所的成立條款被稱為梧桐樹
（Buttonwood）協議，因為它是 1792 年在紐約華爾
街 68 號的美桐樹下簽署的。

No. 720

桔梗 *Platycodon grandiflorus*

| 氣球花 Balloon Flower | 中國鐘花 Chinese Bellflower
| Common Balloon Flower | 日本鐘花 Japanese
Bellflower | Jie Geng | Platycodon | 土耳其氣球
花 Turkish Balloon Flower |

◎ 象徵意義

誠實；服從；不變的愛。

🏺 魔法效果

驅除邪靈。

No. 721

藍雲蓉 *Plumbago* ☠

| 白花丹 Leadwort | Plumbago europaea |

◎ 象徵意義

重如鉛；精神上的渴望。

📖 軼聞

藍雪這個名字跟它藍色的花色，或是它的樹汁能
造成的鉛藍色汙漬有關。

No. 722

雞蛋花 *Plumeria* ☠

| Araliya | Calachuchi
| Champa | 雞蛋花樹
Egg Yolk Flower Tree |
Frangipani | Gaai Daan Fa |
Graveyard Flowers | Melia |
寺廟樹 Temple Tree |

◎ 象徵意義

全新；完美；春天。

🏺 魔法效果

情感；生育力；世代；靈感；直覺；愛意；靈力；
海洋；潛意識；浪潮；隨波飄搖；崇敬。

📖 軼聞

亞洲人認為雞蛋花為魔鬼和鬼魂提供庇護。馬來
西亞民間傳說提到雞蛋花的氣味與龐蒂雅娜（一
種吸血鬼）有關，這被認為是在分娩中死亡，並
尋求報復的「不死」婦女。太平洋群島的婦女
將雞蛋花戴在耳朵上：如果已經結婚的話戴在右
耳，如果沒有結婚則戴在左耳。雞蛋花常用於製
作精美的花環。雞蛋花通常與墓地和墳墓有關。

No. 723

禾本科 *Poaceae*

| Gramineae | 草 Grass | Grasses
| 真正的草 True Grasses |

◎ 象徵意義

同性戀；順從；有益；效用。

🏺 魔法效果

保護；通靈能力。

📖 軼聞

在你家前窗掛上一株綠色的禾本科植物，或在你
家周圍用禾本科植物打一些結，可以驅除邪惡，
並保護你的家免遭邪惡反覆侵入。帶著禾本科的
葉片有助於增強你的精神力量。用禾本科許願的
話，在石頭上摩擦一下劃出一個綠色的記號，在
那個綠色的地方許願，然後把石頭埋起來，或者
把它扔進流水裡。

No. 724

美洲鬼臼 *Podophyllum peltatum* ☠

| American Mandrake | 魔鬼的蘋果 Devil's Apple | 鴨掌 Duck's Foot | False Mandrake | 五月蘋果 May Apple | Mayapple | Hog Apple | Hogapple | 印第安蘋果 Indian Apple | 五月花 Mayflower | 浣熊果 Racoon Berry | 雨傘草 Umbrella Plant | 野檸檬 Wild Lemon | Wild Mandrake |

象徵意義

隱密。

魔法效果

金錢。

軼聞

將一點美洲鬼臼乾燥的果實放進護身符的小袋子，可以保佑帶著的人隱密地工作。

No. 725

廣藿香 *Pogostemon cablin*

| Ellai | Kablin | Pachouli | Patchai | Patchouli | Patchouly | Pucha-Pot | Xukloti |

象徵意義

芬芳。

魔法效果

豐裕；事故；進展；侵略；憤怒；連結；破除詛咒；建築；性慾；衝突；意志；死亡；能量；生育力；友誼；成長；療癒；歷史；喜悅；知識；領導力；生命；光；限制；情慾；機械性；金錢；自然力量；阻礙；搖滾樂；力量；掙扎；成功；時間；戰爭。

軼聞

抹上一點廣藿香精油的錢、錢包或手提袋，據說能招財。

No. 726

花蔥 *Polemonium caeruleum*

| 藍花希臘纈草 Blue-flowered Greek Valerian | Greek Valerian | 雅各的梯子 Jacob's Ladder |

象徵意義

下來；破裂。

軼聞

花蔥常用來製造黑色染料。花蔥的花通常會被曬乾，加進百花香混合物中。

No. 727

晚香玉 *Polianthes tuberosa*

| Azucena | 骨花 Bone Flower | Bunga Sedap Malam | Gole Maryam | 香氣之王 King of Scent | 瑪莉花 Mary Flower | Mixochitl | Nilasambangi | Nishi Ghanda | Raat ki Rani | Rajnigandha | Rojoni-Gondha | Sambangi | Sampangi | 夜來香 Scent of the Night | Sugandaraja | Tuberose | Wan Xiang Yu | 夜來香 Ye Lai Xiang | Yue Xia Xiang |

象徵意義

危險的快樂；葬禮；快樂時無可避免的痛苦；甜美的聲音；性感。

魔法效果

鎮靜神經；和諧；和睦；精神刺激；恢復幸福；避邪；遠離消極情緒。

No. 728

遠志 *Polygala*

| 牛奶草 Milkwort | Mountain Flax | Seneca Snakeroot | Seneca Snake Root | Seneka | 蛇根 Snakeroot |

象徵意義

隱居處。

魔法效果

金錢；保護。

No. 729
玉竹 *Polygonatum*

| Dropberry | 所羅門王印記 King Solomon's-Seal | 女士印記 Lady's Seal | Lady's Seals | Saint Mary's Seal | Sealroot | Sealwort | Solomon Seal | Solomon's Seal | St. Mary's Seal |

◎ 象徵意義
支持我。

🏺 魔法效果
驅魔；愛意；保護。

📖 軼聞
將玉竹放在家中四個角落能夠保護房子。

No. 730
玉竹 *Polygonatum multiflorum*

| 所羅門的印記 Common Solomon's Seal | David's Harp | David's-Harp | 天堂之梯 Ladder-to-Heaven | Solomon's-Seal |

◎ 象徵意義
支持我。

🏺 魔法效果
催情劑；連結魔法效力；連結神聖的誓言；奉獻。

📖 軼聞
相傳玉竹根部的傷痕是，所羅門王為了證明其強大的美德而放置在那裡的。玉竹的年齡可以透過根部疤痕的數量來確定，因為每年都會產生一根新的莖，在每年夏天結束時都會死亡並留下新的疤痕。人們可以透過玉竹有鐘形花朵垂在莖上這一特徵，來區分玉竹和假玉竹（大花蓼）。假玉竹的花則長在植物莖的末端。

No. 731
蓼 *Polygonum*

| Armstrong | Ars-Smerte | Bistort | Buckwheat | Centinode | 牛草 Cowgrass | 野豬草 Hogweed | 節草 Knotgrass | Knotweed | Mile-a-Minute | 九關節 Nine Joints | Ninety Knot | Pigrush | 豬草 Pigweed | Red Robin | 麻雀的舌頭 Sparrow's Tongue | Swynel Grass | Tear-Thumb |

◎ 象徵意義
恐怖。

🏺 魔法效果
連結；連結咒語；占卜；生育力；健康；保護；通靈能力；出神。

📖 軼聞
如果你想懷孕，請帶著一個蓼草的護身符。如果戴在胸前，蓼被認為是能幫助那些遭受狂亂的人的好符咒。蓼的另一個力量是，當一個人觸摸它時，蓼被認為會賦予那個人太陽星座所提供的特殊力量。蓼有利於吸引金錢。

No. 732
金髮蘚 *Polytrichum*

| 鳥麥 Bird Wheat | 髮蘚 Hair Moss | Haircap Moss | 鴿麥 Pigeon Wheat |

◎ 象徵意義
祕密。

📖 軼聞
金髮蘚已經在全世界各地都有其蹤跡。在英格蘭紐斯特德的羅馬堡壘考古遺址中，也發現了金髮蘚，其歷史可以追溯到西元 86 年。

No. 733
楊樹 *Populus*

| Aspen | 棉木 Cottonwood | Poplar |

◎ 象徵意義
口才；飛行；悲嘆；金錢；財富。

🏺 魔法效果
防盜；靈魂投射；金錢；保護。

No. 734
銀白楊 *Populus alba*

| Abeel | Abele | Albellus | Aubel | Silver Poplar | 銀葉白楊 Silver-Leaf Poplar | White Poplar |

◎ 象徵意義
勇氣；時間。

♟ 魔法效果
靈魂投射；飛行；金錢。

📖 軼聞
在身上帶著銀白楊的芽或葉子以吸引金錢。將銀白楊的芽或葉子放在床上或是（以及）身上，能夠增強靈魂投射。

No. 735
黑楊木 *Populus nigra*

| Black Poplar |

◎ 象徵意義
苦惱；勇氣。

📖 軼聞
黑楊木是一種高大的樹，心型的葉子閃閃發亮，可長到 166 英尺（51 米），由於其自然棲息地遭到破壞，黑楊木現在瀕臨滅絕。

No. 736
歐洲山楊
Populus tremula

| 山楊 Aspen | Common Aspen | Eurasian Aspen | 歐洲山楊 European Aspen | Poplar | Quaking Aspen |

◎ 象徵意義
優勢；改造；意識；連接；口才；害怕；重點；呻吟；哀嘆；操縱；機會；真實；嘆息；轉型；過渡。

🌱 楊樹的葉子
哀歌；嘆息。

♟ 魔法效果
防盜；靈魂投射；連結；建築；死亡；口才；飛行；歷史；知識；限制；阻礙；時間。

📖 軼聞
在身上帶著歐洲山楊的芽和葉子以吸引金錢。帶著歐洲山楊的芽或葉子，能夠增強靈魂投射。

No. 737
大花馬齒莧 *Portulaca grandiflora*

| 花園半支蓮 Garden Purslane | 金絲杜鵑 Golden Purslane | Hoa muoi gio | 苔蘚玫瑰 Moss Rose | Moss-Rose | Moss-Rose Purslane | 豬草 Pigweed | Purslane | 太陽玫瑰 Sun Rose | 十點之花 Ten O'Clock Flower | 時間花 Time Flower | Time Fuul |

◎ 象徵意義
優越的美德；性感的愛；性感。

🌱 馬齒莧芽
愛的告白。

♟ 魔法效果
幸福；愛意；運氣；保護；睡眠。

📖 軼聞
準備一個裝有大花馬齒莧的香囊，交給士兵在戰鬥時隨身帶著作為保護。種植大花馬齒莧來保護家園並為它帶來幸福。

No. 738
委陵菜 *Potentilla*

| Cinquefoil | Crampweed | Duchesnea | 五指花 Five Finger Blossom | 五指草 Five Finger Grass | Five Fingers | Goose Tansy | 鵝草 Goosegrass | Moor Grass | Silver Cinquefoil | 銀草 Silverweed | Sunkfield | Synkefoyle |

◎ 象徵意義
心愛的孩子；親愛的女兒；照顧年輕人；母愛；父母的愛；死者。

🏺 魔法效果

事業；擴張；榮譽；領導力；金錢；政治；權力；促進豐收；預知夢；保護；大眾好評；責任；莊嚴；睡眠；成功；財富。

📖 軼聞

有個傳說認為委陵菜的五片葉子分別代表愛情、金錢、健康、能力與智慧，帶著委陵菜能獲得這幾種能力。如果你剛好找到一株七片葉子的委陵菜，並把它放在枕頭下，你會夢見你未來的伴侶。佩戴或帶著委陵菜，讓你能夠用積極的方式尋求幫助。在法庭上佩戴委陵菜能夠獲得正面的結果。

No. 739

洋委陵菜 *Potentilla erecta*

| Biscuits | 血根 Blood root | Common Tormentil | Earthbank | Ewe Daisy | 五指 Five Fingers | 肉與血 Flesh and Blood | Potentilla tormentilla | Septfoil | Shepherd's Knot | Thormantle | Tormentil | Tormentilla erecta |

◎ 象徵意義

權力。

🏺 魔法效果

愛意；保護。

📖 軼聞

你可以在家裡掛上洋委陵菜，用來驅魔。帶著一株洋委陵菜，可以吸引愛情。

No. 740

蛇莓 *Potentilla indica*

| Duchesnea indica | 假草莓 False Strawberry | Gurbir | 印度草莓 Indian Strawberry | Mock Strawberry |

◎ 象徵意義

欺騙的表相。

📖 軼聞

為了分辨蛇莓與其他類似草莓的植物，蛇莓的花朵為黃色，不像真正草莓的花色為白色或粉紅色。

No. 741

布魯克委陵菜 *Potentilla rivalis*

| Brook Cinquefoil | Potentilla leucocarpa | Potentilla millegrana | Potentilla pentandra | 河委陵菜 River Cinquefoil |

◎ 象徵意義

百感交集。

📖 軼聞

五個橢圓形花瓣交錯重疊在尖尖長矛狀的花瓣，是布魯克委陵菜的特徵。

No. 742

盤果菊 *Prenanthes purpurea*

| 紫生菜 Purple Lettuce | Rattlesnake Root |

◎ 象徵意義

保護；保護罩；走路小心。

🏺 魔法效果

金錢；保護。

📖 軼聞

盤果菊會保護你遠離蛇，但更重要的是能夠在一群假定為險惡的「朋友」中保護你不受傷害。當你把盤果菊放在鞋子裡，理論上能夠保護穿著鞋子的人避免涉入各種因詐欺及邪惡造成的問題。

No. 743

報春花 *Primula* ☠

| 西洋櫻草 Polyanthus | Primrose |

◎ 象徵意義

信心；滿意；絕望的；青春前期；永恆的愛；女性能量；輕浮；幸福；我不能沒有你；沒有你我活不下去；無常；謙虛；痴迷的愛；享樂；財富的驕傲；滿意；無聲的愛；粗心大意；女人；年輕的愛；青春。

🎨 花色的意義：深紅色：信心；心的奧祕；財富的驕傲。

🎨 花色的意義：淡紫色：信心。

🎨 **花色的意義**：緋紅色：優點；不請自來的認可；不受支持的優點。

🎨 **花色的意義**：玫瑰色：被忽視的天才。

🏺 **魔法效果**
愛意；保護。

No. 744

耳葉報春 *Primula auricula* ☠

| Auricula | 熊耳 Bear's Ear | 山花九輪草 Mountain Cowslip | Primula balbisii | Primula ciliata |

◎ **象徵意義**
繪畫。

🎨 **花色的意義**：猩紅色：貪婪。

No. 745

藏報春 *Primula sinensis* ☠

| Auganthus praenitens | Chinese Primrose | Oscaria chinensis | Primula mandarina | Primula praenitens | Primula semperflorens | Primula sertulosa | 中國櫻草 Primulidium sinese | Zang Bao Chun |

◎ **象徵意義**
青春前期；永恆的愛；毫無節制。

📖 **軼聞**
藏報春是一種五瓣花，個別代表女性在生命的每個階段。如果你觸摸帶有藏報春的仙石的次數不太對，可能會引發厄運；但如果操作正確，則可以打開通往仙境大門。藏報春對德魯伊人來說是神聖的。

No. 746

黃花九輪草 *Primula veris* ☠

| Artetyke | Arthritica | Buckles | Cowslip | Crewel | Cuslyppe | Cuy | Cuy Lippe | Drelip | 仙女杯 Fairy Cup | Frauenschlussel | Herb Peter | Key Flower | Keyflower | Key of Heaven | 女士的鑰匙 Lady's Key | Lady's Keys | Lippe | Our Lady's Keys | Paigle | Palsywort | Paralysio

| Password | Peggle | Petty Mulleins | Plumrocks | Primula officinalis |

◎ **象徵意義**
誕生；圓滿；死亡；女性。

🏺 **魔法效果**
尋寶；療癒；愛的咒語；年少。

📖 **軼聞**
仙女們喜愛且保護黃花九輪草。黃花九輪草在愛爾蘭和威爾斯被視為仙花。人們認為用黃花九輪草觸碰仙石會打開一扇通往仙境的無形之門。如果一把花束中沒有正確數量的黃花九輪草，可能會發生不幸。問題是，沒有人確切知道正確的數量究竟是多少！人們還相信黃花九輪草可以幫助孩子們找到隱藏的寶藏，尤其是仙女的寶藏。如果你不想要訪客，請在前廊下或前廊上放一株黃花九輪草。佩戴或帶著黃花九輪草，以保持或恢復你的青春。

No. 747

歐報春
Primula vulgaris ☠

| 奶油玫瑰 Butter Rose | Common Primrose | 英國驢蹄草 English Cowslip | 英國報春草 English Primrose | Password | Primerose | Primrose | Primula acaulis |

◎ **象徵意義**
滿足；永恆的愛；輕浮；幸福；謙虛；喜樂；滿足；粗心大意；毫無節制。

🏺 **魔法效果**
尋找寶藏；療癒；愛意；保護。

📖 **軼聞**
在花園裡種植紅色和藍色的歐報春，以吸引仙女到這裡來，並保護這朵花免受所有逆境的影響。帶著歐報春能吸引愛情。帶著一朵歐報春能治療瘋狂。

P

No. 748
牧豆樹 Prosopis
| Lagonychium | Mesquite | Sopropis | Strombocarpa |

象徵意義
寬恕；自我祝福。

魔法效果
療癒。

軼聞
當缺水時，原本可以達到 50 英尺（15 米）高的牧豆樹，將不會高過灌木。

No. 749
帝王花 Protea cynaroides
| Giant Protea | 蜜罐 Honeypot |
King Protea | King Sugar Bush |

象徵意義
勇氣。

軼聞
帝王花是地球上最古老的花朵之一。

No. 750
美國李 Prunus americana ☠
| American Plum | 野生李子 Common Wild Plum |
Marshall's Large Yellow Sweet Plum | Wild Plum |

象徵意義
獨立。

魔法效果
療癒。

軼聞
美洲原住民達科塔印第安人用美國李樹枝製作祈禱棒。

No. 751
杏 Prunus armeniaca ☠
| Abrecoc | Abrecock | Abricot | Albaricoque | Alperce | 杏樹 Apricot Tree | Armeniaca vulgaris | Armenian Plum |
Damasco | Umublinkosi | 杏仁
Xing Ren | Zard-alu |

象徵意義
膽怯的愛。

杏花
不信任；懷疑；膽怯的愛。

魔法效果
催情劑；愛意。

軼聞
據說在夢中出現杏樹是幸運的。自史前時代，亞美尼亞地區就已經種植了杏樹，證據就是在亞美尼亞地區新石器時代（新石器時代是石器時代和青銅時代之間的過渡時期）所發掘到的種子。然而尼古拉瓦維洛夫的植物起源中心論認為杏樹是在中國地區被馴化的。其他人認為杏樹最早在西元前 3000 年左右就在印度有種植的紀錄。帶著杏核，能夠吸引愛情。

No. 752
歐洲甜櫻桃 Prunus avium ☠
| 鳥櫻桃 Bird Cherry | 櫻桃 Cherry | Gean | Mazzard |
甜櫻桃 SweetCherry | 野生櫻桃 Wild Cherry |

象徵意義
良好的教育；教育；信仰；智力；愛。

歐洲甜櫻桃的花
良好的教育；禁慾的美女；教育；女性美；溫柔；好教育；優雅的榮耀感；虛偽；仁慈；和睦；靈性上的美；短暫的生命；短暫的憂鬱。

魔法效果
吸引力；美麗；占卜；友誼；餽贈；和諧；喜悅；愛意；喜樂；肉慾；藝術品。

軼聞
要找到愛情的話，可以在歐洲甜櫻桃上綁一束你的頭髮。

No. 753
櫻桃李 *Prunus cerasifera* ☠

| Cherry Plum | Myrobalan Plum |
Prunus divaricata |

◎ 象徵意義
私有。

⚗ 魔法效果
療癒；愛意。

No. 754
歐洲李 *Prunus domestica* ☠

| 李子樹 Plum Tree | Prunus x domestica | Zwetschge |

◎ 象徵意義
美麗；忠實；天才；保持承諾；長壽；承諾。

⚗ 魔法效果
愛意；保護。

📖 軼聞
在你家門窗上掛一根歐洲李的樹枝，可以保護家裡免受邪惡入侵。

No. 755
扁桃 *Prunus dulcis* ☠

| 杏仁樹 Almond Tree | Amygdalus
communis | Prunus amygdalus |

◎ 象徵意義
豐產；暈眩；粗心大意；希望；輕率；承諾；繁榮；愚蠢；未經思考；結合；童貞；智慧。

⚘ 扁桃花
希望；小心。

⚗ 魔法效果
野心；態度；清晰思考；和諧；更高的理解；邏輯；物質形態的顯化；錢；戒酒；繁榮；靈性觀；創業成功；思維過程；智慧。

📖 軼聞
有一些人相信，將扁桃的果子放在口袋裡隨身帶著可以帶你找到寶藏。扁桃樹上的堅果可能很苦，不能食用，因為它們有毒。馴化的扁桃樹無毒。人們相信，攀登一棵扁桃樹可以保證創業成功。由扁桃木製成的魔杖相當有價值。

No. 756
郁李 *Prunus japonica* ☠

| Cerasus japonica | 開花杏仁 Flowering
Almond | 韓國櫻桃 Korean Cherry | Oriental
Bush Cherry |

◎ 象徵意義
希望。

⚗ 魔法效果
採用；綁手禮；愛情魔咒。

No. 757
桂櫻 *Prunus laurocerasus* ☠

| 杏仁月桂 Almond Laurel | Cherry Laurel | Common
Laurel | 英國月桂 English Laurel | Prunus |

◎ 象徵意義
背信忘義。

⚘ 桂櫻花
背信忘義。

📖 軼聞
桂櫻的葉子常常用在花藝作品上。

No. 758
稠李 *Prunus padus* ☠

| 亞洲鳥櫻桃 Asian Bird Cherry | 鳥櫻桃 Bird Cherry
| Cerasus padus | 歐洲鳥櫻桃 European Bird Cherry
| Hackberry | Prunus racemosa |

象徵意義
背信忘義。

魔法效果
抵禦瘟疫；巫術。

軼聞
在中世紀，稠李的樹皮會被放置在門口以抵禦瘟疫。在蘇格蘭北部的某些地區，特別避免使用稠李木，因為它被認為是來自「女巫樹」的木材。

No. 759

桃子 Prunus persica ☠

| Nectarine Tree (smooth-skinned fruit) | 桃樹 Peach Tree (velvety skinned fruit) |

象徵意義
新娘的希望；慷慨；溫柔；幸福；榮譽；和平；富有；年輕的新娘；你的品質和魅力是無與倫比的。

桃子樹的花
俘虜；我是你的；我是你的俘虜；長壽；我的心屬於你；無與倫比的品質。

魔法效果
驅魔；生育力；長壽；愛意；驅邪；祈望。

軼聞
在中國，桃子樹的樹枝會被用來驅除邪靈。中國兒童曾佩戴桃子的果核以驅魔。人們相信帶著一小塊桃木可以延長壽命，甚至可以使你長生不老。在日本，桃樹的樹枝被當作占卜棒。

No. 760

白櫻桃 Prunus rainier ☠

| Rainier Cherry | 白櫻桃 White Cherry |

象徵意義
騙局；良好的教育。

軼聞
白櫻桃能夠生長出表皮有如腮紅的金黃色果實。白櫻桃會吸引以果實為食的鳥類。

No. 761

黑刺李 Prunus spinosa ☠

| 黑棘 Blackthorn | Mother of the Wood | Sloe | 許願棘 Wishing Thorn |

象徵意義
緊縮；迎接挑戰的祝福；前方的挑戰；約束；困難；必然性；準備；爭吵。

魔法效果
消除負面能量與實體；驅魔；保護。

軼聞
在家門口掛上黑刺李能夠驅魔、抵禦災難和負面能量，甚至趕走魔鬼。分岔的黑刺李樹枝是很棒的占卜棒。黑刺李木能夠做出很棒的魔杖。

No. 762

歐洲蕨 Pteridium aquilinum ☠

| Bracken | Bracken Fern | Common Bracken | 蕨菜 Fern | Fernbrake | Huckleberry's Blanket |

象徵意義
保護；雨水。

魔法效果
生育力；康復；預言夢；保護；雨魔法。

歐洲蕨的種子
隱形；提供神奇的品質。

軼聞
曾經有人認為旅行者如果踏到歐洲蕨就會迷失方向，甚至失去方向。為了讓天下雨，可以燃燒一些歐洲蕨。在枕頭下放置一片蕨類植物的葉子，可以夢到解決令人困惑問題的方法。在插花作品中添加歐洲蕨的葉子可以增加保護力。

No. 763
蕨類植物 *Pteridophyta*
| 魔鬼刷 Devil Brushes | Ferns |

◎ 象徵意義
困惑；財富。

⚗ 魔法效果
健康；運氣；魔力；保護；富有。

📖 軼聞
在英國，曾有人認為將乾燥的蕨類植物，掛在房子裡可以保護居住在那裡的每個人，免受雷電侵襲。在英國，人們還一度認為切下或燃燒蕨類植物，會帶來降雨。人們相信將蕨類植物的種子放在口袋裡會提供神奇的力量，像是隱形。曾有人認為，在蕨類植物上行走，會導致旅行者迷失方向。

No. 764
小葉紫檀 *Pterocarpus santalinus*
| Chandan | Ciwappuccantanam | Rakta chandana | Raktachandana |Red Sandalwood | Red Sanders | 紫檀木樹 Tzu-t'an Wood Tree | Zitan Wood Tree |

◎ 象徵意義
渴望；肉慾；性慾；世俗慾望。

⚗ 魔法效果
事故；侵略；憤怒；吸引力；美麗；性慾；衝突；友誼餽贈；和諧；喜悅；愛意；情慾；機械性；喜樂；搖滾樂；肉慾；力量；掙扎；藝術品；戰爭。

No. 765
肺草 *Pulmonaria*
| Bethlehem Sage | Jerusalem Cowslip | 約瑟與瑪利亞 Joseph and Mary | Lungenkraut | Lungwort | Medunitza | Miodunka | 士兵與水手 Soldiers and Sailors | 斑點狗 Spotted Dog |

◎ 象徵意義
你是我的生命。

⚗ 魔法效果
搭飛機時期許平安。

📖 軼聞
肺草葉子有時候在治療的魔法中，會被用來代表患者的肺。

No. 766
白頭翁 *Pulsatilla* ☠
| Anemone pulsatilla | 復活節花 Easter Flower | Meadow Anemone | Pasque Flower | Pasqueflower | Passe Flower | Prairie Crocus | Shamefaced Maiden | Thunderbolt | 風花 Wind Flower |

◎ 象徵意義
我沒有任何主張；樸實無華；你沒有任何要求。

⚗ 魔法效果
療癒；健康；保護；防止負面魔法。

📖 軼聞
曾幾何時，白頭翁的萼片因為會產生一種特殊的綠色，被拿來幫雞蛋上顏色，用在各種節日。這些春天的節日多半發生在復活節前後，因此慶祝復活節的基督徒也採用了幫雞蛋上色的習俗。在家庭花園中種植紅色白頭翁，可以保護花園和家庭。人們相信，在春天時，如果將看到的第一朵白頭翁花用紅布包起來，然後佩戴在身上或隨身帶著，可以預防疾病。在蘇格蘭，人們認為採摘白頭翁花會引發大雷雨。有些人認為，晚上的仙女們就睡在一朵闔起來的白頭翁花中。

No. 767
山白頭翁 *Pulsatilla montana* ☠
| Mountain Pasque | 白頭翁花 Pasque Flower |

◎ 象徵意義
耐力。

⚗ 魔法效果
療癒；健康；保護；防止負面魔法。

No. 768

石榴 *Punica granatum*

| Anaar | 格拉納達蘋果 Apple of Granada | Carthage
Apple | Daalim | Garnet Apple | Granatapfel |
Grenadier | Malicorio | Malum Granatum | Malum
Punicum | Melagrana | Melograno | Pomegranate |
Pomme-grenade | Pound Garnet | Punica malus |

◎ 象徵意義
一個喬遷禮物；豐富；同情；自負；優雅；愚蠢；
華而不實；充滿；幸運；好東西；婚姻；神祕感；
天堂；繁榮；復活；正義；痛苦；夏天；天國的甜
蜜。

⚱ 魔法效果
催情劑；創造力；占卜；生育力；不朽；智力；
愛；運氣；熱情；感性的愛；財富；願望。

⚘ 石榴花
連結；占卜；優雅；生育力；監禁；成熟優雅；無
回報的愛情魔法；財富。

⚘ 石榴籽
愛。

📖 軼聞
帶著一個石榴殼，以增加生育能力。使用石榴樹
的分岔樹枝作為占卜棒，來尋找隱藏的財富。一
個女孩如果試圖預測她可能有多少孩子，有個有
趣的占卜是用力將石榴果扔到地上。不管有多少
種子從果實中掉出來，就意味著她會生下多少個
孩子。將石榴樹枝掛在門口以避邪。

No. 769

梨子 *Pyrus* ☠

| Pear Tree |

◎ 象徵意義
情感；健康；希望。

⚱ 魔法效果
愛意；情慾。

⚘ 梨子花
撫慰；長命。

📖 軼聞
梨木很適合用來做魔杖。

No. 770
苦木 *Quassia amara*

| Amargo | 苦楼 Bitter Ash
| Bitter-ash | Bitter Bark
| Bitter Quassia | Bitter-
wood | Jamaica Quassia |
Quassia | Quassia Bark |
Quassia Wood |

🌑 象徵意義
苦；痛苦。

⚗ 魔法效果
愛意。

No. 771
櫟樹 *Quercus* ☠

| 常青櫟樹 Evergreen Oak | Lepidobalanua |
Leucobalanus | Live Oak | 櫟樹 Oak Tree |

🌑 象徵意義
耐力；好客；自由；崇
高的存在；個人財務；
王權；財富。

🌿 櫟樹的葉子
勇氣；力量；歡迎。

🌿 櫟樹的樹枝
好客。

🌿 櫟樹果實
長期辛勞後的果實；幸運；不朽；生命；耐性。

⚗ 魔法效果
豐足；進展；春藥；事業；意志；能量；擴張；友
誼；成長；治療；健康；榮耀；喜樂；領導；生命；
光；運氣；金錢；自然的力量；政治；效力；能量；
保護；公眾好評；責任；榮耀；成功；財富。

📖 軼聞
自史前時代，櫟樹就已經受到尊崇，甚至到崇拜
的程度。德魯伊人只會在櫟樹樹下進行儀式。櫟
木做成的十字架是強大的驅魔利器，兩根等長的
櫟木可以用紅絲帶綁起來掛在門口用。帶著一小
根的櫟木可以提供保護，變成幸運符。如果你在

秋天的時候，剛好抓到一片掉下來的櫟葉，整個
冬天你將不會感冒。帶著櫟樹的果實以保護你遠
離疼痛和疾病，也能讓你看起來更加年輕、長壽
甚至不朽。據信，櫟樹能夠增強生育力，也能夠
增加性感魅力。

No. 772
白櫟木 *Quercus alba* ☠

| Duir | Jove's Nuts | Juglans | 白櫟木 White Oak |

🌑 象徵意義
獨立。

🌿 白櫟木葉子
勇敢；力量；歡迎。

🌿 白櫟木樹枝
好客。

🌿 白櫟木果實
長期辛勞後的果實；幸運；不朽；生命；耐性。

⚗ 魔法效果
生育力；療癒；健康；運氣；金錢；壯陽；保護。

📖 軼聞
常常有人會特別去尋找白櫟木的樹枝，並為了某
些儀式特別隆重地砍下後使用。這是因為白櫟木
是最神奇的植物之一，一般認為白櫟木是最神聖
和強大的植物之一。

No. 773

花毛茛 Ranunculus acris ☠

| Meadow Buttercup | Ranunculus acer | Ranunculus stevenii | 高大毛茛 Tall Buttercup | Tall Field Buttercup |

✿ 象徵意義
野心；童年回憶；童心；忘恩負義；童年的回憶；背信忘義；富有；自尊；社會問題；口頭交流；財富。

📖 軼聞
在中世紀時，有些惡意的乞丐會用花毛茛在身上搓一搓，製造發炎的水疱，以求取路人的同情心。

No. 774

陸蓮花 Ranunculus asiaticus ☠

| 花園陸蓮花 Garden Ranunculus | Persian Buttercup | Ranunculus |

✿ 象徵意義
野心；吸引人的；美麗的；童年回憶；童心；魅力；忘恩負義；背信忘義；富有；自尊；社會問題；你魅力四射；你有充滿吸引力；口頭交流；財富。

📖 軼聞
陸蓮花的切花花期很長，在未經處理的水中也能維持將近一週。

No. 775

榕葉毛茛 Ranunculus ficaria ☠

| Celandine | Chistotel | Fiscaria grandiflora | Fiscaria verna | 小白屈菜 Lesser Celandine | Pilewort | Scharbockskraut | Scurvyherb |

✿ 象徵意義
逃走；未來的喜悅；幸福；歡樂將來臨；訴訟；保護。

🧪 魔法效果
逃走；幸福；喜悅；訴訟；保護。

No. 776

歐毛茛 Ranunculus sardous ☠

| Crazies | Hairy Buttercup | Ranunculus parvulus | Sardane | Sardonia | Sardonion | Sardony |

✿ 象徵意義
死亡；邀請；諷刺；輕蔑；輕蔑地笑。

📖 軼聞
一般民間信仰認為歐毛茛會讓人陷入瘋狂。

No. 777

石龍芮 Ranunculus sceleratus ☠

| Biting Crowfoot | 水疱草 Blisterwort | Celery-leaved Buttercup | 詛咒毛茛 Cursed Buttercup |

✿ 象徵意義
輝煌；忘恩負義。

📖 軼聞
石龍芮常常在水池邊或潮濕的溝渠被找到。

No. 778

蘿蔔
Raphanus sativus

| Radish | Rapuns |

✿ 象徵意義
地位崇高。

🧪 魔法效果
情慾；保護。

📖 軼聞
帶著蘿蔔以保護自己能抵禦邪惡之眼。德國曾有一段時間，人們會帶著蘿蔔去尋找巫師的所在地。

No. 779

四葉蘿芙木 Rauvolfia tetraphylla ☠

| 靜止 Be-Still | 靜止樹 Be Still Tree | 魔鬼胡椒 Devil Pepper | Devil-pepper | Rauwolfia tetraphylla |

◎ **象徵意義**

靜止。

🏺 **魔法效果**

運氣。

No. 780

木犀草 *Reseda*

| Bastard Rocket | 黃木犀草 Dyer's Rocket | Mignonette | 甜木犀草 Sweet Reseda | Weld |

◎ **象徵意義**

心智美；美德；美德與心智美；值得；值得和可愛；你比較帥；你的內心勝過你的魅力。

🏺 **魔法效果**

美化；健康。

No. 781

鼠李 *Rhamnus cathartica* ☠

| Buckthorn | Common Buckthorn | Hart's Thorn | Harthorn | 公路荊棘 Highwaythorn | Purging Buckthorn | Rams Thorn | Ramsthorn |

◎ **象徵意義**

荊棘枝；刺枝。

🏺 **魔法效果**

驅魔；訴訟；保護；祈望。

📖 **軼聞**

為了驅散家裡和居住者身上的所有魔法和妖術，可以將鼠李的樹枝放在靠近窗戶和門的地方。建議帶著或佩戴鼠李處理法律事務，甚至包括出庭。帶著或佩戴鼠李以創造好運。

No. 782

藥鼠李 *Rhamnus purshiana* ☠

| 熊莓 Bearberry | Bitter Bark | Cascara | Cascara Buckthorn | Cascara Sagrada | Chittam | Chitticum | Cittim Bark | Ecorce Sacree | Frangula purshiana | Rhamnus purshianus | 神聖樹皮 Sacred Bark | 黃色樹皮 Yellow Bark |

◎ **象徵意義**

耐心；遠見。

🏺 **魔法效果**

訴訟；金錢；保護。

📖 **軼聞**

為了幫你贏得法庭訴訟，出庭前可以在家裡撒一些藥鼠李。佩戴藥鼠李以抵禦妖術和邪惡。曾有傳言說耶穌基督戴的荊棘冠冕，是用綠色的鼠李樹枝所做成的。

No. 783

大黃 *Rheum rhabarbarum* ☠

| 派草 Pie Plant | Rhubarb |

◎ **象徵意義**

建議。

🏺 **魔法效果**

忠實；健康；保護。

📖 **軼聞**

用一條繩子把大黃掛在脖子上能夠防胃痛。

No. 784

極大杜鵑 *Rhododendron maximum* ☠

| 美國杜鵑花 American Rhododendron | Bay | Bayis | 大葉杜鵑花 Bigleaf Laurel | 大杜鵑花 Big Rhododendron | Deertongue Laurel | Great Laurel | Great Rhododendron | Late Rhododendron | 山月桂花 Mountain Laurel | Rhododendron | Rose Bay | 夏季杜鵑花 Summer Rhododendron |

◎ **象徵意義**

焦躁；野心；小心；危險。

🏺 **魔法效果**

放逐；向你的對手學習；權力；戰勝敵人的權力；變得焦躁。

No. 785
紫紅藻 *Rhodymenia palmata*

| Creathnach | Dillisk | Dilsk | Dulse | Palmaria palmata |
紅藻 Red Dulse | 海萵苣片 Sea Lettuce
Flakes |

◎ 象徵意義
和諧;情慾;兩人走到一起 。

⚗ 魔法效果
和諧;情慾 。

No. 786
鹽膚木 *Rhus* ☠

| Og Ha-bursaka'im | 漆樹 Sumac |
Sumach | Sumaq | Tanner's Sumac |

◎ 象徵意義
偉大的智慧;痛苦;燦爛;輝煌。

📖 軼聞
鹽膚木的葉子有高含量的鞣質,過去會用來鞣製
皮革。

No. 787
黑醋栗 *Ribes nigrum*

| 黑加侖 Black Currant | Blackcurrant
| Flasa | Phalsa | Ribes cyathiforme |
Ribes nigrum chlorocarpum | Ribes
nigrum sibiricum | Ribes olidum |

◎ 象徵意義
感恩;你一皺眉,我會死的;你取悅了我;你如果
不同意,我會死的;你如果不快樂,我會死的。

🌿 黑醋栗樹枝
你取悅了所有人。

No. 788
紅醋栗 *Ribes rubrum*

| Red Currant | Red currant |

◎ 象徵意義
感恩;你一皺眉,我會死的;你

取悅了我;你如果不同意,我會死的;你如果不
快樂,我會死的。

🌿 紅醋栗樹枝
你取悅了所有人。

No. 789
鵝莓 *Ribes uva-crispa*

| Fea Berry | Fea-berry |
Gooseberry | Grozet | 毛琥珀 Hairy
Amber | Old Rough Red | Prickly
Berry | Ribes | Stikkelsbaer |

◎ 象徵意義
期待;懊悔。

📖 軼聞
一般認為長出鵝莓的地方,就是仙女躲避危險的
地方。

No. 790
刺槐 *Robinia* ☠

| Acacia | 刺槐 Locust | Locust Rose |

◎ 象徵意義
暗戀;優雅;友誼;柏拉圖式的愛情。

📖 軼聞
刺槐會從樹上長出一大叢下垂的粉紅色或白色的
花朵。

No. 791
根部 *Roots*

◎ 象徵意義
擴張;成長;陰莖;強大的
陰莖;強力的保護者;武器。

⚗ 魔法效果
占卜;權力;保護;武器。

📖 軼聞
任何植物的根,無論死活,上頭都還會附有自然
的力量。那些擺著也會繼續生長的根,有最強大
的力量。

No. 792

玫瑰 Rosa

| Hulthemia | Hulthemia x Rosa | Rhodon | Rose | Vard |
Vareda | Wâr | ward | Wrodon |

🌹 象徵意義

平衡；美麗；祕密與體諒的載體；占卜；均衡；療癒；希望與熱情；愛意；運氣；魔法；愛的訊息；激情；完美；保護；通靈能力；寂靜的力量；無止境的美麗。

🎨 **花色的意義**：黑色：美麗；死亡；再會；仇恨；即將死亡；重生；回春。

🎨 **花色的意義**：藍色：實現不可能；神祕。

🎨 **花色的意義**：腮紅：如果你愛我，你會發現它；如果你愛我，你就會發現我。

🎨 **花色的含義**：新娘粉色：極樂；快樂的愛情；幸福。

🎨 **花色的含義**：勃艮第紅：含蓄；無意識的美。

🎨 **花色的含義**：珊瑚色：慾望；熱心；幸福；熱情。

🎨 **花色的意義**：深緋紅色：哀悼。

🎨 **花色的意義**：深粉色：謝謝。

🎨 **花色的意義**：深紅色：害羞；哀悼。

🎨 **花色的意義**：純白色：在失去純真前死亡。

🎨 **花色的意義**：綠色：陽剛之氣。

🎨 **花色的意義**：薰衣草紫：魅力；一見鍾情；魔法。

🎨 **花色的意義**：淺粉色：欽佩。

🎨 **花色的含義**：橙色：慾望；熱情；魅力；熱情；自豪；好奇。

🎨 **花色的意義**：蒼白色：友誼。

🎨 **花色的意義**：桃色：欣賞；交易結束；感激；不朽；讓我們聚在一起；謙虛；誠意。

🎨 **花色的意義**：粉紅色：自信；慾望；優雅；活力；永遠的快樂；溫文儒雅；優雅；恩典與甜蜜；感激；幸福；優柔寡斷；喜悅；生命的樂趣；愛；熱情；完美的幸福；完美；請相信我；浪漫；浪漫的愛；祕密的愛；甜美；謝謝；感恩；相信；你是如此被愛；青春。

🎨 **花色的意義**：紅色：美麗；恭喜；勇氣；慾望；康復；我愛你；愛；熱情；保護；尊重；做得好。

🎨 **花色的意義**：條紋或雜色：直接的感情；一見鍾情；心之溫暖。

🎨 花色的意義：獨特的顏色；獨特的美麗。

🎨 花色的意義：紫羅蘭色：欽佩；最深的愛；魅力；一見鍾情；魔法；雄偉；富麗堂皇；特別的。

🎨 花色的意義：白色：魅力；永恆的愛；驅魔；天上；謙遜；我配得上你；無罪；我會單身；純淨；尊敬；保密；安靜；美德；渴望；值得；你是天堂；青春。

🎨 花色的意義：黃色：道歉；關懷；垂死的愛；友誼；不忠；歡樂；忌妒；喜悅；愛；柏拉圖式的愛；記得我；歡迎；歡迎回來。

🎨 花色的意義：粉色和白色混合：我仍然愛你，我永遠愛你。

🎨 花色的意義：紅色和白色混合：在一起；統一。

🎨 花色的意義：任何單枝莖各種顏色的花：我愛你；簡單。

🎨 花色的意義：一枝黃色與十一枝紅色：愛與激情。

🎨 花色的意義：橙色和黃色混合：充滿激情的想法。

🎨 花色的意義：紅色和黃色混合：恭喜；激動；幸福；喜悅。

🌿 玫瑰花蕾
同玫瑰花苞。

🌿 盛開的玫瑰花束
感恩。

🌿 玫瑰花冠
謹防德行；功勳獎賞；美德獎賞；最好的美德；美德。

🌿 盛開的玫瑰
你很漂亮。

🌿 玫瑰花環
提防美德；功勳獎賞；美德獎賞；卓越功績的象徵。

🌿 玫瑰葉
我從不惹事；你可能會這麼希望。

🌿 一朵在兩片花蕾上盛開的玫瑰
保密。

🌿 無刺玫瑰
深情；早早地依戀。

🌿 凋零的玫瑰
往昔的美好。

🌿 玫瑰花圈
謹防美德；功勳獎賞；美德獎賞；卓越功績的象徵。

🔮 魔法效果
美麗；占卜；療癒；愛意；和平；保護；通靈能力；淨化。

📖 軼聞
1840 年，在英格蘭的維多利亞植物園和異教派公墓艾伯尼公園公墓種植了超過一千個不同品種的玫瑰。該公墓自 1840 年一直營運到 1978 年，現在是一座公園。在羅馬時代，討論機密事項的房間門上會放一朵野玫瑰，因此，sub rosa 這個詞的原意是「在玫瑰下」，現在的意思是「保守祕密」。在花園裡種植玫瑰以吸引仙女。在家裡散佈玫瑰花瓣，以緩解壓力和已經浮出水面到令人不安的家庭問題。

No. 793

刺玫瑰 *Rosa acicularis*

| 北極玫瑰 Arctic Rose | 刺玫瑰 Bristly Rose | Prickly Rose | Rosa baicalensis | Rosa carelica | Rosa gmelinii | Rosa nipponensis | 野玫瑰 Wild Rose |

🌹 象徵意義
富有詩意的人。

📖 軼聞
據信，仙女可以在吃掉玫瑰果，然後逆時針旋轉三圈之後來使自己隱形。要再次出現的話，仙女需要吃掉另一個刺玫瑰果，然後順時針旋轉三圈。

No. 794
玫瑰花苞 Rosa (Bud)
| Rose Bud |

🔯 **象徵意義**
一顆對愛無知的心；美麗；表白的愛；
愛的告白；無罪；童貞；年輕的女孩；青春。

🎨 **花色的意義**：粉紅色：純潔；清純可愛；你年輕漂亮。

🎨 **花色的意義**：白色：對愛無知的心；童年；不知道愛的心；太年輕了不能愛；結婚太年輕。

🎨 **花色的意義**：紅色：浪漫。

No. 795
犬玫瑰 Rosa canina
| 狗莓 Dog Berry | 狗玫瑰 Dog Rose | Itburunu | Kusburnu | Steinnype | Stenros | Witch's Briar |

🔯 **象徵意義**
凶惡；誠實；痛苦與快樂；簡約。

📖 **軼聞**
犬玫瑰是一種攀藤的野玫瑰。犬玫瑰的根一度被認為是狂犬咬傷後的解藥。

No. 796
卡羅萊納玫瑰 Rosa carolina
| Carolina Rose | 低玫瑰 Low Rose | 牧場玫瑰 Pasture Rose |

🔯 **象徵意義**
愛是危險的。

📖 **軼聞**
卡羅萊納玫瑰是多刺的野玫瑰，在牧場上相當常見。

No. 797
百葉玫瑰 Rosa centifolia
| 捲心菜玫瑰 Cabbage Rose | Hundred-leaved Rose | Hundred-petaled Rose | Provence Rose | Rose de Mai |

🔯 **象徵意義**
愛的大使；心靈的尊嚴；溫柔；恩典；愛的使者；驕傲。

🧴 **魔法效果**
減少憤怒；滋養愛情；痛心的愛。

📖 **軼聞**
百葉玫瑰比其他的花朵有更高的共振。

No. 798
月季 Rosa chinensis
| 中國玫瑰 China Rose | Chinese Hibiscus | Chinese Rose | 日玫瑰 Daily Rose | 月季花 Monthly Rose | Old Blush Rose | Rosa indica vulgaris | Rose Old Blush China Rose |

🔯 **象徵意義**
永遠年輕的美麗；美麗如新；優雅；我想像你一樣微笑；解除我的焦慮；那種我渴望的微笑；我渴望你的微笑。

🧴 **魔法效果**
保護；緩和；微笑。

No. 799
異味玫瑰 Rosa foetida
| 奧地利黃銅 Austrian Copper | 奧地利玫瑰 Austrian Rose | Capucine | Capucine Briar | Copper | Corn Poppy Rose | Rosa cerea | Rosa eglanteria | Rosa harisonii | Rosa lutea | Rosa sulphurea | Rose Comtesse | Rosier Eglantier | Vermilion Rose of Austria | 德州黃玫瑰 The Yellow Rose of Texas |

象徵意義

愛的減少；友誼；外遇；忌妒；喜悅；可愛；柏拉圖式的愛情；你就是可愛的來源；試著去關心；不忠；非常可愛。

軼聞

異味玫瑰是一種四處開花、非常漂亮且鮮豔的黃色花朵，香味很特別。

No. 800
法國玫瑰 *Rosa gallica "Versicolor"*

| Fair Rosamond's Rose | Garnet Stripe Rose | Gemengte Rose | 週一玫瑰 Monday Rose | Mundi Rose | Mundy Rose | Rosa versicolor| Rosa praenestina versicolor | Rosa praenestina versicolor plena | Rose Mundi | Rosemonde | Rosemondi | Rosemunde | 法國條紋玫瑰 Striped Rose of France |

象徵意義

多樣性；你很快樂。

軼聞

法國玫瑰的花瓣是條紋色的花。

No. 801
矮玫瑰 *Rosa gymnocarpa*

| Baldhip Rose | Dwarf Rose | 木玫瑰 Wood Rose |

象徵意義

運氣。

軼聞

矮玫瑰是多刺、五片花瓣的野生玫瑰，原生於北美洲。

No. 802
肉桂玫瑰 *Rosa majalis*

| 肉桂玫瑰 Cinnamon Rose | Double Cinnamon Rose | 五月玫瑰 May Rose | Rosa cinnamomea | Single May Rose | 野玫瑰 Wild Rose |

象徵意義

不假裝。

軼聞

肉桂玫瑰的果實可以用來做出天然的橘色。

No. 803
麝香玫瑰 *Rosa moschata*

| Musk Rose |

象徵意義

變化無常的美女。

一把麝香玫瑰

迷人。

軼聞

麝香玫瑰原生於喜馬拉雅。威廉‧莎士比亞在《仲夏夜之夢》中所提到的玫瑰，就是麝香玫瑰，這也是當時在花園中所習慣種植的品種。麝香玫瑰是一種多刺、五片花瓣且香味濃厚的品種。

No. 804
多花玫瑰 *Rosa multiflora*

| 小玫瑰 Baby Rose | Inermis Rose | Multiflora Rose | Rambler Rose |

象徵意義

恩典；忘恩負義。

軼聞

多花玫瑰首次於 1866 年引進北美，目的是作為嫁接其他玫瑰的砧木。在 1930 年代，多刺的多花玫

瑰以「會開花的」活灌木圍欄被大肆推廣，以幫助防止水土流失。現在這種植物已經在地化，但仍具有入侵性，鳥類和動物繼續散播多花玫瑰的種子，這些種子在土壤中待上二十年之後仍能發芽。多花玫瑰已被種植在某些路段的安全島上，生長密度提高到一定程度後能變成防撞屏障。

No. 805

鏽紅玫瑰 Rosa rubiginosa

| Eglantine Rose | Sweetbriar | 甜野玫瑰 Sweet Briar | Sweet-Briar |

 象徵意義

傷口癒合；癒合傷口；詩歌；簡單；春天；同情。

📖 **軼聞**

過去，鏽紅玫瑰只會在花園裡出現，直到後來才離開花園，在歐洲各地的路邊生長。

No. 806

玫瑰 Rosa rugosa

| Haedanghwa | Hamanashi | Hamanasu | 日本玫瑰 Japan Rose | Japanese Rose | Ramanas Rose | Rugged Rose | Rugosa Rose |

象徵意義

美麗不是你唯一的吸引力。

📖 **軼聞**

玫瑰常常會被種在海濱地區，以穩固沙丘，防止侵蝕。多刺的玫瑰花可以開得相當大且美麗。

No. 807

大馬士革玫瑰 Rosa x damascena

| Damascus Rose | Damask | Damask Rose | Gole Mohammadi | Rosa damascena | Rosa damascena trigintipetela | Rosa gallica trigintipetela | Rosa trigintipetela | 卡斯蒂利亞玫瑰 Rose of Castile |

象徵意義

害羞的愛；光彩奪目；新鮮；愛的啟發；令人耳目一新的愛。

📖 **軼聞**

大馬士革玫瑰在古代是一種神聖的植物，花形非常的大且美麗，花香宜人，原生自伊朗和中東。大馬士革玫瑰也是一些用在傳統典禮的精油的原料。

No. 808

迷迭香 Rosmarinus officinalis

| 羅盤草 Compass Weed | 海洋露水 Dew of the Sea | Elf Leaf | Guardrobe | 記憶草藥 Herb of Remembrance | Incensier | Libanotis | 老人 Old Man | Polar Plant | Romarin | Romero | 瑪麗玫瑰 Rose of Mary | Rosemarie | Rosemary | Rosmarin | Rosmarine | Rosmarino | Ros Maris | 海露 Sea Dew |

象徵意義

深情的紀念；愛的吸引力；堅貞；死亡；保真度；友誼；愛；忠誠；記憶；紀念；恢復家裡的力量平衡；活力；婚禮草。

🧴 **魔法效果**

豐裕；進展；意志；占卜；情感；能量；驅魔；生育力；友誼；世代；成長；療癒；靈感；直覺；喜悅；領導力；生命；光；愛意；愛情魅力；情慾；神智清醒；精神力；自然力量；保護；保護你遠離疾病；靈力；淨化；驅除噩夢；驅逐女巫；海洋；睡眠；潛意識；成功；浪潮；隨波飄搖；年少。

📖 **軼聞**

為了使房子充滿芳香，中世紀聖誕節期間，迷迭香通常會被鋪在地板上。人們相信在平安夜聞

到迷迭香香氣的人，來年都會相當幸福。自古以來，當這種做法開始在希臘流行時，迷迭香就會被用於葬禮和婚禮上。古希臘的學生會在學業考試時，將小株的迷迭香塞在耳後或頭髮中，以增強他們的記株力。迷迭香被廣泛用於婚禮用的鮮花，因為人們認為這種植物可以鼓勵新婚夫婦記住並忠於他們的婚姻誓言。人們相信，如果用一株迷迭香觸碰手指，就會墜入愛河。迷迭香通常包含在特定的魔法咒語中。在枕頭下放一小株迷迭香是治療噩夢的良藥。早在古埃及時代，迷迭香成為喪葬儀式的一部分，也用於防腐過程。在中世紀，人們認為在自己的花園裡種植迷迭香是合乎道德的。在澳大利亞，紐澳軍團日佩戴迷迭香以紀念第一次世界大戰戰死的冤魂。迷迭香據說對惡靈有極大的攻擊性。在中世紀，新婚夫婦會種下一株迷迭香；如果枝條長得不旺盛，則是婚姻和家庭的不祥之兆。製作填充玩偶的時候，塞進迷迭香，可以用來吸引情人。家門兩側種了迷迭香植物，據說可以驅趕女巫。

No. 809
茜草 *Rubia*

| Common Madder | Dyer's Madder | Madder | Rubia tinctorum |

🌹 象徵意義
誹謗；健談。

📖 軼聞
自古以來，茜草的根部會被用來製造天然纖維和皮革的染料。

No. 810
懸鉤子 *Rubus*

| Batidaea | 黑莓 Blackberry | Blessed Bramble | Bly | Bokbunja | Bramble | Bramble Allegheny Blackberry | Bramble-Kite | Brambleberry | Brameberry | Brummel | Bumble-Kite | Cloudberrry | Comarobatia | Common Blackberry | Dewberry | 歐

洲黑莓 European Blackberry | 歐洲樹莓 European Raspberry | Goutberry | High Blackberry | Piao | Rasperry | 紅樹莓 Red Raspberry | Salmonberry | Scaldhead | Thimbleberry | Wild Western Thimbleberries | 酒莓 Wineberry |

🌹 象徵意義
忌妒；卑微；悔恨。

⚗️ 魔法效果
幸福；療癒；愛意；金錢；繁榮；保護；願景。

📖 軼聞
可以將懸鉤子、山梨和常春藤混在一起做成花圈，掛在門上以驅走邪惡的靈魂。在英格蘭，10月11日之後採下懸鉤子被認為是相當不吉利的。懸鉤子被種植在墳墓上，以防止死者作為鬼魂離開他們的安息之地。曾有一段時間，在發生死亡事件後，所有窗戶和外門都放置了懸鉤子的樹枝，以防止死者的靈魂重新進入家中，並以鬼魂的形式再次佔據長期住在那裡的居民。懸鉤子漿果是地球上已知，最早被人類食用的食物之一。

No. 811
覆盆子 *Rubus idaeus*

| 歐洲樹莓 European Raspberry | Framboise | Raspberry | 紅樹莓 Red Raspeberry |

🌹 象徵意義
輕蔑之美；誘惑。

⚗️ 魔法效果
幸福；療癒；愛意；金錢；繁榮；保護；願景。

No. 812
紫色花覆盆子 *Rubus odoratus*

| 開花樹莓 Flowering Raspberry | Purple-flowering Raspberry | Thimbleberry | 維吉尼亞覆盆子 Virginia Raspberry |

🌹 象徵意義
芳香紫色之美；可愛的眼光。

⚗ 魔法效果
幸福；療癒；愛意；金錢；繁榮；保護；願景。

📖 軼聞
紫色花覆盆子的花是非常美麗的紫色花朵，長在多刺的灌木叢上，會形成一道可愛的樹籬，告訴其他人不要闖進它們的邊界。

No. 813

黑心金光菊 *Rudbeckia hirta*

| 黑眼蘇珊 Black-Eyed Susan | Blackeyed Susan | Blackihead | Brown Betty | 棕眼蘇珊 Brown Eyed Susan | Coneflower | Gloriosa Daisy | Golden Jerusalem | Poorland Daisy | Rudbeckia | 黃色雛菊 Yellow Daisy | 黃牛眼雛菊 Yellow Ox-eye Daisy |

◉ 象徵意義
公正；清心。

⚗ 魔法效果
療癒。

No. 814

蘆莉草 *Ruellia* ☠

| 野生矮牽牛花 Wild Petunia |

◉ 象徵意義
榮耀；不朽。

📖 軼聞
儘管這種植物通常被稱為「野生矮牽牛」，但蘆莉草與矮牽牛完全沒有關係。

No. 815

酸模 *Rumex acetosa* ☠

| 蘋蔯 Common Sorrel | 花園蘋蔯 Garden Sorrel | Juopmu | Kuzu Kulagı | Macris | 窄葉酸模 Narrow-Leaved Dock | Rugstyne | Rumex stenophyllus | Shchavel | Sorrel | Sóska | Spinach Dock | Stevie | Szczaw | Wild Sorrel |

◉ 象徵意義
情感；不合時宜的機智；親情；提振精神；智慧。

⚗ 魔法效果
療癒；健康。

No. 816

皺葉酸模 *Rumex crispus* ☠

| Curled Dock | 捲葉酸模 Curly Dock | 窄葉酸模 Narrow Dock | Sour Dock | 黃色酸模 Yellow Dock |

◉ 象徵意義
捲曲。

⚗ 魔法效果
生育力；療癒；金錢。

📖 軼聞
據說，為了幫助一個女人懷孕，可以將少量皺葉酸模的種子放在一個小棉袋裡，然後綁在她的左臂上。

No. 817

巴天酸模 *Rumex Patientia*

| Dock | 花園酸模 Garden Patience | Herb Patience | Monk's Rhubarb | Patience Dock |

象徵意義

耐心；宗教迷信；精明。

魔法效果

生育力；療癒；金錢。

No. 818

麗莎蕨 *Rumohra adiantiformis*

| 烘焙師蕨 Baker's Fern | 攀緣蕨 Climbing Shield Fern | 鐵蕨
Iron Fern | 皮蕨 Leather Fern| Leatherleaf | 皮葉蕨
Leatherleaf Fern | Leather Leaf Fern | Leathery Shield
Fern | 七週蕨 Seven-weeks Fern |

象徵意義

著迷；魔法；真誠。

軼聞

麗莎蕨是最受園藝師歡迎的蕨類之一，在全世界
各種場合都可以看得到。數以千計的巴西人以在
野外摘麗莎蕨葉維生。

No. 819

芸香 *Ruta graveolens* ☠

| Bashoush | Common Rue | 花園芸香 Garden Rue
| 德國芸香 German Rue | 恩典藥草 Herb of Grace |
Herb-of-grace | Herb of Repentance | Herbygrass |
Hreow | 草藥之母 Mother of the Herbs | Rewe | Rue |
Ruta | 女巫草 Witche's Bane |

象徵意義

懊悔。

魔法效果

破除詛咒；耐力；驅魔；療癒；健康；愛意；心理
健康；心理耐力；權力；保護；淨化；趕走貓；趕
走女巫；童貞。

軼聞

天主教神父過去常常用芸香的樹枝灑聖水。一株
芸香可以存活數百年。曾經有一段時間，立陶宛
的新娘會在婚禮上佩戴芸香做成的花圈。在中世
紀，芸香被掛在窗戶上以防止任何邪惡體進入房
子。此外，在中世紀腰部以上會戴一束芸香以擊
退女巫。額頭上的芸香葉被認為可以緩解頭痛。
在地板上用新鮮的芸香葉摩擦，可以將任何負面
法術回彈給對你施放這些法術的人。人們相信帶
著一株芸香可以抵禦狼人。

No. 820

甘蔗 *Saccharum*

| Ko | 甘蔗 Sugar Cane | Sugarcane |

象徵意義

甜美的愛；用來慶祝的甜食。

魔法效果

慶祝；愛意；情慾。

軼聞

甘蔗一度被認為是香料。在一些民間療法中，甘蔗仍被當成藥物使用。在西元前 800 年左右，甘蔗最先在新幾內亞被種植。

No. 821

漆姑草 *Sagina subulata*

| Heath Pearlwort | Sagina pilifera | 蘇格蘭苔蘚 Scotch Moss |

象徵意義

神祕的道路。

魔法效果

運氣；金錢；保護。

軼聞

漆姑草的白色花朵雖然很小，但開得相當豐盛，因此可以幾乎覆蓋整株植物。

No. 822

非洲菫 *Saintpaulia*

| 非洲紫羅蘭 African Violet | Saintpaulia ionantha | Saintpaulia kewensis |

象徵意義

這種價值相當罕見。

魔法效果

保護；靈性。

軼聞

在家裡種植非洲菫以促進靈性。

No. 823

柳樹 *Salix*

| Osier | 貓柳 Pussy Willow | Rods of Life | Sallow | 柳 Willow |

象徵意義

康復；母性；接收祝福；春天。

軼聞

古羅馬時代，會用柳枝鞭打婦女的身體，以取得生育的能力成功懷孕。柳樹通常是製作樹雕的首選植物，這些雕塑的形狀可以塑造出人物或是花園的特色，例如圓頂形狀或座椅。在西歐和北歐的基督教教堂中，柳枝常被用作棕枝主日中棕櫚的替代品。在中國，通常在清明節時會將柳枝掛在大門上，以驅散四處遊蕩的邪靈。道教的巫者通常會使用柳木的雕刻與死者的靈魂交流，將圖像發送到冥界，靈魂將會進入冥界，提供所需的資訊，然後返回人間時將其交給親屬。在古英語民間傳說中，柳樹可能是惡意的，因為它有能力將自己連根拔起並跟蹤旅行者，在他們的的周圍移動。

No. 824

白柳 *Salix alba*

| Osier | 貓柳 Pussy Willow | Saille | Salicyn Willow | Saugh Tree | Tree of Enchantment | 白柳 White Willow | 女巫的阿斯匹靈 Witches' Aspirin | Withe | Withy |

象徵意義

魅力；不朽。

魔法效果

連結；祝福；療癒；愛意；愛情占卜；保護。

軼聞

白柳葉會吸引愛情。白柳常特別用在月亮魔法的魔杖中。家中的白柳將提供抵禦邪惡時的保護。如果你需要「敲木頭」求運氣，請在白柳樹木上進行。Śmigus-dyngus（復活節星期一）是一個斯拉

夫節日，在四旬齋之後，單身的男孩會向單身的女孩潑水，女孩用白柳蓬鬆的柳絮花莖調情地拍打回男孩的頭。

No. 825
垂柳 *Salix babylonica*

| 巴比倫柳 Babylon Willow |
拿破崙柳 Napoleon Willow
| Peking Willow | Salix matsundana | Weeping Willow |

象徵意義
拋棄；憂鬱；形上學；哀悼；哀傷；韌性。

魔法效果
占卜；療癒。

No. 826
甘南沼柳 *Salix repens*

| 攀柳 Creeping Willow |

象徵意義
拋棄愛情。

軼聞
甘南沼柳是一種低矮的攀緣植物，常常會在荒地、沙丘或靠近水的地方發現它的蹤跡。

No. 827
白鼠尾草 *Salvia apiana*

| 蜜蜂鼠尾草 Bee Sage | 聖鼠尾草 Sacred Sage | Sage | 白鼠尾草 White Sage |

象徵意義
良心企業。

魔法效果
藝術能力；驅逐邪惡；消除負面情緒；商業；淨化氣場；奉獻；擴張；女性忠誠；非常尊敬；療癒；榮譽；不朽；領導力；長壽；記憶；政治；權力；繁榮；保護；大眾好評；淨化；責任；莊嚴；成功；財富；智慧；願望。

軼聞
為了治癒與繁榮，會將白鼠尾草燒成灰，做成香包，當成護身符佩戴在身上。燃燒白鼠尾草可以去除負面力量、精神雜質和邪惡，來淨化一個區域，從而使該區域神聖化，並提供保護。

No. 828
瓜地馬拉鼠尾草 *Salvia cacaliifolia*

| Blue Salvia | 藍藤鼠尾草 Blue Vine Sage | Salvia cacaliaefolia |

象徵意義
我想到了你。

軼聞
瓜地馬拉鼠尾草有深色的亮藍色花朵。

No. 829
藥用鼠尾草 *Salvia officinalis*

| 寬葉鼠尾草 Broadleaf Sage |
Common Sage | Culinary Sage
| Dalmatian Sage | 花園鼠尾草 Garden Sage | 廚房鼠尾草 Kitchen Sage | 紫色鼠尾草 Purple Sage
| 紅色鼠尾草 Red Sage | Sage |
Sage the Savior | Sawge |

象徵意義
永恆；減輕悲傷；家庭美德；尊重；健康；不朽；長命；智慧。

魔法效果
商業；淨化氣場；擴張；女性忠誠；榮譽感；不朽；領導力；長壽；政治；權力；保護；大眾好評；淨化；責任；莊嚴；蛇咬傷；成功；財富；智慧；祈望。

軼聞
古羅馬人相信藥用鼠尾草的力量，足以創造不朽的生命。曾有人認為，藥用鼠尾草只能在用心維護的家庭花園中茁壯成長。藥用鼠尾草常常在墓

S

地被發現，人們以為鼠尾草很容易在被忽視的情況下茁壯，從而永遠存活和生長。自古以來，藥用鼠尾草就被用來避邪。藥用鼠尾草也是一種名為「四賊醋」的中世紀藥用／魔法混合物的主要成分，據說能用於抵抗瘟疫。在藥用鼠尾草的葉子上寫下一個願望，把它放在枕頭下，然後連續睡在上面三天，如果夢到你的願望，夢想就會成真。如果沒有夢到願望成真，你必須立刻取下那片葉子並把它埋起來，以免它給你帶來傷害。

No. 830
快樂鼠尾草 *Salvia sclarea*

| Clary | Clary Sage |

象徵意義
頭腦清醒；涼爽；振奮精神；振奮。

魔法效果
情感；生育力；世代；靈感；直覺；靈力；海洋；潛意識；浪潮；隨波飄搖。

軼聞
快樂鼠尾草有時被認為是「女人的藥草」，因為鎮靜和定心的作用，快樂鼠尾草的精油可以對情緒產生影響。

No. 831
接骨木 *Sambucus* ☠

| Elder | 接骨木莓果 Elderberry |

象徵意義
同情；創造力；循環；死亡；終點；仁慈；重生；再生；更新；轉變；熱忱；熱心。

魔法效果
驅魔；療癒；繁榮；保護；睡眠。

接骨木花
同情；謙遜；仁慈；熱忱。

No. 832
西洋接骨木 *Sambucus nigra* ☠

| Absolute | Alhuren | Battree | Black Elder | Bore Tree | Bour Tree | Boure Tree | Common Elder | Elder | Elder Bush | Elder Flower | Elderberry | Eldrum | Ellhorn | 歐洲黑接骨木莓果 European Black Elderberry | European Elder | 歐洲接骨木莓果 European Elderberry | Frau Holle | Hildemoer | Hollunder | Hylan Tree | Hylder | Lady Ellhorn | Old Gal | Old Lady | Pipe Tree | Rob Elder | Sambucus canadensis | Sureau | Sweet Elder | Tree of Doom | Yakori Bengeskro |

象徵意義
保護你遠離邪惡的危險。

魔法效果
死亡；驅魔；幸運；療癒；魔法；繁榮；保護；保護你遠離邪魔；遠離女巫；殺死蛇；遠離小偷；睡眠。

軼聞
西洋接骨木通常與女巫有關。埋葬死者時，會在墳墓上種下西洋接骨木的樹枝，能保護他們免受邪靈的傷害。石器時代箭頭的形狀看起來像西洋接骨木的老葉。由西洋接骨木為材質，並固定在馬廄上的十字架，應該可以使動物遠離邪惡。搖籃不能用西洋接骨木製成，因為嬰兒會掉下來、睡不好或者被仙女捉弄。英國人相信，燃燒西洋接骨木的原木會將魔鬼帶入屋內。在修剪西洋接骨木樹之前，必須徵得樹的許可，然後在第一次切割之前吐三次口水。四月最後一天收集的西洋接骨木葉子，可以貼在門窗上，以防止女巫進入家中。在家門口附近種植的西洋接骨木或樹籬可以防止邪惡進入。一塊從未受過陽光照射的西洋接骨木可以做成護身符，固定在兩個結之間，然後戴在脖子上以防止邪惡。

No. 833
血根草 *Sanguinaria* ☠

| 血根 Bloodroot | 血草 Bloodwort | Coon Root | Indian

paint | 印第安草 Indian Plant | Indian Red paint | Paucon | Pauson | 紅漆根 Red paint Root | Red Pucoon | Red Puccoon Root | 紅根 Red Root | Sanguinaria canadensis | 蛇咬草 Snakebite | Sweet Slumber | Tetterwort |

🌀 象徵意義
保護性的愛。

⚗ 魔法效果
愛意；保護；淨化。

📖 軼聞
把血根草當成護身符戴著，可以找到相互吸引的愛、驅除壞咒語以及各種負面力量。將血根草放在窗戶和門口周邊以保護家裡。

No. 834
地榆 Sanguisorba
| Burnet |

🌀 象徵意義
一顆快樂的心。

⚗ 魔法效果
儀式貢獻所需的裝備；反魔法；保護。

No. 835
虎尾蘭 Sansevieria ☠
| 虎尾蘭 Bow String Hemp | 魔鬼舌 Devil's Tongue | Jinn's Tongue | Mother-in-Law's Tongue | Sanseveria | 蛇窩 Snake's Lounge | 蛇蘭 Snake Plant |

🌀 象徵意義
誹謗。

⚗ 魔法效果
對抗逐漸減弱的共振；減少兒童的粗魯。

No. 836
檀香樹 Santalum album
| 印度檀香樹 Indian Sandalwood Tree | Sandal | Sandalwood | Santal | Santalum | 白檀香 White Sandalwood | White Saunders | 黃檀香 Yellow Sandalwood |

🌀 象徵意義
深度冥想。

⚗ 魔法效果
防止狗咬傷；對付鬼魅；防止蛇咬傷；對抗巫術；商業；警告；聰明；溝通；創造力；情感；驅魔；信念；生育力；世代；療癒；啟蒙；啟動；靈感；智力；直覺；學習；愛意；回憶；保護；防醉酒；謹慎；靈力；淨化；科學；海洋；自我保護；正確的判斷；靈性；潛意識；偷竊；交易；隨波飄搖；浪潮；智慧；祈望。

📖 軼聞
用檀香樹做成的珠子具有保護力，隨時戴上都能啟發靈性。檀香樹是一種具侵襲性的植物。檀香樹是世界上最昂貴的木材之一。當你踏進廟裡的時候，聞到的味道通常就來自檀香樹。

No. 837
棉杉菊 Santolina
| 薰衣草棉 Lavender Cotton |

🌀 象徵意義
美德。

⚗ 魔法效果
擊退昆蟲。

📖 軼聞
賓州的阿米希人會將乾掉的棉衫菊放在食物櫥櫃裡來防止象鼻蟲。

No. 838
檫木 Sassafras ☠
| Ague Tree | 肉桂樹 Cinnamon Wood | 檫木 Pseudosassafras | 檫樹 Sassafras Tree | 虎耳草 Saxifrax |

🌀 象徵意義
幸運木。

⚗ 魔法效果
療癒；健康；金錢。

📖 軼聞
把一小塊檫木放進錢包，可以吸引金錢。

S

No. 839
香薄荷 *Satureja*

| 花園香薄荷 Garden Savory | Herbe de St. Julien | Savory |

象徵意義
興趣。

魔法效果
藝術；吸引力；美麗；友誼；餽贈；和諧；喜悅；愛意；愛情魅力；神智清醒；精神力；喜樂；肉慾；力量。

軼聞
帶著或佩戴一株香薄荷會強化你的內心。

No. 840
苔蘚虎耳草 *Saxifraga hypnoides*

| 燕尾苔蘚 Dovetail Moss | Mossy Saxifrages |

象徵意義
情感。

軼聞
人工栽培的苔蘚虎耳草將長成鬱鬱蔥蔥、綠色苔蘚般的地毯。

No. 841
虎耳草 *Saxifraga stolonifera*

| Aaron's Beard | Creeping Rockfoil | Creeping Saxifrage | Mother of Thousands | 漫遊水手 Roving Sailor | Saxifraga chaffanjonii | Saxifraga chinensis | Saxifraga cuscutiformis | Saxifraga dumetorum | Saxifraga iochanensis | Saxifraga ligulata | Saxifraga sarmentosa | Saxifraga veitchiana | Strawberry Begonia | Strawberry Geranium | Strawberry Saxifrage | 吊竹草 Wandering Jew |

象徵意義
情感；奉獻；熱情。

軼聞
把虎耳草種在籃子或掛籃中最吸引人，長絲狀的莖可以自由地懸垂在兩側，每個頂端都有一個小幼苗。微小的虎耳草花在雄蕊的一側，有三個較小的粉紅色花瓣，兩側有兩個較長的白色花瓣。

No. 842
陰地虎耳草花 *Saxifraga x urbium*

| 倫敦的驕傲 London Pride | London Pride Saxifrages | Look Up and Kiss Me | Prattling Parnell | 聖派翠克的捲心菜 Saint Patrick's Cabbage | 真正倫敦驕傲 True London Pride | Whimsey |

象徵意義
堅強；輕浮；拒絕呈上；抵抗。

軼聞
陰地虎耳草花在二戰倫敦大轟炸之後的地點迅速生長，成為倫敦人抵抗、堅韌和拒絕屈服於敵人轟炸的象徵。

No. 843
紫盆花 *Scabiosa atropurpurea*

| 埃及玫瑰 Egyptian Rose | Mournful Widow | 哀悼的新娘 Mourning Bride | 風輪花 Pincushion Flower | 藍盆花 Scabiosa | 西洋山蘿蔔 Sweet Scabious |

象徵意義
我已經失去了一切；不幸的依戀；不幸的愛情；寡居。

軼聞
紫盆花適合送給某些剛喪偶的人。紫盆花通常會被用在葬禮中。

No. 844
紫扇花 *Scaevola aemula*

| Common Fan-flower | 仙子扇花 Fairy Fan-flower | 扇花 Fan Flower | Fan-flower | Lobelia aemula | Merkusia sinuata | 草海桐 Scaevola | Scaevola sinuata |

象徵意義
左撇子。

軼聞
紫扇花看起來像是被切成兩半的花，在一側留下五個花瓣，就像一隻手的五個手指一樣。紫扇花的花語據說是受到一名羅馬士兵的啟發，用他的名字命名的（他將其傳給了他所有的後代），因為他為了證明自己的勇敢，故意用火燒傷左手。

No. 845

南鵝掌柴 Schefflera ☠

| Amate | 澳洲傘樹 Australia Umbrella Tree | 矮雨傘樹 Dwarf Umbrella Tree | 狗腳蹄 Heptapleurum arboricolum | 章魚樹 Octopus Tree | Queensland Umbrella Tree | 鵝掌藤 Schefflera aboricola | 鴨腳木 Schefflera actinophylla | 傘樹 Umbrella Tree |

象徵意義
防護罩。

軼聞
南鵝掌柴是世界上最常見的一種盆栽，是令人印象深刻的室內植物。

No. 846

肖乳香 Schinus

| 巴西胡椒樹 Brazilian Pepper Tree | 加州胡椒樹 California Pepper Tree | 聖誕漿果 Christmasberry | Duvaua | Jesuit's Balsam | 胡椒樹 Pepper Tree | Peruvian Mastic Tree | 祕魯胡椒樹 Peruvian Pepper Tree | Piru |

象徵意義
婚姻；宗教的熱情。

魔法效果
療癒；保護；淨化。

軼聞
墨西哥傳統治療師會使用肖乳香的分枝進行治療，將分枝在病人身上刷一刷，期望分枝會吸收疾病。然後將樹枝燒掉以消滅疾病。

No. 847

鈍齒蟹爪蘭 *Schlumbergera russelliana*

| Cereus russellianus | 蟹爪蘭 Crab Cactus | 聖誕仙人掌 Christmas Cactus | 假曇花 Epiphyllum russellianum | 節日仙人掌 Holiday Cactus | Orchid Cactus | Phyllocactus russellianus | Schulumbergera epiphylloides | 感恩節仙人掌 Thanksgiving Cactus | Winterflowering Cactus | Zygocactus |

象徵意義
可靠性；忠誠。

魔法效果
耐力。

軼聞
鈍齒蟹爪蘭的一個特點就是當它發出花苞的時候，要避免轉動盆栽；以免花苞掉落。

No. 848

綿棗兒 Scilla ☠

| 紅海蔥 Red Squill | 海洋蔥 Sea Onion | 海蔥 Squill | 白海蔥 White Squill |

象徵意義
堅貞；忠實；忠誠。

魔法效果
事故；侵略；憤怒；破除詛咒；性慾；衝突；情慾；機械性；金錢；保護；搖滾樂；力量；掙扎；戰爭。

綿棗兒自五世紀以來就被用於希臘魔法。一種吸引金錢的方法是將綿棗兒放入一個罐子裡，然後在裡面加入銀幣。要打破詛咒，請佩戴或帶著綿棗兒。

No. 849

玄參 *Scrophularia*

| Carpenter's Square | Escrophularia | Figwort | 治癒草 Heal-all | Kernalwort | 節玄參 Knotted Figwort | Rosenoble | Scrophula | Scrophula Plant | 喉嚨草 Throatwort |

🌹 象徵意義
健康；保護。

🏺 魔法效果
健康；保護；保護你免受邪眼傷害。

📖 軼聞
將玄參當成護身符掛在脖子上，可以保護你免受邪眼傷害。

No. 850

黃芩 *Scutellaria*

| Anaspis | Cruzia | Greater Scullcap | Harlanlewisia | 頭盔花 Helmet Flower | Hoodwort | 瘋狗草 Mad Dog | Madweed | Perilomia | Quaker Bonnet | Salazaria | Skullcap | Theresa |

🌹 象徵意義
忠誠；復原。

🏺 魔法效果
協助；緩解焦慮；生育力；忠實；和諧；獨立；愛意；物質利益；和平；堅持；遭受魔法攻擊後恢復；自耗盡精神的工作恢復；穩定；力量；韌性。

📖 軼聞
當一個女人佩戴或帶著一株黃芩，可以讓她的丈夫免受另一個女人的誘惑。被魔法攻擊和進行任何要求嚴苛、耗費精神的工作後，可以使用黃芩來恢復。

No. 851

黑麥 *Secale cereale*

| 裸麥 Rye | Secale fragile |

🌹 象徵意義
叛教；譴責；與魔鬼打交道；厭惡；嘲弄；諷刺；詭計。

🏺 魔法效果
黑魔法；束縛；惡行；巫術。

No. 852

多變小冠花 *Securigera varia* ☠

| 小冠花 Coronilla | Crown Vetch | 紫色冠豆 Purple Crown Vetch |

🌹 象徵意義
對你來說的成功。

🏺 魔法效果
寧靜。

No. 853

佛甲草 *Sedum*

| 萬年草 Sedastrum | Sedella | 景天 Stonecrop |

🌹 象徵意義
平靜。

🏺 魔法效果
冷靜；降低恐懼；擊退閃電。

No. 854

長生草 *Sempervivum*

| 母雞與小雞 Hens and Chicks | Hen and Chickens | Hen-and-chickens | 石蓮花 Houseleek | 永生 Liveforever | Sengren | Welcome -Home-Husband-Though-Never-So-Drunk | Welcome -Home-Husband-Though-Never-So-Late |

S

象徵意義

家中的財務；家庭工廠；活潑；歡迎老公回家。

魔法效果

愛意；運氣；保護；抵禦火災；抵禦閃電；抵禦巫術。

軼聞

長生草一般種在屋頂上，以抵禦火災、雷擊和女巫。如果每三天配戴一次新鮮的長生草，能夠帶來愛情。

No. 855

千里光 Senecio cambrensis

| Cankerwort | Dog Standard | 仙女坐騎 Fairies' Horses | Ground Glutton | Groundeswelge | Groundsel | Ground-Swallower | Grundy Swallow | Ragweed | 聖詹姆斯草 Saint James' Wort | Sention | Simson | St. James' Wort | Staggerwort | 豚草 Stammerwort | Stinking Nanny | Stinking Willie | Welsh Groundsel | Welsh Ragwort |

象徵意義

吞下。

魔法效果

療癒；健康；牙齒。

軼聞

將千里光當成護身符佩戴著，被認為可以預防牙痛。古希臘人佩戴千里光，來對抗施加在佩戴者身上的咒語和魔咒。黑暗時期，迫害女巫時，據說女巫會在午夜出去兜風，不是騎著掃帚，而是騎著千里光的莖。

No. 856

決明 Senna

| Cathartocarpus | Chamaefistula | Diallobus | Earleocassia | Herpetica | Isandrina | 決明子 Jué Míng Zi | Ketsumei-shi | Locust Plant | Palmerocassia | 野生番瀉葉 Wild Senna |

象徵意義

清除。

魔法效果

愛意；瀉藥。

No. 857

芝麻 Sesamum indicum

| Ajonjoli | Benne | Bonin | Gergelim | Gingli | Hoholi | Jaljala | Kunjid | Kunzhut | Logowe | Sesame | Shaman shammi | Shamash | shammu | Shawash-shammu | Shumshema | Simsim | Sumsum | Til | Ufuta | Ziele |

象徵意義

清除；揭示。

魔法效果

構想；找到隱藏的寶藏；情慾；金錢；打開上鎖的門；保護；揭露祕密通道；事業成功。

軼聞

每個月將新鮮的芝麻種子放進屋裡的罐子中，不要蓋上蓋子，以吸引金錢。

No. 858

橙葉黃花稔 Sida fallax

| 歐胡島之花 Flower of Oahu | Ilima |

象徵意義

你好，莊嚴；歡迎。

軼聞

橙葉黃花稔是一種常用來製作夏威夷花環的花。在古代的夏威夷，橙葉黃花稔的花和葉是為皇室保留的。

No. 859

蠅子草 Silene

| Campion | Catchfly |

象徵意義

最後還是被逮到；圈套。

軼聞

南非科薩部落的占卜師收集野生的蠅子草，用在滿月的占卜儀式。

No. 860
毛剪秋羅 *Silene coronaria*

| Agrostemma coronaria | Bloody William | 銀葉菊 Dusty Miller | Lampflower | Lychnis coronaria | Mullein-Pink | Rose Campion |

◎ 象徵意義
溫柔；只有你值得我的愛。

📖 軼聞
毛剪秋羅的學名為 Silene coronaria，拉丁文 coronaria 意味著這是一種用於製作花環的花。

No. 861
紅蠅子草 *Silene dioica*

| Blaa Ny Ferrishyn | 仙女花 Fairy Flower | 朝顏剪秋羅 Red Campion | Red Catchfly |

◎ 象徵意義
我是受害者；年輕的愛。

📖 軼聞
紅蠅子草的花色從深粉紅色到紅色都有，在整個大不列顛島都找得到。在曼恩島採集紅蠅子草，違反當地禁忌，認為這樣做是會倒大楣的，會惹怒仙女，帶來仙女的詛咒。

No. 862
夜花蠅子草 *Silene noctiflora*

| Clammy Cockle | 夜花飛蠅草 Nightflowering Catchfly | Nightflowering Silene | Sticky Cockle |

◎ 象徵意義
夜晚。

📖 軼聞
夜花蠅子草會在晚上綻放，散發出一種吸引夜飛蛾的香味，這些飛蛾會以花蜜為食，並對植物進行異花授粉。

No. 863
歐亞蠅子草 *Silene nutans*

| 諾丁漢蠅子草 Nottingham Catchfly | Silene brachypoda | Silene dubia | Silene glabra | Silene grecescui | Silene infracta | Silene insurbrica | Silene livida | White Catchfly |

◎ 象徵意義
背叛；我成了受害者。

No. 864
羅盤草 *Silphium laciniatum*

| 羅盤花 Compass Flower | Compass Plant | 松香草 Rosinweed |

◎ 象徵意義
信念。

⚗ 魔法效果
尋找北方。

📖 軼聞
令人驚訝的是，活的羅盤草花的頭部和葉子就像一塊磁鐵，與南北向平行。傳說上帝創造了羅盤草來幫助旅行者。

No. 865
串葉松香草 *Silphium perfoliatum*

| 木匠草 Carpenter's Weed | 羅盤草 Compass Plant | 杯子草 Cup Plant | Cup Rosinweed | Indian-cup | Pilot Weed | 方塊草 Squareweed |

◎ 象徵意義
對齊；包含；方向。

⚗ 魔法效果
保護。

No. 866

水飛薊 *Silybum marianum*

| Blessed Milk Thistle | 瑪莉安薊 Marian Thistle | 瑪莉薊 Mary Thistle | 地中海牛乳薊 Mediterranean Milk Thistle | Milk Thistle | Our Lady's Thistle | 聖瑪莉薊 Saint Mary's Thistle | Sow Thistle | St. Mary's Milk Thistle | 雜色薊 Variegated Thistle | Wild Artichoke |

◎ 象徵意義
肉體上的愛。

⚗ 魔法效果
協助；生育力；和諧；獨立；物質利益；堅持；激怒蛇；穩定；力量；韌性。

📖 軼聞
有一個古老的盎格魯─撒克遜人的迷信認為，如果一個人脖子上掛著水飛薊，任何在他面前的蛇都會被激怒並開始戰鬥。

No. 867

華蟹甲 *Sinacalia tangutica*

| Acalia | 蟹甲草 Cacalia | 風燈草 Chinese Groundsel | Chinese Ragwort | Senecio tanguticus |

◎ 象徵意義
奉承；節制。

⚗ 魔法效果
療癒；健康；保護。

No. 868

菝葜 *Smilax*

| Bamboo Briar | 貓藤 Catbrier | 綠薔薇 Greenbrier | Nemexia | Prickly-Ivy | 墨西哥菝葜 Sarsaparilla | Zarzaparrila |

◎ 象徵意義
美好；可愛；神話。

⚗ 魔法效果
愛意；金錢。

No. 869

歐白英 *Solanum dulcamara* ☠

| Amara Dulcis | 苦甜茄 Bitter Nightshade | 苦甜藤 Bittersweet | Bittersweet Nightshade | Blue Bindweed | Climbing Nightshade | Fellenwort | Felonwood | 毒莓 Poisonberry | 毒花 Poisonflower | 猩紅漿果 Scarlet Berry | 蛇莓 Snakeberry | Trailing Bittersweet | Trailing Nightshade | 開花紫羅蘭 Violet Bloom | Woody Nightshade |

◎ 象徵意義
真理。

⚗ 魔法效果
死亡；療癒；月球活動；保護；重生；真理。

📖 軼聞
將一小片歐白英放進小袋子裡，綁在身上的某個地方，能夠驅邪。

No. 870

番茄 *Solanum lycopersicum* ☠

| Armani Badenjan | Gojeh Farangi | 金蘋果 Golden Apple | Guzungu | Kamatis | 愛的蘋果 Love Apples | Lycopersicon esculentum | Lycopersicon lycopersicum | Pomo d'Oro | Tomatl | Tomato | 狼桃 Wolf Peach | Xitomatl |

◎ 象徵意義
矛盾；吹毛求疵。

⚗ 魔法效果
愛意；繁榮；保護。

📖 軼聞
一般人相信擺在家裡地上的大番茄，能夠為家裡帶來豐足。將番茄放在家裡的任何出入口，可以用來驅邪。在花園裡種植番茄可以嚇走邪惡。

No. 871

馬鈴薯 *Solanum tuberosum* ☠

| 藍眼 Blue Eyes | Flukes | 愛爾蘭馬鈴薯 Irish Potato |
Lapstones | Leather Jackets | Murphies | 無眼 No Eyes
| Pinks | Potato | Potatta | 紅眼 Red Eyes | Rocks | Spud
| Taters | Tatta | Tatties | 白色馬鈴薯 White Potato |

◎ 象徵意義
善行;仁慈。

🌿 馬鈴薯的花:仁慈。

⚗ 魔法效果
療癒。

📖 軼聞
一般相信,如果你在口袋裡帶著一顆很小的馬鈴
薯,能夠防止痛風、疣和風濕病,甚至能治療牙
痛和感冒。如果你整個冬天都帶著這顆馬鈴薯的
話,甚至可以避免得到這些病。

No. 872

彩葉草 *Solenostemon scutellarioides* ☠

| Coleus | Coleus blumei | Common Coleus | 彩繪蕁麻
Painted Nettle |

◎ 象徵意義
個性。

📖 軼聞
人工培育的彩葉草有著各種不同的顏
色和形態,有一種或多種不同深淺的
栗色、紫色、奶油色、粉紅色、黃色、白色、青
銅色和幾種不同的綠色。

No. 873

一枝黃花 *Solidago*

| Anise-scented Goldenrod | 藍山茶 Blue
Mountain Tea | 毛果一枝黃花 European
Goldenrod | Gizisomukiki | Golden Rod |
Goldenrod | Missouri Goldenrod | 甜黃
金鞭 Sweet Goldenrod | Sweet-scented
Goldenrod | True Goldenrod | Verg d'Or
| Virgaureae Herba | 傷草 Wound Weed
| Woundwort |

◎ 象徵意義
小心;鼓勵;福氣;幸運;防範;力量;成功;寶藏。

⚗ 魔法效果
占卜;運氣;金錢;繁榮。

📖 軼聞
一枝黃花是花粉症的罪魁禍首。女巫經常在他們
的魔藥中使用一枝黃花。人們相信,如果有一天
你戴上一株一枝黃花,會在第二天遇到未來的
愛。一些人相信一枝黃花可以當成簡單的占卜裝
置,你可以將一枝黃花握在手中,花會向遺失或
藏起來的東西(有可能是寶藏)的方向點頭。如
果一枝黃花突然長在你家門附近,從未長過一枝
黃花的地方,會讓整個家庭都獲得豐厚的好運。

No. 874

花楸 *Sorbus*

| Delight of the Eye | 歐洲花
楸 European Mountain Ash
| Mountain Ash | Quickbane
| Ran Tree | Roden-Quicken
| Rowan | Rowan Tree |
Roynetree | Sorb Apple |
Thor's Helper | Whitty |
Wicken-Tree | Wiggin | Wiggy |
Wiky | Wild Ash | Witch Bane |
女巫草 Witchbane | Witchen | Witchwood |

◎ 象徵意義
平衡;連結;神祕;轉變。

⚗ 魔法效果
占卜;療癒;權力;保護;通靈能力;成功;願景

📖 軼聞
生長在巨石圈附近的花楸是最有效的。帶著花楸
木以增強你的精神力量。花楸木通常是製作魔杖
的首選。使用分岔的花楸樹枝可以製成有效的潛
水桿。帶著花楸的果實或樹皮,可以幫助疾病康
復。數百年來,歐洲人將花楸樹枝用紅線綁在一
起,製成具有保護力的十字架,然後帶著。花楸
木製成的枴杖能幫助那些經常在夜間行走的人。
在墳墓上種植花楸,以防止死者的鬼魂出沒。

No. 875

美洲花楸 *Sorbus americana*

| American Mountain Ash | 美洲山梨 American Mountain-ash | Pyrus americana |

🌹 **象徵意義**
謹慎;和我在一起你很安全。

⚗️ **魔法效果**
療癒;愛意;繁榮;保護。

No. 876

歐洲山梨 *Sorbus domestica*

| Service Tree | Sorb | Sorb Tree | True Service Tree | Whitty Pear |

🌹 **象徵意義**
和諧;謹慎。

📖 **軼聞**
在捷克的摩拉維亞有一棵巨大的歐洲山梨樹,估計約有418歲。

No. 877

鷹爪豆 *Spartium junceum*

| Genista juncea | Retama | 西班牙掃帚 Spanish Broom | Weaver's Broom |

🌹 **象徵意義**
潔淨。

⚗️ **魔法效果**
療癒。

No. 878

白鶴芋 *Spathiphyllum*

| Nana-honau' | 和平百合 Peace Lily | Spath | 白旗 White Flag |

🌹 **象徵意義**
永遠和平;和平;和平與繁榮;平靜。

⚗️ **魔法效果**
平靜。

📖 **軼聞**
白鶴芋與聖母瑪利亞和復活節很有關係。

No. 879

歐洲桔梗 *Specularia speculum*

| 歐洲維納斯鏡花 European Venus' Looking Glass | Githopsis latifolia | Large Venus' Looking-glass | Legousia speculum veneris | Looking Glass | Specularia speculum-veneris | Venus' Looking Glass | Venus' Looking-Glass | 金星維納斯鏡花 Venus' Looking-glass |

🌹 **象徵意義**
奉承。

📖 **軼聞**
歐洲桔梗是一種一年生觀賞植物,整個夏天都會開花。

No. 880

綬草 *Spiranthes*

| Ladies'-tresses | 女士的長髮 Lady's Tresses |

🌹 **象徵意義**
迷人的優雅。

📖 **軼聞**
綬草是一種陸生的蘭花,花莖垂直,會逆時針向上緊緊纏住上方的花朵。

No. 881

侯購諜 *Spondias purpurea* ☠️

| Hog Plum | Jocote | 紫酸棗 Purple Mombin | 紅酸棗 Red Mombin | Sineguela | Siriguela | Siwèl |

🌹 **象徵意義**
貧困。

📖 **軼聞**
侯購諜的樹汁,可以做成膠水。

No. 882

水蘇 *Stachys*

| Betonica | Betony | 萬靈丹 Heal-All
| Hedgenettle | 羔羊耳 Lamb's Ears |
Self-Heal | 傷草 Woundwort |

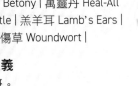

象徵意義

愛意；驚訝。

魔法效果

防止傷害；身心療癒；愛意；保護；保護你遠離巫術與詛咒；淨化；遠離邪惡的魔法；避邪。

No. 883

綿毛水蘇 *Stachys byzantina*

| 羔羊耳 Lamb's Ear | Lamb's-Ear | 羔羊舌 Lamb's
Tongue | Stachys lanata | Stachys olympica | Woolly
Woundwort |

象徵意義

保護；靈性；邊境。

魔法效果

防止傷害；遠離邪惡的魔法；避邪。

軼聞

綿毛水蘇的葉子非常柔軟，形狀就像羊耳一樣。

No. 884

藥水蘇 *Stachys officinalis*

| Betaine | Betonica officinalis | Betonie | 水蘇 Betony
| Bishopwort | Lousewort | Purple Betony | Stachys
betonica | Wild Hop | Wood Betony |

象徵意義

愛意；訝異。

魔法效果

商業；有效對抗巫術；擴張；榮譽；領導；愛；政治；力量；保護；防止狗咬傷；防止醉酒；防鬼；防止蛇咬傷；抵禦巫術；防止巫術；大眾好評；淨化；責任；莊嚴；成功；對抗邪惡的魔法；避邪；財富。

軼聞

藥水蘇是最原始的魔法藥草。關於藥水蘇的一個迷信是，如果將一對蛇放進由藥水蘇製成的圈圈中會相互殘殺。佩戴藥水蘇做成的護身符，可以治療身心的各種疾病。中世紀時期，在修道院的花園中種植藥水蘇，以抵禦許多不同類型的邪惡。藥水蘇可用於施展魔法，在進行嚴肅的治療儀式前，淨化一個人的身體和靈魂。德魯伊人相信藥水蘇有足夠的魔力，可以驅除惡靈、噩夢和極度的悲傷。藥水蘇可擦在所有門窗框上，形成一道避邪屏障。將一個裝滿藥水蘇的小包包放在枕頭或床下，有助於終結噩夢。在墓地種植藥水蘇，可以阻止幽靈活動。藥水蘇被認為可以保護身體和靈魂。當在花園裡種植藥水蘇時，可以保護家庭。當準備好接近可能的愛情時，隨身帶著藥水蘇。

No. 885

省沽油 *Staphylea*

| 黑皮樹 Bladder Nut Tree |
Bladdernut | Jonjoli |

象徵意義

娛樂；輕浮。

軼聞

省沽油會長出相當漂亮的圓錐花序，每個圓錐花序有五到十五朵花，之後會發育成囊狀的膨大種子莢。

No. 886

美洲繁縷 *Stellaria americana*

| 美國星草 American Starwort | 繁縷 Chickweed | 星草 Starwort | Stitchwort |

象徵意義

晚年喜樂；歡迎陌生人。

軼聞

小的美洲繁縷花是白色的星狀小花。

No. 887

入鹿 *Stenocereus eruca*

| Creeping Cereus | 爬行魔鬼 Creeping Devil |

象徵意義

恐怖；適度的收穫；謙虛的天才。

軼聞

入鹿是一種攀在地板上的仙人掌，能夠形成高密度的大型群落。

No. 888

黑鰻藤 *Stephanotis*

象徵意義

渴望去旅行；友誼；運氣；婚姻幸福；純潔。

軼聞

黑鰻藤純白色的可愛花朵，散發著感性的香氣，因此非常適合用於婚禮佈置。在插花藝術中，黑鰻藤通常會被單獨用膠水黏在細金屬絲的末端，然後以白色看起來像是珍珠的珠子為中心，做成新娘的花束與胸花。

No. 889

黃花石蒜 *Sternbergia lutea*

| 秋水仙 Autumn Daffodil | Fall Daffodil | Lily of the Field | Lily-of-the-Field | Sternbergia aurantiaca | Sternbergia greuteriana | Sternbergia sicula | 冬水仙 Winter Daffodil | Yellow Autumn Crocus |

象徵意義

驕傲。

軼聞

黃花石蒜會在秋天開花，花色為鮮黃色，常常會跟水仙搞混。

No. 890

麥覺理島捲心菜 *Stilbocarpa polaris*

| 麥覺理島甘藍 Macquarie Island Cabbage | Polaris Plant | 鳥笛蔘 Stilbocarpa |

象徵意義

長長的白雲。

軼聞

紐西蘭的毛利孩子會用麥覺理島捲心菜的空心莖，做成短暫使用的笛子。麥覺理島捲心菜曾經被認為

是偶然沖上岸，成為留在奧克蘭群島的遇難海難船員的生存食物，現在認為闊葉的麥覺理島捲心菜在紐西蘭的生存受到威脅，並歸類為「瀕臨絕種，自然界已不常見」的範圍。

No. 891

草烏桕 *Stillingia sylvatica*

| Cockup Hat | Marcory | 女王的喜悅 Queen's Delight | 女王的根 Queen's Root | 銀葉 Silver Leaf | Stillingia | Yaw Root |

象徵意義

尋找；定位。

魔法效果

通靈能力。

軼聞

跟著燃燒草烏桕的煙霧，可以找到失物。

No. 892

麥稈 *Straw*

軼聞

同意；堅貞；聯合。

魔法效果

影像魔法；運氣。

軼聞

在小袋子裡帶著一根麥稈，可以變得更幸運。有些人相信小仙女就住在麥稈中間的空心處。

No. 893

麥稈（斷）*Straw (Broken)*

| 斷掉的麥稈 Broken Straw |

象徵意義

破壞協議；違約；爭辯；吵架；麻煩。

No. 894

鶴望蘭 *Strelitzia reginae*

| 天堂鳥 Bird of Paradise | Crane Flower | Crane's Bill | Crane's Flower | Strelitzia |

🏵 象徵意義
忠誠；充滿喜悅；華麗；浪漫的驚喜；輝煌。

📖 軼聞
如果一個女性送給男性鶴望蘭，象徵著她對他的忠貞。

No. 895

海角櫻草 *Streptocarpus*

| Bavarian Belle | Cape Primrose | Streps | 扭曲果 Twisted Fruit |

🏵 象徵意義
扭曲果。

📖 軼聞
自 1824 年海角櫻草在南非被發現以來，從倫敦的邱園開始，在世界各地進行各種雜交。海角櫻草在世界各地的花園中都相當常見。

No. 896

扭管花 *Streptosolen jamesonii* ☠

| Browallia jamesonii | Fire Bush | Flor de Quinde | Flor del Sol | 太陽之花 Flower of the Sun | 蜂鳥花 Hummingbird Flower | Jaboncillo | 小肥皂草 Little Soap Plant | Marmalade Bush |

🏵 象徵意義
你能面對貧窮嗎？你能忍受貧窮嗎？

📖 軼聞
扭管花會漸漸從黃色轉成紅色。

No. 897

二葉金罌粟 *Stylophorum diphyllum*

| Celandine Poppy | Poppywort | 金罌粟 Stylophorum | Wood Poppy | 黃色罌粟 Yellow Poppy |

🏵 象徵意義
即將到來的喜悅。

⚗ 魔法效果
金錢；成功；財富。

No. 898

黏脂安息香 *Styrax benzoin*

| Ben | Benjamen | 安息香 Benzoin | Gum Benjamin | Gum Benzoin | Kemenyan | Loban | Onycha | Siam Benzoin | Siamese Benzoin | Storax | Sumatra |

🏵 象徵意義
幸運；保護。

⚗ 魔法效果
豐裕；進展；靈魂投射；連結；建築；商業交易；警告；聰明；溝通；意志；創造力；死亡；能量；提升專注；信念；友誼；成長；療癒；歷史；啟蒙；啟動；智力；喜悅；知識；領導力；學習；生命；光；限制；回憶；自然力量；阻礙；增加專注力；慷慨；繁榮；靈魂投射時保護靈魂；謹慎；淨化；科學；自我保護；正確的判斷；成功；偷竊；時間；旅行；智慧。

📖 軼聞
將黏脂安息香、肉桂和羅勒放在做生意的地方，會吸引顧客。如果將黏脂安息香拿來在木炭上燃燒，會帶來平靜與運氣。

No. 899

山蘿蔔 *Succisa pratensis*

| 魔鬼草 Devil's Bit | 魔鬼咬疥瘡 Devil's Bit Scabious |

🏵 象徵意義
抓抓我的癢。

⚗ 魔法效果
驅魔；愛意；運氣；保護。

📖 **軼聞**

民間傳說中，山蘿蔔的黑色短根是魔鬼聽到了謠言後，相當生氣咬了一口的結果。據說山蘿蔔有對抗黑死病的功效。

No. 900

癌症草 *Sutherlandia frutescens*

| 氣球豆 Balloon Pea | 苦灌木 Bitter Bush | Bitterbos | Blaasbossie | Blaas-ertjie | 癌症灌木 Cancer Bush | Eendjies | Gansiekeurtjie | Gansies | Hoenderbelletjie | Insiswa | Kalkoenbos | Kankerbos | Klappers | Lessertia frutescens | Sutherlandia | 土耳其灌木 Turkey Bush | Umnwele |

🏵 **象徵意義**

苦澀；驅散黑暗；血之矛。

📖 **軼聞**

世界上已知植物種類最豐富的地區之一是南非的開普植物區，那裡也正是癌症草的來源。癌症草的許多常見名稱都與植物某些外觀有關，例如「Klapper」，意思是「嘎嘎聲」，因為種子會在豆莢中發出嘎嘎聲，或者「Eendies」和「Gansies」，是因為膨脹的果實像小玩具鴨（或是鵝）一樣漂浮在水上。

No. 901

美國紫菀 *Symphyotrichum novae-angliae*

| 美國星草 American Starwort | Aster novae angliae | 新英格蘭紫菀 New England Aster |

🏵 **象徵意義**

馬後炮；老年的快樂；對陌生人很歡迎。

🏺 **魔法效果**

保護你遠離鬼魅；保護你遠離女巫。

No. 902

聚合草 *Symphytum officinale*

| Assear | Black Wort | 澤蘭 Boneset | 瘀傷草 Bruisewort | Comfrey | Comphrey | Consohada | Consolida majoris | Consound | Gavez | Gum Plant | 治療草 Healing Herb | Karakaffes | Knit Back | Knit Bone | Knitbone | Miracle Herb | Slippery-root | 滑根 Slippery Root | Slipperyroot | Smeerwartel | 牆草 Wallwort | Yalluc | Ztworkost |

🏵 **象徵意義**

保護；復原；安全。

🏺 **魔法效果**

保證旅行安全；療癒；骨折癒合；金錢；恢復童貞。

📖 **軼聞**

將聚合草戴在身上或是塞進小袋子裡帶著可以保佑旅行平安。在每一個行李箱裡放一小根聚合草的根，可以保護行李。

No. 903

臭菘 *Symplocarpus foetidus* ☠

| Clumpfoot Cabbage | Dracontium foetidum | 東方臭菘 Eastern Skunk Cabbage | Foetid Pothos | Meadow Cabbage | Pole Cat Weed | Polecat Weed | Skunk Cabbage | 臭草 Skunk Weed | Spathyema foetida | Suntull | 沼澤白菜 Swamp Cabbage |

🏵 **象徵意義**

幸運；向前移動；繼續向前。

🏺 **魔法效果**

福氣；訴訟。

No. 904

合果芋 *Syngonium podophyllum* ☠

| 美國常青 American Evergreen | Arrowhead

Philodendron | 箭頭草 Arrowhead Plant | 箭頭藤
Arrowhead Vine | 藜 Goosefoot | Nephthytis |

◎ 象徵意義
清晨;新點子;春天的精神;年少。

🏺 魔法效果
方向。

No. 905

丁香 *Syringa*

| 洋丁香 Common Lilac | Field
Lilac | 法國丁香 French Lilac
| 紫丁香 Lilac | Lilak | Nila |
Nilak | Paschalia | 歐丁香
Syringa vulgaris |

◎ 象徵意義
失望;你還愛我嗎?
情竇初開;兄弟之愛;
兄弟間的同理心;謙
遜;愛;最初的愛;記
憶;記得我;提醒青春的愛;青春的純真。

🎨 花色的意義:粉紅色:接受;青春。

🎨 花色的意義:紫色:情竇初開;初戀;痴情;
痴迷。

🎨 花色的意義:白色:坦率;孩子們;初次的愛
之夢;青春;年少無知;年輕的樣子。

🏺 魔法效果
驅魔;保護;淨化。

📖 軼聞
在你希望驅散邪惡的地方種植丁香花。在新英格
蘭,最早種植丁香灌木的目的,是為了對抗屋子
中的邪惡力量。新鮮的丁香花,可以幫助清除鬼
屋中的鬼和令人恐懼的能量。

No. 906

丁香 *Syzygium aromaum*

| Bol del Dlavo | Carenfil | Caryophyllus aromaus |
Cengkeh | Cengkih | Clavo de Olor | Clou de Girofle |
Clove | Cravo-da-India | Cravo-das Molucas | Cravo-
de-Doce | Dlavero Giroflé | Eugenia aromatica |
Eugenia caryophyllat | Eugenia caryophyllus |
Gewürznelkenbaum | Giroflier | Grampoo | Karabu
Nati | Kirambu | Kruidnagel | Laong | Laung | Lavang |
Lavanga | Lavangam | Lawang | Mykhet |

◎ 象徵意義
尊嚴;持久的友情;愛意;金錢;克制。

🏺 魔法效果
豐裕;進展;意志;能量;驅魔;友誼;成長;療
癒;喜悅;領導力;生命;光;愛意;神智清醒;
金錢;自然力量;保護;淨化;成功

📖 軼聞
配戴或帶著丁香能夠吸引異性。由失戀和失去親
人的人佩戴或帶著時,丁香能提供安慰。如果將
丁香燒成香,能夠阻止人們說你的八卦、吸引財
富、驅散敵意、驅走負能量、產生正能量,同時
也淨化著香氣所到之處。

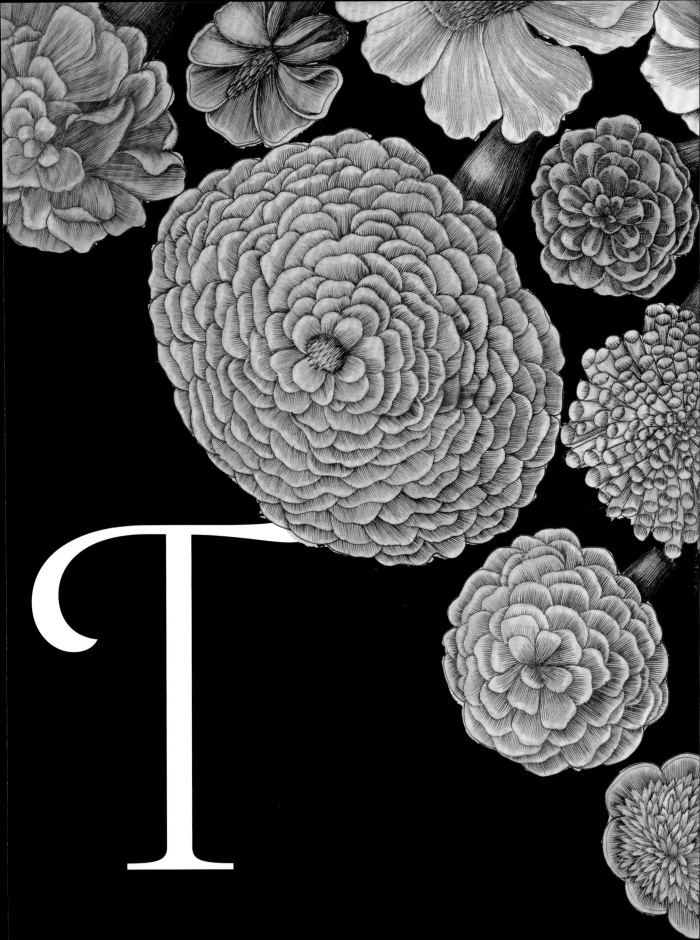

No. 907

萬壽菊 *Tagetes*

| Adenopappus | African Marigold | African Marygold | American Marigold | Common Marigold | Diglossus | 酒鬼 Drunkards | Enalcida | 太陽的藥草 Herb of the Sun | Marigold | Mary's Gold | Solenotheca | Vilobia |

◎ 象徵意義

創造力；悲傷；忌妒；痛苦；熱情；粗俗。

🌿 萬壽菊與柏木

絕望。

⚱ 魔法效果

訴訟；愛情符咒；預知夢；保護；通靈能力。

📖 軼聞

早期的基督徒會在聖母瑪利亞雕像的周圍，獻上萬壽菊代替錢幣。威爾斯人相信如果萬壽菊早上沒有開花的話，會出現暴風雨。

No. 908

萬壽菊 *Tagetes erecta*

| 阿茲特克萬壽菊 Aztec Marigold | Cempasúchil | Cempazúchil | Dao Rung | Flor de Muertos | 死亡之花 Flower of the Dead | 墨西哥萬壽菊 Mexican Marigold | 二十花 Twenty Flower | Zempoalxochitl |

◎ 象徵意義

懊惱；悲傷；神聖的情感。

⚱ 魔法效果

保護人不被閃電打到；安全渡河；水上活動安全。

📖 軼聞

阿茲特克人是第一個賦予萬壽菊形上學意義的民族。

No. 909

孔雀草 *Tagetes patula*

| Dao Ruang Lek | 法國萬壽菊 French Marigold | French Marygold | 花園萬壽菊 Garden Marigold | 金盞花 Marygold | Rainy Marigold | Tagetes corymbosa | Tagetes lunulata | Tagetes remotiflora | Tagetes signata | Tagetes tenuifolia |

◎ 象徵意義

一場風暴；創造力；悲傷；忌妒；熱情；不自在。

⚱ 魔法效果

訴訟；預知夢；保護；通靈能力。

No. 910

酸豆 *Tamarindus indica*

| Aamli | Amli | Asam | Asem | Bwemba | Chinch | Chintachettu | Chintapandu | Dawadawa | Demir Hindi | Hunase | Imli | Indian Date | Javanese Asam | Javanese Sour | Jawa | Kaam | Kily | Loan-tz | Maak Kham | Magee-bin | Magee-thee | Ma-Kham | Me | Mkwayu | Puli | Sambag | Sambalog | Sambaya | Sampaloc | Sampalok | Siyambala | Tamarene | Tamar Hind | Tamarind | Tamarindo | Tambran | Tamón | Tchwa | Teteli | Tetul | Tintidi | Tsamiya | Vaalanpuli | Voamadilo |

◎ 象徵意義

愛情。

⚱ 魔法效果

療癒；愛情；保護；性愛魔法。

📖 軼聞

佩戴或帶著酸豆的種子以吸引愛情。印度教的傳說認為，酸豆樹象徵著創造者梵天的妻子。酸豆樹被認為會吸引鬼魂。

No. 911
檉柳 *Tamarix*

| Salt Cedar | Tamarisk |

◎ 象徵意義

犯罪。

🏺 魔法效果

驅魔；保護。

📖 軼聞

使用檉柳以趕走邪惡和魔鬼的儀式，可以追溯到四千年前。在聖經創世紀第 21 章第 33 節中提到，亞伯拉罕在貝爾謝巴種下了檉柳。

No. 912
脂香菊 *Tanacetum balsamita*

| Alecost | Balsam Herb | Balsamita vulgaris | 聖經葉 Bible Leaf | Costmary | Mint Geranium | Patagonian Mint |

◎ 象徵意義

文雅；美德。

📖 軼聞

中世紀時，一株脂香菊會被用作聖經中的書籤。

No. 913
短舌匹菊 *Tanacetum parthenium*

| Altamisa | Amargosa | 學士鈕扣 Bachelor's Button | Bride's Button | Chrysanthemum parthenium | Featherfew | Featherfoil | Febrifuge Plant | 小白菊 Feverfew | 調情草 Flirtwort | Manzanilla | Mum | Mutterkraut | Pyrethrum | Pyrethrum parthenium | Tanacetum | 野生洋甘菊 Wild Chamomile | Wild Quinine |

◎ 象徵意義

健康。

🏺 魔法效果

保護。

📖 軼聞

一些人認為蜜蜂不喜歡短舌匹菊的氣味，所以人們可能會選擇隨身帶著短舌匹菊來抵擋蜜蜂。短舌匹菊是能驅離昆蟲的植物，因此通常會在花園周圍種植短舌匹菊以控制害蟲。女性可以佩戴短舌匹菊來吸引男人。帶著一株短舌匹菊以防止發燒和意外事故。

No. 914
菊蒿 *Tanacetum vulgare*

| Bitter Buttons | Buttons | Common Tansy | Cow Bitter | 金色鈕釦 Golden Buttons | Mugwort | Tansy | 野艾菊 Wild Tansy |

◎ 象徵意義

勇氣；針對你的聲明；宣戰；幸福；敵意；我要公然反對你；我對你宣戰；戰爭。

🏺 魔法效果

吸引力；美麗；友誼；餽贈；和諧；療癒；健康；喜悅；長壽；愛意；喜樂；肉慾；藝術品。

📖 軼聞

帶著菊蒿可以延長壽命。

No. 915
西洋蒲公英 *Taraxacum officinale*

| 蒲公英 Blowball | Canker-wort | Cankerwort | Common Dandelion | Dandelion | Dent de Lion | Faceclock | Irish Daisy | Leontodon taraxacum | Lion's Tooth | 牛奶女巫 Milk-witch | Monks-head | Pee-a-Bed | Piss-a-Bed | Priest's Crown | 牧師之冠 Priest's-Crown | Puff-ball | Puffball | Swine Snout | Swine's Snout | Taraxacum dens-leonis | Taraxacum retroflexum | Tharakhchakon | Wet-a-Bed | White Endive | Wild Endive | Yellow-gowan |

象徵意義

撒嬌；忠誠；幸福；繁榮；祈望；求愛情的願望。

魔法效果

召喚精靈；占卜；神諭；淨化；古老的神諭；願望。

蒲公英花球

出發；愛的神諭；神諭；古老的神諭；精神魔法；期望的魔法；心想事成。

軼聞

在你房子的西北角埋一個蒲公英的花球，能夠帶來理想的風。有個奇怪的占卜是，如果你吹掉蒲公英花球上的種子，莖上殘留的種子數目，就是你剩下的壽命年數。此外，每吹掉一個蒲公英花球，你就會實現一個願望。如果要向你所愛的人發送訊息，請先在腦中想像你的訊息，然後朝他或她的方向吹散蒲公英花球。

No. 916

紅豆杉 Taxus ☠

| 紫杉 Yew |

象徵意義

榮譽感；幻象；不朽；自省；領導力；長壽；死亡；神祕；懺悔；力量；悔改；悲傷；聖潔；寂靜；悲傷；勝利；崇拜。

魔法效果

復活死者。

軼聞

中世紀時期，會在墓地中種植紅豆杉，因為人們相信它的根會向下生長並穿過死者的眼睛，這樣他們就不會看到生者的世界，並阻止他們以鬼魂的形式回到人間。

No. 917

所有植物的卷鬚 Tendrils of All Plants

象徵意義

綁住。

軼聞

所有植物的卷鬚都會綁住、抓住、拉扯、勾住，甚至穿過某些東西，這使得卷鬚充分表現了植物想要連結的內在力量。

No. 918

唐松草 Thalictrum

| 唐松草 Meadow Rue |

象徵意義

蓬勃發展。

魔法效果

占卜；愛意。

No. 919

可可 Theobroma cacao

| Cacahuatl | Cacao | Cocoa | Cocoa Tree | Kakaw |

象徵意義

眾神的食物；愛意；肉慾。

魔法效果

藝術；吸引力；美麗；友誼；餽贈；和諧；喜悅；愛意；喜樂；肉慾；藝術品。

軼聞

十九世紀到近代，在墨西哥的某些地區（例如猶加敦（Yucatán）半島），可可豆甚至可以做為貨幣使用。

No. 920

黃花夾竹桃 Thevetia peruviana ☠

| 靜止 Be-Still | Be-Still Tree | Cascabela peruviana | Cascabela thevetia | Cerbera linearifolia | Cerbera peruviana | Cerbera thevetia | Flor Del Peru | 幸運

果 Lucky Nut | Thevetia linearis | Thevetia neriifolia | Thevetia thevetia | 喇叭花 Trumpet Flower | 黃色夾竹桃 Yellow Oleander |

🌹 象徵意義
蛇的嘎嘎聲。

⚗ 魔法效果
運氣。

📖 軼聞
黃花夾竹桃全株有劇毒，尤其是種子，已經有許多人中毒的案例紀錄。斯里蘭卡的人會帶著有劇毒的種子，希望能夠變得很幸運。

No. 921

荊棘 (分枝)*Thorn (Branch)*

🌹 象徵意義
嚴謹；嚴格；真誠。

⚗ 魔法效果
保護。

📖 軼聞
當靠近任何有刺的植物時，請小心謹慎地行事。

No. 922

荊棘 (常青)*Thorn (Evergreen)*

🌹 象徵意義
逆境中的慰藉。

⚗ 魔法效果
保護。

📖 軼聞
當靠近任何有刺的植物時，請小心謹慎地行事。

No. 923

崖柏 *Thuja* ☠

| 側柏樹 Arbor vitae | Arborvitae | 生命之樹 Tree of Life |

🌹 象徵意義
永恆的友誼；友誼；為我而活；真正的友情；不變；不變的情意；不變的友誼。

⚗ 魔法效果
放逐；淨化；驅魔；福氣；健康；幸福；和諧；康復；公正；運氣；錢；和平；保護；精神力量；釋放；富有。

No. 924

翼葉山牽牛 *Thunbergia alata* ☠

| 黑心金光菊 Black-eyed Susan | 黑眼蘇珊藤 Black-eyed Susan Vine | 時鐘藤 Clockvine | Clock Vine | Endomelas alata | Flemingia | Hexacentris | 橘鐘藤 Orange Clock Vine | Thunbergia | Thunbergias |

🌹 象徵意義
長了翅膀。

📖 軼聞
翼葉山牽牛最經典的就是以其鮮豔的橙黃色花瓣和中心深到近乎黑色、棕紫色的斑點而聞名，翼葉山牽牛還有異常特別濃密的顏色，例如白色、黃色、粉紅色和橘色。

No. 925

百里香 *Thymus vulgaris*

| Common Thyme | 英國野生百里香 English Wild Thyme | 花園百里香 Garden Thyme | 百里香 Thyme |

🌹 象徵意義
行動；活動；喜愛；勇敢；勇氣；大膽；死亡；優雅；活力；保證睡眠；幸福；康復；健康；愛；精神力量；淨化；安穩的睡眠；睡眠；力量；敏捷動作；節儉。

⚗ 魔法效果
看到仙女的能力；催情劑；吸引力；美麗；勇氣；友誼；餽贈；和諧；療癒；健康；無法抵擋；喜悅；愛意；喜樂；通靈能力；淨化；肉慾；睡眠；藝術品。

T

因為百里香是中世紀時期的勇敢與勇氣的象徵，所以十字軍東征時，騎士身上的圍巾或長袍上面繡有百里香美麗的小枝圖案，相當常見。在古希臘，百里香會被燒成香來淨化他們的寺廟。曾有人認為，如果一個女人在她的頭髮裡綁上一株百里香，她會變得讓人無可抗拒。百里香曾被用於花束中，以抵禦疾病，並幫助掩蓋任何遇到的難聞氣味。放在枕頭下的百里香，據說可以用來驅趕噩夢。百里香曾經被男男女女在日常工作和生活中佩戴著，以抵禦負面能量和邪惡。百里香被認為是仙女的家，以及她們跳舞的地方。佩戴一株百里香，可以保持身體健康。戴上一株百里香就能看到仙女。埋葬共濟會成員時，請將百里香扔進他的墳墓。每年春天，都可以將百里香和甜馬鬱蘭的葉子碾碎加入水中沐浴，有淨化作用，能散發香氣，清除過去的所有疾病和悲傷。

No. 926

巴西野牡丹 *Tibouchina semidecandra*

| 榮耀灌木 Glory Bush | Lasiandra | 公主花 Princess Flower |

🌹 **象徵意義**

極其美麗；榮耀。

📖 **軼聞**

由於枝條脆弱，巴西野牡丹無法在強風地區生存。

No. 927

椴樹 *Tilia*

| 椴木 Basswood | Lime | 洋菩提 Lime Tree | 菩提樹 Lime-Tree | Linden | Linnflowers | Tilia |

🌹 **象徵意義**

夫妻感情；夫妻之愛；愛；運氣；婚姻；婚姻生活。

🌿 **椴樹枝**

夫妻之愛。

⚱️ **魔法效果**

不朽；愛意；運氣；預防中毒；保護；睡眠。

📖 **軼聞**

一般相信，在口袋裡放幾片椴樹的葉子可以防止中毒。椴木可以用來刻成幸運符。

No. 928

松蘿菠蘿 *Tillandsia usneoides*

| 空氣鳳梨 Air Plant | 西班牙苔癬 Spanish Moss |

🌹 **象徵意義**

無根。

⚱️ **魔法效果**

保護。

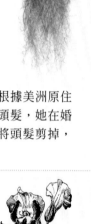

📖 **軼聞**

松蘿菠蘿已被用來填充巫毒娃娃。根據美洲原住民的傳說，松蘿菠蘿是一位公主的頭髮，她在婚禮當天被敵人殺害後，悲痛的新郎將頭髮剪掉，掛在樹枝上讓風吹拂。

No. 929

蝴蝶草 *Torenia*

| 藍翼 Blue Wings | Bluewings | 小丑花 Clown Flower | Nanioola'a | Ola'a beauty | 夏堇 Wishbone Flower |

🌹 **象徵意義**

許願。

📖 **軼聞**

蝴蝶草的兩根雄蕊相互對立，並在花的中間相遇，外型有點像是叉骨。蝴蝶草兩側的花瓣通常是藍色的，所以得名「藍翼」。

No. 930

大花鴨跖草 *Tradescantia ohiensis* ☠️

| 蜘蛛草 Common Spiderwort | 蜘蛛百合 Spider Lily | Spider Wort | Spiderwort |

🌹 **象徵意義**

尊重但不愛；愛意。

魔法效果
愛意。

軼聞
美洲原住民達科塔印第安人會帶著大花鴨跖草求愛。

No. 931
圓葉鴨跖草 *Tradescantia virginiana* ☠

| 維吉尼亞蜘蛛草 Virginia Spiderwort | Virginian Spiderwort |

象徵意義
一瞬即逝的幸福；短暫的幸福。

魔法效果
愛意。

No. 932
三葉草 *Trifolium*

| Clover | Honey | Honeystalks | Shamrock | 三葉草 Three-Leaved Grass | Trefoil | Trifoil |

象徵意義
家庭美德；生育力；報復。

魔法效果
奉獻；驅魔；忠實；幸運；愛意；金錢；保護；成功。

軼聞
如果你失戀了，用藍色絲帶綁著三葉草放在心上，可以幫你撐過去。或者你也可以把三葉草放在右胸前。三葉草很適合新娘和新郎在婚禮當天放進鞋子裡，如果是四葉草就更好！德魯伊人認為三葉草是相當神聖的魔法植物。對他們來說三葉草象徵著大地、大海和天空，這就是為什麼所有的咒語都要重複三遍。把三葉草放進你的左鞋裡，以防止邪惡。

No. 933
紅菽草 *Trifolium pratense*

| Beebread | Broadleafed Clover | Cleaver Grass | Clover | 牛草 Cow Grass | 忍冬三葉草 Honeysuckle Clover | Marl Grass | Meadow Clover | Peavine Clover | 紫色三葉草 Purple Clover | 紅色三葉草 Red Clover | Trefoil | 野生三葉草 Wild Clover |

象徵意義
產業；我保證；有遠見；報復。

魔法效果
奉獻；驅魔；忠實；愛意；金錢；保護；成功。

軼聞
如果你失戀了，用藍色絲帶綁著紅菽草放在心上，可以幫你撐過去。或者你也可以把紅菽草放在右胸前。紅菽草很適合新娘和新郎在婚禮當天放進鞋子裡，如果是四葉草就更好！德魯伊人認為紅菽草是相當神聖的魔法植物。對他們來說紅菽草象徵著大地、大海和天空，這就是為什麼所有的咒語都要重複三遍。簽任何金融合約時，請佩戴紅菽草。

No. 934
白三葉草 *Trifolium repens*

| 荷蘭白三葉草 Dutch White Clover | 聖派翠克藥草 Saint Patrick's Herb | Seamroq | Seamroy | Shamrock | 三葉草 Three-Leaved Grass | White Clover | White Shamrock |

象徵意義
我保證；輕鬆愉快；承諾；想起我。

🏺 魔法效果

幸運；美滿的婚姻；快樂；婚姻長久和幸福吉祥；繁榮；保護；陽剛之氣。

📖 軼聞

如果你失戀了，用藍色絲帶綁著白三葉草放在心上，可以幫你撐過去。或者你也可以把白三葉草放在右胸前。傳說在五世紀時，聖派翠克用白色三葉草來教導基督徒何謂三位一體的概念。從中世紀開始，白三葉草就被視為三位一體的象徵。三葉草也被用作婚禮中愛情的象徵。很適合新娘和新郎在婚禮當天放進鞋子裡，如果是四葉草就更好！德魯伊人認為白三葉草是相當神聖的魔法植物。對他們來說白三葉草象徵著大地、大海和天空，這就是為什麼所有的咒語都要重複三遍。在負能量強烈的區域撒白三葉草，以打破詛咒。如果你身上有一個咒語，可以戴上白三葉草來打破這個詛咒。

No. 935
葫蘆巴 *Trigonella foenum-graecum*

| Abesh | Bockshornklee | Bockhornsklöver | Fenugreek | Halba | Hilbeh | Holba | Methi | Menthya | Menti | Methya | Ram's Horn Clover | Shanbalîleh | Uluhaal | Uluva | Vendayam |

🌹 象徵意義

成長；轉變；年少。

🏺 魔法效果

金錢；繁榮；財富。

📖 軼聞

將錢帶進家中的一個簡單方法是，在拖地的水中加入葫蘆巴的種子。葫蘆巴曾被認為能夠將老人變回年輕人。

No. 936
延齡草 *Trillium*

| Beth | Beth Root | Indian Root | Painted Lady | Painted Trillium | Trillium erectum | Trillium pictum | Trillium undulatum | Trille Ondulé | 真愛 True Love |

🌹 象徵意義

謙虛的美。

🏺 魔法效果

愛意；運氣；金錢。

No. 937
異簷花 *Triodanis perfoliata*

| Clasping Bellflower | Clasping Venus' Looking Glass | Legousia perfoliata | 穿葉異簷花 Specularia perfoliata |

🌹 象徵意義

失去真愛。

📖 軼聞

異簷花是一年生的植物，整個夏天都會持續開花。

No. 938
莛子藨 *Triosteum*

| Fever Root | Feverwort | Horse Gentian | Late Horse Gentian | Tinker's Root |

🌹 象徵意義

延遲。

📖 軼聞

麻薩諸塞州已將野生的莛子藨列入「瀕危植物」名單。

No. 939
智利長生草 *Triptilion spinosum*

| Chilean Siempreviva |

🌹 象徵意義

行事謹慎。

🔖 軼聞
智利長生草會開出一團亮藍色小花，中心為鮮黃色。

No. 940

小麥 *Triticum*

| Wheat |

🌀 象徵意義

友善；繁榮；富有；財富；財富與繁榮；你
會很有錢。

🔮 魔法效果

生育力；金錢。

📖 軼聞

帶著或佩戴小麥來提升生育力。在家裡放一捆小麥
會吸引金錢。

No. 942

鬱金香 *Tulipa*

| Lale | Lâleh | 黃金罈 Pot of Gold | Tulip | Tulipan |
Tulipant |

🌀 象徵意義

絕對的浪漫；愛的宣言；愛人的心因激情而加
深；調整；進步；超然；傲慢的；抱負；慈善；決
心；夢幻；優雅和恩典；名氣；想像力；重要性；
情慾；聲名狼藉；機會；完美的情人；復活；浪
漫；肉慾；精神意識；春天；虛榮；財富；瘋狂
猜測。

🎨 花色的意義：橙色：我被你迷住了。

🎨 花色的意義：粉紅色：我完美的情人。

🎨 花色的意義：紫色：永恆的愛。

🎨 花色的意義：紅色：相信；相信我；慈善；愛
的宣言；名氣；不可抗拒的愛；信任；不朽的愛。

🎨 花色的意義：白色：寬恕；文學處女作；真
誠；處女。

🎨 花色的意義：黃色：無望的愛；沒有和解的
機會；我的笑容裡有陽光。

🎨 花色的意義：雜色：美麗的眼睛；形象魔術；
一雙炯炯有神的眼睛；你有漂亮的眼睛。

No. 941

旱金蓮 *Tropaeolum*

| 旱金蓮 Indian Cress | Nasties | Nasturtium |

🌀 象徵意義

慈善；征服；母愛；父愛；愛國主義；辭職；輝煌；
戰鬥勝利；戰利品。

🔮 魔法效果

知識；保護；靈視；投胎；研究；解開糾結。

魔法效果

愛意；繁榮；保護。

軼聞

帶著鬱金香可以對抗惡運和貧窮。

No. 943

鬱金香 *Tulipa gesneriana*

| Common Tulip | Didier's Tulip | Tulipa didieri | Tulipa suaveolens |

象徵意義

愛的宣言。

魔法效果

豐裕；催情劑；聲望；愛意；運氣。

軼聞

在中世紀，鬱金香非常昂貴，被認為比珠寶更有價值。因為普通人根本買不起一顆球莖，所以很少有關鬱金香的民間傳說。將鬱金香花放在廚房的花瓶中，以吸引大量的好物進入家中。

No. 944

達米阿那 *Turnera diffusa* ☠

| 透納樹 Damiana | 墨西哥透納樹 Mexican Damiana |

象徵意義

死亡；精疲力竭。

魔法效果

催情劑；占卜；幻夢；愛意；情慾；通靈能力；性愛意魔法；願景。

軼聞

在美國路易斯安那州，禁止摘取、散播和種植達米阿那的任何部分。

No. 945

款冬 *Tussilago farfara*

| Ass's Foot | 英國菸草 British Tobacco | 牛腳 Bull's Foot | Butterbur | Coltsfoot | Coughwort | Farfara | Foal's Foot | Foalswort | 馬腳 Horse Foot | Pas d'Ane | Sponnc | Tash Plant | Tussilago | Tussilago farfara| Winter Heliotrope |

象徵意義

公正；正義終得伸張；你的正義終得伸張；愛意；母愛；政治權力。

魔法效果

療癒；愛意；繁榮；靈視；願景；財富。

軼聞

把款冬放進小包包能夠為你帶來平靜。

No. 946

寬葉香蒲 *Typha latifolia*

| Balangot | Broadleaf Cattail | Bullrush | Bulrush | 貓尾 Cat Tail | Cat-O'-Nine-Tails | Cat's Tail | Cats Tail | Cattail | Common Bulrush | Common Cattail | Cooper's Reed | Cumbungi | Espadaña Común | Great Reedmace | Ibhuma | Piriope | Punk | Roseau des Étangs | Tabua | Tabua-larga | Totora | Tule espidilla | Tule-reed | Typha |

象徵意義

馴服；獨立；輕率；和平；繁榮。

魔法效果

情慾。

軼聞

想要享受性愛，但未獲滿足的女性應該整天帶著寬葉香蒲作為護身符，讓未來能更加享受。

No. 947
荊豆 *Ulex*

| Broom | 荊豆 Common Gorse | Frey | Furse | Furze | Fyrs | Gorse | Gorst | Goss | Prickly Broom | Ruffet | Whin |

◎ 象徵意義
憤怒;親情;獨立;產業;聰明;各種場合的愛;四季的愛;光;活力。

⚗ 魔法效果
金錢;保護。

📖 軼聞
威爾斯所種植的荊豆樹樹籬,本來是為了防止精靈之用,因為精靈無法穿越多刺的灌木。

No. 949
滑榆樹 *Ulmus rubra* ☠

| 灰榆樹 Gray Elm | 印地安榆樹 Indian Elm | Moose Elm | 紅榆樹 Red Elm | Slippery Elm | 軟榆樹 Soft Elm | Ulmus americana rubra | Ulmus crispa | Ulmus dimidiata | Ulmus fulva | Ulmus pinguis | Ulmus pubescens |

◎ 象徵意義
獨立。

⚗ 魔法效果
停止八卦。

No. 948
榆樹 *Ulmus* ☠

| 美國榆樹 American Elm | 榆樹 Elm | Elven | 英國榆樹 English Elm | 歐洲山榆樹 European Elm | 水榆樹 Planera aquatica | 美國榆樹 Ulmus americana | 水榆樹 Water Elm | 白榆樹 White Elm | Zelkova |

◎ 象徵意義
尊嚴;尊嚴與優雅;愛國主義。

⚗ 魔法效果
愛意;保護。

📖 軼聞
榆樹是小精靈最喜歡的樹。帶著一片榆樹的樹皮或樹葉,以吸引愛情。

No. 950
異株蕁麻 *Urtica dioica* ☠

| 刺蕁麻 Bull Nettle | Burning Nettle | Burning Weed | California Nettle | Common Nettle | Fire Weed | Jaggy Nettle | Nettle | Ortiga Ancha | Slender Nettle | Stinging Nettle | Tall Nettle | Urtica breweri | Urtica californica | Urtica cardiophylla | Urtica dioica | Urtica lyalli | Urtica major | Urtica procera | Urtica serra | Urtica strigosissima | Urtica trachycarpa | Urtica viridis |

◎ 象徵意義
殘酷;誹謗。

⚗ 魔法效果
野心;態度;吸引力;美麗;清楚的思考;驅魔;友誼餽贈;和諧;療癒;更高的理解;喜悅;邏輯;愛意;情慾;物質形式的顯化;喜樂;保護;肉慾;靈性觀;藝術品;思考過程。

📖 軼聞
用小袋子帶著異株蕁麻能夠移除詛咒,並將詛咒反彈回原來的地方。

No. 951
北方高叢藍莓 *Vaccinium corymbosum*
| 山桑子 Bilberry | 藍莓 Blueberry |

◎ 象徵意義
禱告者。

🏺 魔法效果
應用知識;靈界;控制底層的原則;找到失物;對抗邪惡;保護;保護你不被精神攻擊;再生;不再憂鬱;肉慾;揭開祕密;勝利。

📖 軼聞
在門前的墊子下放一些北方高叢藍莓,可以避免邪惡、不好的人和負面能量進入家裡。

No. 952
黑果越橘 *Vaccinium myrtillus*
| 山桑子 Bilberry | Black- Hearts | 覆盆子 Blaeberry
| Blue Whortleberry | Common Bilberry | Fraughan |
Ground Hurts | Hurtleberry | Hurts
| Myrtle Blueberry | Whinberry |
Whortleberry | Wimberry | Winberry
| Windberry |

◎ 象徵意義
背信忘義;背叛。

🏺 魔法效果
破解詛咒;夢幻魔法;破解詛咒;運氣;保護 。

📖 軼聞
黑果越橘葉會帶來幸運、阻擋邪惡,以及破除詛咒。

No. 953
紅莓苔子 *Vaccinium oxycoccus*
| Common Cranberry | 蔓越莓 Cranberry | Cranberry Plant |

◎ 象徵意義
愛意;感情關係;性生活;性關係;性感 。

🏺 魔法效果
治療心痛。

No. 954
小葉越橘 *Vaccinium parvifolium*
| 越橘莓 Huckleberry | 紅越橘莓 Red Huckleberry |

◎ 象徵意義
信念;簡單的休閒。

🏺 魔法效果
破除詛咒;夢幻魔法;運氣;保護。

No. 955
網狀越橘 *Vaccinium reticulatum*
| 夏威夷藍莓 Hawaiian Blueberry | Ohelo | Ohelo ai
| Vaccinium berberidifolium | Vaccinium pahalae |
Vaccinium peleanum |

◎ 象徵意義
屬於女神佩蕾 。

🏺 魔法效果
療癒。

📖 軼聞
夏威夷人認為網狀越橘的果實非常神聖,以至於在吃任何的果實之前,他們會將一些漿果扔進火山中,作為對女神佩蕾的祭品,否則會有可怕的後果。

金合歡 Vachellia farnesiana

| Acacia acicularis | Acacia farnesiana | Acacia indica | Acacia lenticellata | Acacia minuta | Aroma | Cascalotte | Casha | Casha Tree | Cashaw | Cashia | Cassia | Cassic | Cassie | Cassie Flower | Cassie-Flower | Cuntich | Cushuh | Dead Finish | 艾靈頓的詛咒 Ellington's Curse | Farnese Wattle | Farnesia odora | Farnesiana odora | Honey-ball | Huisache | Iron Wood | Mealy Wattle | Mimosa acicularis | Mimosa Bush | Mimosa farnesiana | Mimosa indica | Mimosa suaveolens | Mimosa Wattle | 針灌木 Needle Bush | North-West Curara | Opoponax | Pithecellobium acuminatum | Pithecellobium minutum | Popinac | Poponax farnesiana | Prickly Mimosa Bush | Prickly Moses | Sheep's Briar | Sponge Wattle | 甜相思樹 Sweet Acacia | Sweet Briar | Texas Huisache | Thorny Acacia | Thorny Feather Wattle | Wild Briar |

象徵意義
愛變少了；讓我們忘了吧；詩歌。

魔法效果
豐裕；進展；商業交易；警告；聰明；溝通；意志；創造力；能量；信念；友誼；成長；療癒；啟蒙；啟動；智力；喜悅；領導力；學習；生命；光；愛意；回憶；自然的力量；預知夢；保護；謹慎；淨化；科學；自我保護；正確的判斷；成功；偷竊；智慧。

纈草 Valeriana officinalis

| All-Heal | Amantilla | Bloody Butcher | Capon's Trailer | 貓纈草 Cat's Valerian | Common Valerian | English Valerian | 香纈草 Fragrant Valerian | 花園天芥菜 Garden Heliotrope | 花園纈草 Garden Valerian | Phu | 紅纈草 Red Valerian | 聖喬治藥草 Saint George's Herb | Set Well | St. George's Herb | Valerian | Vandal Root |

象徵意義
隨和的性格；靈巧；好性格。

魔法效果
應用知識；靈界；控制底層的規則；找到失物；愛意；戰勝邪惡；保護；淨化；再生；不再憂鬱；肉慾；睡眠；揭開祕密；勝利。

軼聞
在家中掛上纈草以防止雷擊。在枕頭下放一株纈草，可以作為助眠劑。如果一個女人戴著一株纈草，男人會跟著她。將纈草放在一對吵架的夫婦的房間裡，會平息他們的分歧。纈草放在窗戶下可以驅邪。

折瓣花 Vancouveria hexandra

| American Barrenwort | 鴨掌 Duck's Foot | Inside-Out Flower | Northern Inside-Out Flower | Rökblad | Vancouveria brevicula | Vancouveria parvifolia | Vancouveria picta | White Inside-Out Flower |

象徵意義
重組。

軼聞
當你把折瓣花的中心點向前推，花瓣會往後，讓花的內面向外露出來，像是一頂雨傘一樣。在西北太平洋野生的折瓣花看似嬌嫩，卻是一種強韌的植物，很少受到病蟲害。

香莢蘭 Vanilla planifolia

| Banilje | Bourbon Vanilla | Flat-leaved Vanilla | 馬達加斯加 Madagascar Vanilla | Tlilxochitl | Vanilla aromatica | Vanilla fragrans | 香草蘭 Vanilla Orchid |

象徵意義
優雅；清白；純潔。

魔法效果
能量；愛意；情慾；神智清醒；精神力。

軼聞
香莢蘭會在花苞完全長成之後才開花，凌晨開花，下午就會闔上，就不會再打開。如果香莢蘭沒有被某種蜜蜂或蜂鳥授粉，或者人工授粉，花就會掉落。香莢蘭的果實被誤稱為「豆」，實際

上需要八到九個月的時間才能成熟。香莢蘭的香味據說能夠引起情慾。帶著一粒香莢蘭的果實，能讓頭腦清醒，並增強精力。

No. 960
毛蕊花 Verbascum

| Aaron's Rod | 毛毯葉 Blanket Leaf | Candlewick Plant | Clot | Doffle | Feltwort | Flannel Plant | Hag's Tapers | Hedge Taper | Jupiter's Staff | 毛地黃 Lady's Foxglove | Mullein | Old Man's Fennel | Peter's Staff | Shepherd's Club | Shepherd's Herb | Torches | Velvet Plant | Velvetback | White Mullein |

🏵 象徵意義
本性善良。

⚗ 魔法效果
召喚靈魂；勇氣；占卜；驅魔；健康；愛意；保護。

📖 軼聞
如果佩戴著毛蕊花，可以給予勇氣和吸引愛情。睡在塞滿毛蕊花的枕頭上以抵抗噩夢。在印度，毛蕊花被認為是抵禦魔法和邪惡力量最強的植物，並能有效驅除負面能量與魔鬼，因此建議經常佩戴或帶在身上，並將毛蕊花掛在門窗上。奧札克山區的年輕人曾經使用的一種愛情占卜是，找到一株活的毛蕊花，將毛蕊花彎向他所愛的對象。如果女孩還愛他，那麼毛蕊花就會重新長起來。如果她愛另一個人，這朵花就會死。

No. 961
黃毛蕊花 Verbascum arcturus

| Celsia cretica | Cretan Mullein | 大花塞耳夏草 Great Flowered Celsia |

🏵 象徵意義
不朽。

⚗ 魔法效果
勇氣；詛咒；招魂；愛意；避免噩夢；避免巫術；避開野生動物。

📖 軼聞
帶著黃毛蕊花以獲得勇氣。帶著黃毛蕊花以吸引

愛情。在身體前方與後方都帶著黃毛蕊花以避開野生動物。

No. 962
馬鞭草 Verbena officinalis

| Bijozakura | Blue Vervain | Brittanica | Common Verbena | Common Vervain | Devil's Bane | Echtes Eisenkraut | Enchanter's Plant | 恩典藥草 Herb of Grace | 十字架藥草 Herb of the Cross | 聖藥草 Holy Herb | IJzerhard | Juno's Tears | Laege-Jernurt | 蚊子草 Mosquito Plant | Pigeon's Grass | Pigeonwood | Rohtorautayrtti | Simpler's Joy | Tears of Isis | The Vervain | 旅人的喜悅 Traveler's Joy | Traveller's Joy | Van-Van | Verbena | Verbena domingensis | Verbena macrostachya | Vervain | Vervan | Wild Hyssop | Zelezník Lekársky |

🏵 象徵意義
能力；美麗；貞潔；合作；魅力；康復；黑暗中的希望；激發藝術性；激發創造力；灌輸對學習的熱愛；愛；錢；和平；為我祈禱；問題；休息；安全；防護；感性；靈敏度；你讓我著迷，青春。

🎨 花色的意義：粉紅色：家庭和諧。

🎨 花色的意義：紫色：我很抱歉；我為你哭泣；後悔。

🎨 花色的意義：猩紅色：教會合一；團結起來反對邪惡。

🎨 花色的意義：白色：為我祈禱。

⚗ 魔法效果
神聖的力量；神聖的奉獻；魅力；女性力量；康復；愛；錢；和平；保護；遠離吸血鬼；防止巫術；預防抑鬱症；防止負面情緒；淨化；過度熱情的解方；擊退惡意；排除消極情緒；驅除吸血鬼；擊退女巫；睡眠；巫術；超自然力量；婦女的力量；青春。

📖 軼聞
有傳說認為，當耶穌從十字架上被取下來後，用了馬鞭草來止血。在古羅馬，馬鞭草會被捆起來

當掃帚，然後用來掃祭壇。帶著一株馬鞭草作為護身符。在家中使用馬鞭草，能夠抵抗具破壞力的風暴和閃電。在家裡散佈馬鞭草，讓室內安寧。種植馬鞭草以鼓勵其他植物大量繁殖。帶著一株馬鞭草，以永保青春。馬鞭草放在床下或枕頭下，可以防止做惡夢。要確定是否有人偷了你的東西，請戴上一株馬鞭草，然後詢問他們是否做了你懷疑的事情。

No. 963

石蠶葉婆婆納 *Veronica chamaedrys*

| 阿拉伯婆婆納 Bird's Eye Speedwell | Bird's-eye Speedwell | Germander Speedwell | Männertreu |

🌹 象徵意義
靈巧；忠實。

📖 軼聞
在十八世紀的英國，人們普遍認為石蠶葉婆婆納可以治癒痛風，因此差點消滅了這種植物。

No. 964

穗花婆婆納 *Veronica spicata*

| Spiked Speedwell |

🌹 象徵意義
表相。

📖 軼聞
1975 年時，穗花婆婆納成為英國受保護的植物。

No. 965

歐洲莢蒾 *Viburnum opulus*

| Cramp Bark | 歐洲蔓越莓灌木 European Cranberrybush | Guelder Rose | 雪球樹 Snowball Tree | Water Elder |

🌹 象徵意義
年齡；牽絆；厭倦；良善；好消息；天堂之旅；天堂的想法；週二的花；冬天；保持年輕。

📖 軼聞
歐洲莢蒾以各種形式出現在烏克蘭的民俗藝術、音樂和詩歌中。歐洲莢蒾的形象最早可以追溯到早期斯拉夫宗教。

No. 966

地中海莢迷 *Viburnum tinus*

| Laurestine | Laurustinus | Laurustinus Viburnum | Tinus lauriformis | Tinus lucidus | Viburnum hyemale | Viburnum lauriforme | Viburnum rigidum | Viburnum rugosum | Viburnum strictum |

🌹 象徵意義
代幣；細心關注；如果被忽略的話，我會死。

🧪 魔法效果
深呼吸；專注；冥想；緩解疼痛；緩解身體不適；世界之間的通道；放鬆。

No. 967

大巢菜 *Vicia nigricans gigantea* ☠️

| Black Vetch | Giant Vetch |

🌹 象徵意義
忠實。

🧪 魔法效果
忠實。

No. 968

救荒野豌豆 *Vicia sativa* ☠️

| 野豌豆 Common Vetch | Faba | Garden Vetch | Tare | Vetch |

V

🏵 象徵意義

我依附於你；害羞；副手。

📖 軼聞

救荒野豌豆是一種開花草本植物，對放牧動物的養分至關重要。救荒野豌豆的碳化證據，在敘利亞、土耳其、保加利亞、匈牙利和斯洛伐克的多個地點都有發現，其歷史可以追溯到新石器時代。大黃蜂負責對救荒野豌豆進行異花授粉。

No. 969
錦蔓長春 *Vinca major* ☠

| 大葉蔓長春花 Big Leaf Periwinkle | Bigleaf Periwinkle | 藍色蔓長春花 Blue Periwinkle | Great Blue Periwinkle | Greater Periwinkle | Large Periwinkle | Vinca major variegata |

🏵 象徵意義

久遠的依附；久遠的友誼；久遠的愛情；久遠的回憶；教育；回憶；金錢；快樂的記憶；保護；往事；甜美的記憶；甜美的回憶；溫柔的回憶。

🏺 魔法效果

愛意；情慾；神智清醒；精神力；保護。

No. 970
小蔓長春花 *Vinca minor* ☠

| 藍鈕釦 Blue Buttons | Centocchiio | Common Periwinkle | Creeping Myrtle | 魔鬼之眼 Devil's Eye | 百眼 Hundred Eyes | Joy on the Ground | Lesser Periwinkle | Myrtle | Periwinkle | 小蔓長春花 Small Periwinkle | 巫師紫羅蘭 Sorcerer's Violet |

🏵 象徵意義

值得嚮往的；早期回憶；教育；回憶；錢；回憶的快樂；甜蜜的回憶；溫柔的回憶。

🎨 花色的意義：藍色：早期依戀；早年友誼。

🎨 花色的意義：白色：令人愉快的回憶；回憶的樂趣。

🏺 魔法效果

抑制負能量；愛意；情慾；神智清醒；保護。

📖 軼聞

人們相信，如果你凝視小蔓長春花，你失去的記憶會回到身邊。

No. 971
藤蔓 *Vine*

🏵 象徵意義

連結；酒醉；心意自由飛馳；友誼；成長；陶醉；機會；更新。

No. 972
菫菜 *Viola* ☠

| Heartsease | Pansy | 紫羅蘭 Violet |

🏵 象徵意義

情感；藝術力；忠誠；忠實；誠實；忠心；謙虛；簡約；想起我；思想；深思熟慮的回想；美德。

🏺 魔法效果

平息脾氣；占卜；催眠；愛意；心理敏感。

No. 973
紫羅蘭 *Viola alba* ☠

| 白色紫羅蘭 White Violet |

🏵 象徵意義

坦率；衝動的愛；純真；讓我們抓住幸福的機會；謙虛；純潔。

V

🏺 魔法效果

療癒；愛意；運氣；情慾；和平；保護；祈望。

No. 974

香菫菜 *Viola odorata* ☠

| Banafsa | Banafsha | Banaksa | 藍色紫
羅蘭 Blue Violet | Common Violet | 英
國紫羅蘭 English Violet | 花園
紫羅蘭 Garden Violet | 甜紫羅蘭
Sweet Violet |

◉ 象徵意義

謙虛。

🏺 魔法效果

吸引力；美麗；友誼；餽贈；和諧；療癒；喜悅；愛
意；運氣；情慾；和平；喜樂；保護；肉慾；藝術
品；祈望。

📖 軼聞

帶著香菫菜能夠避邪。帶著香菫菜以求好運。人們
相信，如果你在春天採下第一株香菫菜的時候許
願，它就會成真。

No. 975

毛狀紫羅蘭 *Viola pubescens* ☠

| Downy Yellow Violet | 黃色紫羅蘭 Yellow Violet |

◉ 象徵意義

謙遜的價值；珍貴的價值；鄉村的幸福。

🏺 魔法效果

療癒；愛意；運氣；情慾；和平；保護；祈望。

No. 976

藍菫菜 *Viola sororia* ☠

| 藍色紫羅蘭 Blue Violet | Common Blue Violet |
Common Meadow Violet | Hooded Violet | 紫
色紫羅蘭 Purple Violet | Viola papillionacea |
Wood Violet | Woolly Blue Violet |

◉ 象徵意義

忠誠。

🏺 魔法效果

吸引力；美麗；友誼；餽贈；和諧；療癒；喜悅；
愛意；運氣；情慾；和平；喜樂；保護；肉慾；藝
術品；祈望。

No. 977

三色菫 *Viola tricolor* ☠

| Banwort | Banewort
| 鳥眼 Bird's Eye |
Bonewort | Bouncing
Bet | Bouncing Betty
| Dolly Flower | Field
Pansy | 花園紫羅蘭
Garden Violet | Heart's
Ease | Horse Violet
| Johnny Jump Up |
Johnny Jumper | 在花
園門口吻我 Kiss-Me-at-the-Garden-Gate | 女士的
愉悅 Lady's Delight | 小繼母 Little Stepmother | 愛
的偶像 Love Idol | Love-in-Idleness | Loving Idol |
在入口見我 Meet-Me-in-the-Entry | Monkeyflower |
Pansy | Pansy Violet | Pensee | Pied Heart-Ease | 繼
母 Stepmother | Tickle-My-Fancy | Tittle-My-Fancy |
Viola arvensis | 野生三色菫 Wild Pansy |

◉ 象徵意義

關懷；快樂；對已逝之人愛與仁慈的回憶；勿忘
我；回憶；歡樂；回響；銘記；浪漫的思念；想起
我；思想；團結；一致；我想念你；你佔據了我
的思念。

🏺 魔法效果

占卜；愛意；愛情符咒；愛的占卜；雨之魔法

📖 軼聞

三色菫是凱爾特人愛情魔藥中常見的成分。三
色菫的心形花瓣各自分開，被認為能夠治癒一
顆破碎的心。在世界上的許多地方，三色菫在
情人節與愛情緊密連結，戀人經常互相送三色
菫給彼此。有種迷信是，如果你在仍被露水浸濕
的情況下採下三色菫，則會導致親人死亡，並
且會持續哭泣直到下個滿月。佩戴或帶著三色
菫來吸引愛情。為了將愛帶入你的生活，請在
花園中以心形排列種植三色菫。如果這些三色
菫隨後順利長大，愛也會跟著成長。

No. 978
小麥仙翁天使 *Viscaria oculata*

| Catchfly | German Catchfly | Lychnis viscaria | 天堂玫瑰 Rose of Heaven |

◎ 象徵意義
邀請；你願意跟我跳支舞嗎？

📖 軼聞
小麥仙翁天使整個夏天都會開著亮紅色花朵。

No. 979
槲寄生 *Viscum album* ☠

| All-Heal | Common Mistletoe | European Mistletoe | Golden Bough | 聖木 Holy Wood | Mistletoe | Thunderbesom |

◎ 象徵意義
情感；困難；給我一個吻；打獵；我克服了困難；我超越一切；吻我；尋找；愛；需要克服的障礙；要克服困難。

🏺 魔法效果
驅魔；生育力；療癒；健康；打獵；愛意；保護。

📖 軼聞
古希臘人相信槲寄生具有神祕的力量。槲寄生是所有歐洲民間信仰中最神奇的植物之一，因為槲寄生被認為能夠用來治療疾病、解毒、使牛群和羊群的數量增加、保護人們免受巫術的侵害、保護房屋免受鬼魂的侵害，甚至在需要時還能和鬼魂交流。一般認為，擁有槲寄生會帶來好運。古老的凱爾特人會掛起槲寄生以避邪，迎接新年。古代凱爾特人會將槲寄生掛在嬰兒的搖籃上，能保護孩子不被仙女偷走。在聖誕節期間，如果一個女孩站在槲寄生下，她不能被拒絕被親吻。如果她被拒絕，她在來年就無法結婚。

No. 980
穗花牡荊 *Vitex agnus-castus*

| 亞伯拉罕的香脂 Abraham's Balm | Chaste Berry | Chasteberry | Chaste Tree | 僧侶的胡椒 Monk's Pepper | Vitex |

◎ 象徵意義
冷漠；冷淡；無愛的生活。

🏺 魔法效果
催情劑。

No. 981
釀酒葡萄 *Vitis vinifera*

| 葡萄藤 Common Grape Vine | 葡萄 Grape | Vitis sylvestris |

◎ 象徵意義
慈善；生育力；啟蒙；不節制；仁慈；溫柔；精神力；金錢；鄉村的幸福。

🏺 魔法效果
生育力；花園魔法；神智清醒；精神力；金錢。

📖 軼聞
用釀酒葡萄裝飾花園的圍牆吧，以促進生育能力。

No. 982
苦郎樹 *Volkameria*

| Volkamenia | Volkameria aculeata |

◎ 象徵意義
祝你快樂。

📖 軼聞
有一種未經證實的傳說認為苦郎樹可以防止頭髮變白。

No. 983

紅緞花 *Warszewiczia coccinea*

| Chaconia | Pride of Trinidad and Tobago | 野生一品紅 Wild Poinsettia |

◎ 象徵意義
生命的不朽。

🗼 魔法效果
催情劑。

No. 984

有翅種子 Winged Seed (All)

◎ 象徵意義
信使。

No. 985

美國紫藤 *Wisteria frutescens* ☠

| American Wisteria |

◎ 象徵意義
愛；詩歌；保護；歡迎；年少。

🗼 魔法效果
年老而增加美感；撫慰；神聖的祝福；治癒悲傷；愛意；釋放壓力；柔軟；撫慰；智慧。

No. 986

紫藤 *Wisteria sinensis* ☠

| 中國紫藤 Chinese Wisteria |
Wistaria | Wisteria |

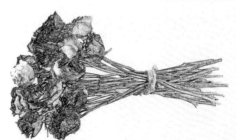

◎ 象徵意義
讓我們成為朋友；歡迎陌生人；你的友誼讓我很滿意。

🗼 魔法效果
克服阻礙；促進心理感受性；繁榮；增加共振。

No. 987

睡茄 *Withania somnifera* ☠

| Ajagandha | Amukkuram | Ashwagandha |
Ashwagandha Root | 印度人參
Indian Ginseng | Kanaje Hindi |
Physalis somnifera | Samm Al
Ferakh | 冬櫻桃 Winter Cherry |
Winter Cherry Herb |

◎ 象徵意義
騙局。

📖 軼聞
在梵文中，俗名「Ashwagandha」的意思是「馬的氣味」，充分描述了睡茄的味道。

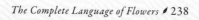

No. 988

乾枯的花束 Withered Flowers Bouquet

| Bouquet of Withered Flowers |

◎ 象徵意義
被拒絕的愛情。

No. 989

蒼耳 *Xanthium strumarium* ☠

| Clotbur | Common Cocklebur | Large Cocklebur | 蒼耳 Rough Cocklebur | Woolgarie Bur | Xanthium canadense | Xanthium chinese | Xanthium glabratum | Xanthium strumarium canadense | Xanthium strumarium glabratum | Xanthium strumarium strumarium |

🌹 象徵意義
頑固；魯莽。

📖 軼聞
祖尼人相信，蒼耳能保護他們免受仙人掌刺的傷害。

No. 990

乾花菊 *Xeranthemum annuum*

| 不朽的花朵 Immortal Flower | Xeranthemum |

🌹 象徵意義
不利條件下的開朗；逆境時的開朗；永恆；不朽；不朽的記憶。

⚗ 魔法效果
永久；不朽。

No. 991

絲蘭 *Yucca*

| Clistoyucca | 墓地的鬼魂 Ghosts in the Graveyard | Samuela | Sarcoyuccca | Yuca | Yucca |

🌹 象徵意義
忠誠；新機會；保護；純潔。

⚗ 魔法效果
保護；淨化；變化。

📖 軼聞
絲蘭常常可以在美國中西部的墓地中發現，當花朵盛開時，有如漂浮的幽靈或是「鬼魂」一般。將絲蘭的纖維撚成十字，然後放在房屋中央，可以保護房屋免受邪惡侵害。有些人相信，如果一個人跳過扭曲成一圈的絲蘭，他會神奇地變成一隻動物。

No. 992

鳳尾蘭 *Yucca gloriosa*

| Adam's Needle | Moundlily | Sea Islands Yucca | Soft -tipped Yucca | Spanish Bayonet | Spanish Dagger | Yucca |

🌹 象徵意義
患難之交；最好的朋友。

⚗ 魔法效果
移除魔咒；保護；淨化；變化。

No. 993

美鐵芋 *Zamioculcas zamiifolia* ☠

| Aroid Palm | Caladium zamiifolia | Emerald Palm | 永生樹 Eternity Plant | Fat Boy | 發財樹 Fortune Tree| Zamioculas lanceolata | Zamioculcas loddigesii | Zanzibar Gem | Zuzu Plant | ZZ Plant |

🌹 象徵意義
福氣；成長；穩定。

⚗ 魔法效果
福氣；運氣。

📖 軼聞
儘管在植物學上被列為「開花植物」，美鐵芋很少會開花。

No. 994

海芋 *Zantedeschia aethiopica* ☠

| Arum Lily | Calla aethiopica | 馬蹄蓮 Calla Lily | Colocasia aethiopica | 復活節百合 Easter Lily | 尼羅河百合 Lily of the Nile | Richardia aethiopica | Richardia africana | 喇叭百合 Trumpet Lily | Varkoor |

象徵意義
美麗；隨著時間流逝，增長的智慧與美麗；靈敏；女性之美；極為美麗；雄偉的美麗；謙虛；神氣十足；宗教；轉變與成長。

魔法效果
宗教宣言；悔改；靈性。

軼聞
海芋是世界上已知最古老的花卉之一。根據傳說，當夏娃和亞當離開伊甸園時，夏娃悲傷和悔恨的淚水在哪裡落下，哪裡就會長出海芋。

No. 995

白馬蹄蓮 *Zantedeschia albomaculata* ☠

| Arum Lily | Calla aethiopica | 馬蹄蓮 Calla Lily | Colocasia aethiopica | Easter Lily | 尼羅河百合 Lily of the Nile | Richardia aethiopica | Richardia Africana | Spotted Arum Lily |

象徵意義
熱情；貞潔；早逝；非常溫暖；情慾；性慾。

魔法效果
貞潔；宗教宣言；悔改；靈性。

軼聞
白馬蹄蓮與聖母瑪利亞的貞操有關。雖然白馬蹄蓮與貞潔聯繫在一起，羅馬人卻將這種花與性慾和情慾聯繫在一起，所以這種花用於新娘的婚禮花束，似乎是最合適的花材。

No. 996

竹葉花椒 *Zanthoxylum*

| Fagara | Hercules' Club | Ochroxylum | 花椒 Prickly Ash | Prickly-Ash | Xanthoxylum |

象徵意義
黃色的心。

魔法效果
愛意。

No. 997

玉米 *Zea mays*

| Corn | 生命的給予者 Giver of Life | Maize | Mealie | Mielie | Milho | 聖母 Sacred Mother | 種子中的種子 Seed of Seeds |

象徵意義
豐裕；吵架；富有

破裂的玉米：爭吵。

玉米穗：靈敏。

玉米梗：同意。

魔法效果
占卜；運氣；保護。

軼聞
有些人認為，將玉米穗放在嬰兒的搖籃中，可以保護嬰兒免受負面能量和力量的傷害。在鏡子上放一捆玉米外皮會給房子帶來好運。

No. 998

百日草 *Zeltnera beyrichii*

| Mountain Pink | 奎寧草 Quinine Weed | Rock Centaury |

象徵意義
有抱負。

魔法效果
增加魔力；擊退憤怒；擊退邪惡力量；抵抗魔咒；除去蛇。

No. 999

玉簾 *Zephyranthes*

| Andromeda | Atamasco Lily | 八月雨百合 August Rain Lily | Autumn Zephyr Lily | Fairy Lily | 魔法百合 Magic Lily | Peruvian Swamp-Lily | 雨百合 Rain Lily | 雨花 Rainflower | White Zephyr Lily | Zephyr Flower | Zephyr Lily |

象徵意義
期望；深情的擁抱；康復；愛；自我犧牲；疾病；真誠；悲哀；你能幫我嗎？

魔法效果
療癒；幫助；愛意。

No. 1000

棋盤花 *Zigadenus* ☠

| Death Camas | Deathcamas | Sandbog Deathcamas | 星百合 Star Lily |

象徵意義
致命的；死亡；毒藥；痛苦的死亡。

軼聞
根據觀察，蜜蜂接觸棋盤花之後，會不規律地飛行。

No. 1001

百日菊 *Zinnia*

| Crassina | Diplothrix | Mendezia | Tragoceros | 青年與老年 Youth and Old Age |

象徵意義
缺席的朋友；友誼；我想念你；我哀悼你的缺席；忠誠；思念缺席的朋友；想念朋友。

花色的意義：洋紅色：情感；持久的戀情。

花色的意義：粉紅色：持久的戀情。

花色的意義：猩紅色：堅貞。

花色的意義：白色：良善。

花色的意義：黃色：每天的記憶；難以忘記的回憶；回憶。

花色的意義：混色：遙不可及的回憶；想起一個無法到來的朋友。

軼聞
粗糙的百日菊葉子感覺像細砂紙。先開花的百日菊，在新花開放時，依舊保持新鮮。

ㄒㄩㄗ

本書諮詢單位

Acamovic, T, C.S. Stewart and T.W Pennycott, ed., *Poisonous Plants and Related Toxins* (Cabi, 2004).

Arrowsmith, Nancy, Calantirniel, et al, *Llewellyn's 2010 Herbal Almanac* (Llewellyn Publications, 2010)

Australian National Botanic Gardens Centre for Australian National Biodiversity Research, https://www.cpbr.gov.au

Bailey, L.H., Ethel Zoe Bailey, Staff of Liberty Hyde Bailey Hortotorium, and David Bates, *Hortus Third: A Concise Dictionary of Plants Cultivated in the United States and Canada* (Macmillan, 1976)

Baynes, Thomas Spencer, Day Otis Kellogg, and William Robertson Smith, *The Encyclopedia Britannica* (Encyclopaedia Britannica, 1897)

Behind the Name, "The Etymology and History of First Names," https://www.behindthename.com

Beyerl, Paul, *A Compendium of Herbal Magick* (Phoenix Publishing Inc., 1998)

Biodiversity Heritage Library, https://www.biodiversitylibrary.org

Blanchan, Neltje, *Wildflowers Worth Knowing*, (Doubleday, 1917)

Brickell, Christopher, *The Royal Horticultural Society A–Z Encyclopedia of Garden Plants*, (Dorling Kindersley Publishers Ltd, 1996)

Buhner, Stephen Harrod and Brooke Medicine Eagle, *Sacred Plant Medicine: The Wisdom in Native American Herbalism* (Bear & Company, 2006)

Chauncey, Mary, ed., *The Floral Gift from Nature and the Heart* (Jonathan Grout, Jr., 1847)

Coats, Alice M. and John L. Creech, *Garden Shrubs and Their Histories* (Simon & Schuster, 1992)

Coombes, Allen J., *The Collingridge Dictionary of Plant Names* (Hamlyn, 1985)

Connecticut Botanical Society, https://www.ct-botanical-society.org

Cullina,William, *The New England Wildflower Society Guide to Growing and Propagating Wildflowers of the United States and Canada* (Houghton Mifflin Harcourt, 2000)

Culpeper, Nicholas, *The Complete Herbal* (1662 edition), https://www.bibliomania.com

Cunningham, Scott, *Magical Herbalism: The Secret Craft of the Wise* (Llewellyn's Practical Magick, 1986)

Cunningham, Scott, *Cunningham's Encyclopedia of Magical Herbs* (Llewellyn Publications, 1985)

Delaware Valley Unit of the Herb Society of America, https://www.delvalherbs.org

Delforge, Pierre, *Orchids of Europe, North Africa and the Middle East* (Timber Press, 2006)

Dobelis, Inge N., Magic and Medicine of Plants

Editors of Sunset, *Sunset Western Garden Books*

eFloras.org, https://www.efloras.org

California Department of Food & Agriculture, http://www.cdfa.ca.gov

Fairchild Tropical Botanic Garden, http://www.fairchildgarden.org

Francis, Rose, *The Wild Flower Key: A Guide to Plant Identification in the Field* (Frederick Warne & Co., 1981)

Greenaway, Kate, *Language of Flowers* (F. Warne, 1901)

Grieve, Maud, Mrs., *A Modern Herbal*, Volumes 1 and 2 (Dover Publications, 1971)

Gualtiero Simonetti,. and Stanley Schuler, ed., *Simon & Schuster's Guide to Herbs and Spices*, (Simon & Schuster, 1990)

Harner, Michael J., ed., *Hallucinogens and Shamanism* (Oxford University Press, 1973)

Harvard University, *Flora of China* (2007)

Harvard University Herbaria & Libraries, https://kiki.huh.harvard.edu/databases/botanist_index.html

Hazlitt, William Carew, and John Brand, *Faiths and Folklore and Facts: A Dictionary* (Charles Scribner's Sons, 1905)

Hoffman, David, *The Complete Illustrated Holistic Herbal: A Safe and Practical Guide to Making and Using Herbal Remedies*, (Element Books Ltd, 1996)

Howard, Michael, *Traditional Folk Remedies: A Comprehensive Herbal* (Century, 1987)

Hutchens, Alma R., *Indian Herbalogy of North America: The Definitive Guide to Native Medicinal Plants and Their Uses* (Shambhala, 1991)

Huxley, Anthony, Mark Griffiths, and Margot Levy, *The New Royal Horticultural Society Dictionary of Gardening* (Macmillan Press, 1992)

Ildrewe, Miss, *The Language of Flowers* (De Vries, Ibarra, 1865)

Ingram, John, *The Language of Flowers, or Flora Symbolica* (Frederick Warne and Company, 1897)

Duke, James A., Peggy-Ann K. Duke, and Judith L. duCellie, *Duke's Handbook of Medicinal Plants of the Bible* (CRC Press, 2007)

Johnson, Arthur Tysilio and Henry Augustus Smith, *Plant Names Simplified* (1964)

Kew Royal Botanic Gardens, "World Checklist of Selected Plant Families (WCSP)," http://wcsp.science.kew.org/home.do

Kilmer, John, *The Perennial Encyclopedia* (Crescent Books, 1989)

Kepler, Angela Kay, *Hawaiian Heritage Plants* (University of Hawaii Press, 1998)

Lad, Dr. Vasant K., *Ayurveda: The Science of Self-Healing* (Lotus Press, 1985)

Leighton, Ann, *American Gardens in the Eighteenth Century* (University of Massachusetts Press, 1976)

Lust, John, *The Herb Book: The Most Complete Catalog of Herbs Ever Published* (Bantam Books, 1979)

McGuffin, Michael, *American Herbal Products Association's Botanical Safety Handbook* (American Herbal Products Association)

McKenny, Margaret and Roger Tory Peterson, *A Field Guide to Wildflowers of Northeastern and North-central North America* (Houghton Mifflin Company, 1968)

Mehl-Madrona, Lewis, M.D. and William L. Simon, *Coyote Medicine: Lessons from Native American Healing* (Scribner, 1997)

Missouri Botanical Garden, http://www.missouribotanicalgarden.org/gardens-gardening.aspx

Ody, Penelope, *The Complete Medicinal Herbal* (Dorling Kindersley, 1993)

Parsons, Prof. W.F. and J.E. White, *Parsons' Hand-Book of Forms: A Compendium of Business and Social Rules and a Complete Work of Reference and Self-Instruction*, 13th ed. (The Central Manufacturing Co., 1899)

Phillips, Edward, *The New World of Words* (1720)

Phillips, Roger, *The Photographic Guide to More than 500 Trees of North America and Europe* (Random House, Inc., 1979)

Plants for a Future, https://pfaf.org

Puri, H.S., *Neem: The Divine Tree Azadirachta Indica* (CRC Press, 1999)

Robinson, Nugent, *Collier's Cyclopedia of Commercial and Social Information and Treasury of Useful and Entertaining Knowledge* (P. F. Collier, 1892)

Rushforth, Keith, *Trees of Britain and Europe* (Collins Wild Guide, 1999)

Simoons, Frederick J., *Plants of Life, Plants of Death* (University of Wisconsin Press, 1998)

Smithsonian National Museum of Natural History, "Index Nominum Genericorum (ING)," https://naturalhistory2.si.edu/botany/ing

Surburg, Horst and Johannes Panten, ed., *Common Fragrance and Flavor Materials: Preparation, Properties and Uses* (Wiley, 2006)

Taylor, Gladys, *Saints and Their Flowers* (A. R. Mowbray & Co., 1956)

Theoi Project, "Flora 1: Plants of Greek Myth," https://www.theoi.com/Flora1.html

Tyas, Robert, *The Language of Flowers, or Floral Emblems of Thoughts, Feelings, and Sentiments* (George Routledge and Sons, 1869)

Tutin, T.G., N.A. Burges, et al, *Flora Europaea*, Second ed., (Cambridge University Press, 1993)

USDA (United States Department of Agriculture) Natural Resources Conservation Service, https://www.nrcs.usda.gov/wps/portal/nrcs/site/national/home

Waterman, Catharine H., *Flora's Lexicon: An Interpretation of the Language and Sentiment of Flowers* (Phillips, Sampson, and Co., 1855)

Wichtl, Max, *Herbal Drugs and Phytopharmaceuticals: A Handbook* (Medpharm, 2004)

Wood, John, *Hardy Perennials and Old Fashioned Flowers* (Pinnacle Press, 2017)

致謝

———————•———————

感謝我心愛的女兒 *Melanie* 和我親愛的朋友 *Robert*，在過去的二十多年間，持續鼓勵我為了推動這個前無古人、後無來者的龐大專案，不斷地收集和整理各種資料。感謝你們相信我，並理解要將這一切整合在一起，所花費的時間和精力。

特別感謝資深編輯 *John Foster* 的遠見和堅定不移的期望，相信這將是一本精美得讓人讚嘆的書；感謝責任編輯 *Cara Donaldson* 和 *Quarto* 出版社的藝術部門，幫忙找到了書中所有精美的插畫，並細心地設計了本書，讓這本書的願景能夠明確地成真 —— 你們真的都太棒了。也感謝你們對這個專案抱持信念，讓我的夢想終能成真。

我真心地想將這本書獻給女兒 *Melanie* 和我的女婿 *Jason* 以及他們不斷壯大的家庭與孩子：*Noah*、*Dakota* 和 *Ciaran*。當然我特別想要獻給曾孫女 *Daphne* 和 *Maggie*，以及她們將來可能出現的其他兄弟姐妹。也把此書獻給世界上所有熱愛植物的人，願你們都能享有愛與和平。

作者簡介

———————•———————

S・特蕾沙・迪茲

紐約州西邊，魔法山林 *(Enchanted Mountains)* 旁有間小公寓，小公寓的陽臺上，即便春天、夏天與秋天適合種植花草的時間很短，在陽臺上大大小小的盒子裡種上花花草草，還是一件令人開心的事情。而這裡也是獨創一格的藝術家與作家 *S・特蕾沙・迪茲* 的家。過去二十多年來，她對花語的各種象徵意義與力量進行了深入的研究；她迷戀所有神奇和神祕的事物；她對所有樹木、植物和花卉，深深地熱愛著。

圖片版權

Unless otherwise listed below, all images © Shutterstock.com

 How to Use This Book Pattern by Piñata/Creative Market

© Alamy Stock Photo: p.38（九重葛）, p.124（澳洲珊瑚藤）, p187（白木）, p.224（延齡草）

© Alamy Stock Photo: Andrey Yanushkov, p197（黃色雛菊）

© Alamy Stock Photo / imageBROKER: p.37（燕麥）, p.54（鵝耳櫪）, p.139（短瓣千屈菜）, p.174（禾本科）, p.211（歐洲山梨）

© Alamy Stock Photo / The History Collection: p.139（圓葉珍珠夜）

© Alamy Stock Photo: Artokoloro Quint Lox Limited, p.227（荊豆）

© Alamy Stock Photo: Botanical art/Bildagentur-Online, p.87（曇花）, p.240（乾花菊）

© Alamy Stock Photo: Florilegius, p.86（紫錐花）, p.125（欒樹）, p.203（檫木）

© Alamy Stock Photo: Historic Collection, p.45（花藺）

© Alamy Stock Photo: Markku Murto/Art, p.195（鏽紅玫瑰）

© Alamy Stock Photo: The Natural History Museum, 封面（芍藥）, p.92（觀音蘭）, p.150（多花水仙）, p.195（大馬士革玫瑰）

© Visual Language 1996（flower chapter openers）: 1, 2, 6, 10, 46, 76, 98, 116, 122, 126, 140, 150, 155, 161, 187, 199, 217, 229

索引：常見花草名稱

索引：常見花草含義

© 2020 by S. Theresa Dietz
First published in 2020 by Wellfleet Press,
an imprint of The Quarto Group
Complex Chinese Translation Rights © Maple House Cultural Publishing, 2023

All rights reserved. No part of this book may be reproduced in any form without
written permission of the copyright owners. All images in this book have been
reproduced with the knowledge and prior consent of the artists concerned,
and no responsibility is accepted by producer, publisher, or printer for any
infringement of copyright or otherwise, arising from the contents of this publication.
Every effort has been made to ensure that credits accurately comply with information
supplied. We apologize for any inaccuracies that may have occurred and will resolve
inaccurate or missing information in a subsequent reprinting of the book.

花之魔藥學

出　　　　版／楓樹林出版事業有限公司
地　　　　址／新北市板橋區信義路163巷3號10樓
郵 政 劃 撥／19907596 楓書坊文化出版社
網　　　　址／www.maplebook.com.tw
電　　　　話／02-2957-6096
傳　　　　真／02-2957-6435
作　　　　者／S・特蕾莎・迪茲
譯　　　　者／黃馨弘
企 劃 編 輯／陳依萱
校　　　　對／黃薇霓
港 澳 經 銷／泛華發行代理有限公司
定　　　　價／800元
初 版 日 期／2023年4月

國家圖書館出版品預行編目資料

花之魔藥學 ／ S・特蕾莎・迪茲作；黃馨弘譯.
-- 初版. -- 新北市：楓樹林出版事業有限公司,
2023.04　面；公分

譯自：The complete language of flowers :
　　　a definitive and illustrated history.

ISBN 978-626-7218-50-1（平裝）

1. 植物圖鑑 2. 花卉

375.2　　　　　　　　112001983